Gravitation und Kosmologie

Gravitation und Kosmologie

Eine Einführung in die Allgemeine Relativitätstheorie

von
Prof. Dr. Roman U. Sexl
und
Dr. Helmuth K. Urbantke
Institut für Theoretische Physik der
Universität Wien
und
Institut für Weltraumforschung der
Österreichischen Akademie der
Wissenschaften

Bibliographisches Institut Mannheim/Wien/Zürich
B.I.-Wissenschaftsverlag

© Bibliographisches Institut AG, Zürich 1975
Druck: Zechnersche Buchdruckerei, Speyer
Bindearbeit: Klambt-Druck GmbH, Speyer
Printed in Germany
ISBN 3-411-01487-3
A

VORWORT

Die letzten Jahre haben eine wesentliche Änderung der Stellung der allgemeinen Relativitätstheorie in der Gesamtphysik gebracht: Neue Entdeckungen, wie Pulsare, Quasare, schwarze Löcher und die kosmische Hintergrundstrahlung haben das Interesse an Einsteins Theorie erstarken lassen und sie zu einem zentralen Thema physikalischer Forschung gemacht. Aber auch neue Präzisionsmessungen der berühmten „drei Tests der allgemeinen Relativitätstheorie" und anderer Effekte haben das Vertrauen in die Theorie gestärkt. Schließlich wurden zahlreiche mathematische Fortschritte erzielt, die es ermöglichen, die Struktur der Lösungen der Einsteinschen Feldgleichungen der Gravitationstheorie ziemlich allgemein zu untersuchen — insbesondere was das Auftreten von Singularitäten betrifft —, das Problem der Gravitationsstrahlung zu analysieren und auch die Stellung der allgemeinen Relativitätstheorie innerhalb der Gesamtphysik und ihre Relation zu anderen Theorien näher zu bestimmen.

Die vorliegende Einführung in die Gravitationstheorie und Kosmologie ist aus einer Reihe von Vorlesungen hervorgegangen, die die Autoren in den letzten Jahren am Institut für Theoretische Physik der Universität Wien gehalten haben. Dabei sollen die ersten sechs Kapitel des Buches einen Überblick über die „klassischen" Resultate der Relativitätstheorie geben, während die Kapitel 7 bis 10 ausgewählte Aspekte der Entwicklung der letzten 20 Jahre behandeln. Die Auswahl richtete sich nach zwei Kriterien: Es wurden nur Probleme berücksichtigt, die im Zusammenhang mit astrophysikalischen Messungen stehen, oder solche, deren Methodik auch in anderen Teilgebieten der Physik von Bedeutung ist.

Diese Auswahl wurde vor allem in Hinblick auf Leser getroffen, die einen Überblick über das Gebiet der Gravitationstheorie suchen — wie man auch Elektrodynamik, Thermodynamik und andere Disziplinen der Physik erlernt — ohne sich aber auf Relativitätstheorie spezialisieren zu wollen. Wenn dadurch auch viele wichtige Teilgebiete der Gravitationstheorie unberücksichtigt blieben, so steht dem gegenüber vielleicht der Vorteil eines überschaubaren ersten Überblicks, der im Umfang etwa einer zweisemestrigen dreistündigen Vorlesung entspricht.

Didaktisch war vor allem das Problem der Einführung in die Riemannsche Geometrie schwer zu lösen, da hier ein Bruch den alten und den neuen Stil der Mathematik trennt. Wir haben daher versucht, in Kapitel 2 eine erste Einführung in die Riemannsche Geometrie alten Stils zu geben — die für die Lektüre der meisten Originalarbeiten unentbehrlich ist —, und in Kapitel 7 dann die moderne Formulierung (koordinaten- und basisfrei) zu beschreiben.

Vielen Kollegen schulden wir Dank für Rat und Hilfe bei der Fertigstellung dieses Buches, wobei vor allem Dr. P. Aichelburg, Dr. R. Beig, Prof. J. Ehlers, Prof. W. Kundt, Dr. R. Mansouri, Prof. R. Sachs, Dr. W. Schmid, Dr. E. Streeruwitz und Prof. W. Thirring zu nennen sind. Frau F. Wagner und Frl. E. Klug danken wir für ihre Mühe bei den komplizierten Schreibarbeiten für die verschiedenen Manuskriptversionen dieses Buches, ebenso den Herren R. Bertlmann und H. Prossinger für die Anfertigung der Abbildungsvorlagen.

Der „Fonds zur Förderung der wissenschaftlichen Forschung in Österreich" hat unsere Arbeit jahrelang unterstützt und es ermöglicht, die notwendigen internationalen Kontakte aufrechtzuerhalten. Die gemeinsamen Seminare mit anderen Forschungsinstituten und die Einladung von Gastdozenten erlaubten es uns, die internationale Entwicklung aktiv mitzuverfolgen und sie in diesem Buch im Überblick darzustellen.

Wien, im Dezember 1974

Roman U. Sexl
Helmuth K. Urbantke

INHALTSVERZEICHNIS

Einheiten und Größenordnungen

Wir werden in diesem Buch ein Einheitensystem benutzen, in dem die Lichtgeschwindigkeit c gleich Eins gesetzt wird, da das für formale Manipulationen am zweckmäßigsten ist. In allen Relationen, die mit dem Experiment verglichen werden sollen, werden wir aber die entsprechenden Faktoren c wieder hinzufügen, um den Zusammenhang mit den üblichen cgs-Einheiten herzustellen.

Die folgenden Tabellen enthalten die für unsere Zwecke relevanten Zahlenwerte, wobei wir Angaben, die nur eine Größenordnung verdeutlichen sollen, durch einen Stern (*) gekennzeichnet haben.

a) Einige Naturkonstante

$$G = 6{,}668 \cdot 10^{-8} \text{ g}^{-1} \text{ cm}^3 \text{ s}^{-2},$$

$$\kappa = (8\pi G/c^2) = 1{,}865 \cdot 10^{-27} \text{ g}^{-1} \text{ cm},$$

$$2G/c^2 = 1{,}484 \cdot 10^{-28} \text{ g}^{-1} \text{ cm},$$

$$c = 2{,}99793 \cdot 10^{10} \text{ cm s}^{-1},$$

$$\hbar = 1{,}054 \cdot 10^{-27} \text{ g cm}^2 \text{ s}^{-1}.$$

b) Massen

$\mathfrak{M}$ = Masse in Gramm, $2M = 2G\mathfrak{M}/c^2$ = Schwarzschildradius der Masse $\mathfrak{M}$ in cm, A Baryonenzahl[1]. Die Sonnenmasse $\mathfrak{M}_\odot$ ist die übliche Einheit in der Astronomie.

	$\mathfrak{M}$(g)	$2M$(cm)	A
Elektron	$0{,}91 \cdot 10^{-27}$	$1{,}35 \cdot 10^{-55}$	–
Proton	$1{,}67 \cdot 10^{-24}$	$2{,}48 \cdot 10^{-52}$	1
Erde	$6 \cdot 10^{27}$	$0{,}9$	$3{,}6 \cdot 10^{51}$
Sonne ($\mathfrak{M}_\odot$)	$2 \cdot 10^{33}$	$3 \cdot 10^5$	$1{,}2 \cdot 10^{57}$
*Kugelsternhaufen ($10^6 \mathfrak{M}_\odot$)	10^{39}	10^{11}	10^{63}
*Galaxis ($10^{10} \mathfrak{M}_\odot$)	10^{43}	10^{15}	10^{67}
*Haufen von Galaxien ($10^{14} \mathfrak{M}_\odot$)	10^{47}	10^{19}	10^{71}
*Universum ($10^{21} \mathfrak{M}_\odot$)	10^{54}	10^{27}	10^{78}

[1] Die Baryonenzahl einer Masse ist normalerweise gleich der Zahl der in der Masse enthaltenen Nukleonen (Protonen, Neutronen). Bei Neutronensternen liegen etwas kompliziertere Verhältnisse vor; siehe Abschnitt 8.1.

c) Längen

L gibt die Länge in cm, $t = L/c$ ist die Zeit, die Licht braucht, um die entsprechende Länge zu durchlaufen.

In der Astronomie sind folgende Längeneinheiten gebräuchlich:

$$\text{Parsec (pc)} = 3{,}1 \cdot 10^{18} \text{ cm}$$
$$\text{Lichtjahr (Lj)} = 9{,}5 \cdot 10^{17} \text{ cm}$$
$$\text{Astronomische Einheit (AE)} = 1{,}5 \cdot 10^{13} \text{ cm}$$

(1 AE = mittlerer Radius der Erdbahn)

	L(cm)	t(s)
Erdradius	$6{,}4 \cdot 10^{8}$	$2 \cdot 10^{-2}$
Sonnenradius	$7 \cdot 10^{10}$	2
*Kugelsternhaufen	10^{20}	10^{10}
*Galaxis	10^{23}	10^{13}
*Haufen von Galaxien	10^{26}	10^{16}
*Universum	10^{28}	10^{18}

d) Zeiten

Die übliche astronomische Zeiteinheit ist 1 Jahr $= 3{,}16 \cdot 10^{7}$ s.

	t(s)	t(Jahre)
*Erdalter	$1{,}4 \cdot 10^{17}$	$4{,}5 \cdot 10^{9}$
*Alter des Universums ("Hubble-Alter")	$6 \cdot 10^{17}$	$2 \cdot 10^{10}$

e) Leuchtkraft und Helligkeit

Die Leuchtkraft der Sonne ist

$$L_{\odot} = 4 \cdot 10^{33} \text{ erg s}^{-1} \doteq 4 \cdot 10^{12} \text{ g s}^{-1}.$$

Die Leuchtkraft von Galaxien etc. kann daraus durch Multiplikation mit der Zahl der Sterne im entsprechenden System abgeschätzt werden.

Die scheinbare Helligkeit l eines Sternes hängt mit seiner Größenklasse m gemäß

$$m = \text{const.} - 2.5 \log l$$

zusammen. Die Konstante ist so gewählt, daß dem Polarstern $m = 2.12$ zugeordnet wird.

f) Temperaturen

Der Umrechnungsfaktor zwischen Temperatur T und Energie E ist durch $E = kT$ gegeben (k = Boltzmann Konstante):

$$1°\text{K} = 1,38 \cdot 10^{-16} \text{ erg} = 8,65 \cdot 10^{-5} \text{ eV}$$

$$1 \text{ eV} = 1,16 \cdot 10^{4} \text{ °K}$$

g) Durchlässigkeit der Erdatmosphäre

Die untenstehende Figur gibt die Höhe in (bzw. den Bruchteil) der Erdatmosphäre an, bei der die einfallende elektromagnetische Strahlung auf die Hälfte abgesunken ist. Die Figur zeigt deutlich das Radiofenster und das optische Fenster, bei denen Astronomie von der Erdoberfläche her möglich ist. Im Röntgengebiet können Detektoren mit Ballonen in ausreichende Höhe gebracht werden; im ultravioletten Spektralbereich ist der Einsatz von Satelliten erforderlich.

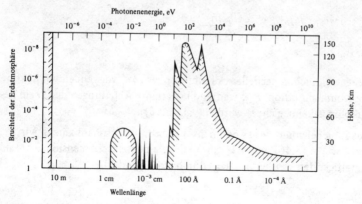

Konventionen

Eine durch eine Formel definierte Größe G erscheint als $G := \ldots$

Wir verwenden eine Metrik $\eta_{ik} := \text{diag}(1, -1, -1, -1)$ für die Raum-Zeit der speziellen Relativitätstheorie. Lateinische Indizes gehen von 0 bis

3, griechische von 1 bis 3. Über doppelt vorkommende Indizes ist stets über den entsprechenden Bereich zu summieren (Einsteinsche Summenkonvention).

Den antisymmetrischen Teil eines beliebigen Tensors Q_{ik} bezeichnen wir mit

$$Q_{[ik]} := (Q_{ik} - Q_{ki})/2$$

bzw. für Q_{ikj}

$$Q_{[ikj]} := (Q_{ikj} + Q_{kji} + Q_{jik} - Q_{kij} - Q_{jki} - Q_{ijk})/6.$$

Die Konvention über den Riemann Tensor ist durch Gleichung (2.70) festgelegt, der Ricci Tensor R_{ik} durch $R_{ik} = R^j{}_{ikj}$ gegeben.

Ferner benötigen wir das Kronecker Symbol $\delta_i{}^k$

$$\delta_i{}^k := \begin{cases} 1 & i = k \\ 0 & i \neq k \end{cases}$$

und das vollständig antisymmetrische Symbol $\epsilon(iklm)$, wobei wir $\epsilon(0123) := 1$ festsetzen. Der Pseudotensor ϵ_{iklm} ist durch

$$\epsilon_{iklm} := \sqrt{-g}\ \epsilon(iklm),$$

$$\epsilon^{iklm} = -\frac{\epsilon(iklm)}{\sqrt{-g}}$$

gegeben.

Bei gewöhnlichen partiellen Ableitungen $\partial F/\partial x^i$ verwenden wir häufig die Kommanotation $F,_i$, während kovariante Ableitungen durch ein Semikolon gekennzeichnet werden (vgl. (2.55)).

Das Linienelement der zweidimensionalen Einheitssphäre kürzen wir meist wie in (3.40) mit $d\Omega^2$ ab. Linienelemente dreidimensionaler Mannigfaltigkeiten werden meistens durch $d\sigma^2$ bezeichnet.

1. PHYSIKALISCHE GRUNDLAGEN

In diesem Kapitel wollen wir einige der Grundbegriffe der speziellen Relativitätstheorie kurz wiederholen. Dabei wird es notwendig sein, beschleunigten Koordinatensystemen besondere Beachtung zu schenken, da diese im Zusammenhang mit dem sogenannten Uhrenparadoxon leider noch immer zu Verwirrung und Mißverständnissen führen[1]. Gleichzeitig wird die derart auf beliebige Bezugssysteme umgeschriebene spezielle Theorie die mathematische Grundlage der allgemeinen Relativitätstheorie bilden. Die physikalische Grundidee dagegen ist das Äquivalenzprinzip, das in diesem Kapitel in vorläufiger Form eingeführt werden soll.

1.1 Beschleunigungen in der speziellen Relativitätstheorie

Grundlegend für die spezielle Relativitätstheorie ist die Existenz von *Inertialsystemen,* d. h. einer Klasse von gegeneinander gleichförmig bewegten Bezugsystemen, in denen die Weltlinie eines keinerlei äußeren Kräften unterworfenen Körpers die einfache Form

$$(1.1) \qquad x^i = v^i s$$

hat. Dabei ist v^i ein konstanter Einheitsvektor

$$(1.2) \qquad v^i v_i = 1,$$

und s ist die Eigenzeit des Körpers.

In diesen Inertialsystemen nimmt das *Linienelement* ds die Form

$$(1.3) \qquad ds^2 = dt^2 - dx^2 =: \eta_{ik}\, dx^i dx^k$$

an. Diese Form ist invariant unter *Lorentz-Transformationen*

---

[1] Als Beispiel wäre hier der Artikel von M. Sachs, Physics Today, Sept. 1971, p. 23 und die darauffolgende Diskussion anzuführen; siehe auch L. Marder (1971).

(1.4) $x^i = a^i{}_k x^{\bar{k}} + b^i,$

welche die Relation

(1.5) $a^i{}_l a^k{}_m \eta_{ik} = \eta_{lm}$

erfüllen. Die homogenen Lorentz-Transformationen ($b^i = 0$) bilden die *Lorentz-Gruppe*, die inhomogenen ($b^i \neq 0$) die *Poincaré-Gruppe*.

Das Linienelement (1.3) erlaubt es, Abstände auf *Weltlinien*

(1.6) $x^i = x^i(\lambda)$

invariant zu messen (λ ist ein beliebiger Parameter).

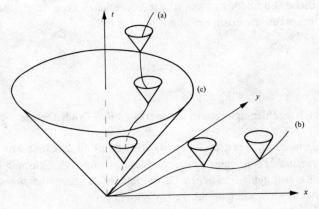

Fig. 1: Zeitartige (a), raumartige (b) Linien und der Lichtkegel (c)

In Fig. 1 ist eine zeitartige Weltlinie ($ds^2 > 0$), der Lichtkegel ($ds^2 = 0$) und eine raumartige Linie ($ds^2 < 0$) eingezeichnet[1]. Transformiert man auf ein momentan mit dem Teilchen mitbewegtes Bezugssystem ($\bar{t}, \bar{x}$), so gilt dort $ds = d\bar{t}$, d.h., eine entlang der Weltlinie bewegte Uhr mißt die Zeit ds. Im ursprünglichen Koordinatensystem (t, x) ist diese Eigenzeit durch

(1.7) $ds = \sqrt{dt^2 - dx^2}$

---

[1] Wir beschränken uns dabei wie üblich auf eine Raum- und eine Zeitdimension; in der Figur ist noch eine zweite Raumdimension angedeutet.

gegeben. Bezeichnen wir die momentane Geschwindigkeit mit $dx/dt = v(t)$, so erhalten wir für das invariante Längenmaß entlang der zeitartigen Weltlinie

$$(1.8) \qquad S = \int_A^B ds = \int_A^B dt \sqrt{1 - v^2(t)}.$$

Eine bewegte Uhr zeigt daher eine geringere Zeit an als eine im Koordinatensystem (t, x) ruhende, die dt angibt. Daraus ergibt sich das bekannte *Uhrenproblem*[1] (Uhrenparadoxon), das wir im folgenden kurz behandeln wollen.

Wir betrachten zwei Uhren, die zuerst in einem Raum-Zeitpunkt A synchronisiert und dann entlang zweier verschiedener Weltlinien nach B transportiert werden (Fig. 2).

Dabei setzen wir der Einfachheit halber voraus, daß Uhr ① im Ursprung des Koordinatensystems $x = 0$ ruht. Die Zeit, die ① in B angibt, ist durch $S_1 = T$ gegeben, wobei T die Zeitkoordinate von B ist.

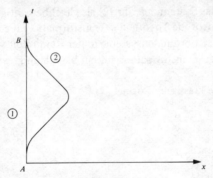

Fig. 2: Die Weltlinien der Uhren ① und ②

Die andere Uhr ② soll dagegen anfänglich von $x = 0$ wegbewegt werden und später allmählich wieder zu $x = 0$ zurückkehren[2]. Für ② wird entlang des Weges eine Eigenzeit

$$(1.9) \qquad S_2 = \int_A^B ds_2 = \int_0^T dt \sqrt{1 - v^2(t)}$$

---

[1] Bezüglich experimenteller Untersuchungen siehe p. 118.

[2] Uhr ① entspricht im bekannten Beispiel dem Zwilling, der auf der Erde bleibt, ② dem in der Rakete mitfliegenden.

vergehen, die offenbar kleiner als $S_1 = T$ ist, denn es gilt $S_2 = T \sqrt{1 - \bar{v}^2}$, wobei $\bar{v}$ eine geeignet gemittelte Geschwindigkeit ist.

Das scheinbare Paradoxon ergibt sich, wenn man Uhr ② als ruhend und ① als dagegen bewegt betrachtet. Dann sollte ① bei der Zusammenkunft in B die Zeit (1.9) anzeigen, während ② $S_2 = T$ angeben sollte.

Der Irrtum bei dieser Argumentation liegt darin, daß man zwar durch eine geeignete Transformation auf ein anderes Koordinatensystem $(\tilde{t}, \tilde{x})$ die Weltlinie von ② zu $\tilde{x} = 0$ machen kann, das so definierte System aber ein krummliniges Koordinatensystem ist. Offenbar ist die Zeitachse $\tilde{t}$ durch die gekrümmte Weltlinie der Uhr ② in Fig. 2 gegeben. Anders ausgedrückt, das System, in dem ② ruht, ist kein Inertialsystem. Ein derartiges Koordinatensystem ist natürlich in der speziellen Relativitätstheorie ebenso zulässig, wie es etwa Polarkoordinaten (die ja auch krummlinig sind) in der Ebene sind. Nur darf man eben nicht das gewöhnliche Linienelement in der Ebene $d\sigma^2 = dx^2 + dy^2$ durch $d\sigma^2 = dr^2 + d\phi^2$ ersetzen, sondern muß geeignet transformieren[1].

Wenn wir daher das System der Uhr ② als gleichberechtigt zulassen wollen, müssen wir zuvor die Theorie der Transformationen auf beschleunigte, d.h. krummlinige, Koordinatensysteme in der Raum-Zeit studieren. Was aber ist die richtige Transformation auf ein beschleunigtes Bezugssystem?

Wenn wir etwa die klassische Formel

(1.10)
$$t = \tilde{t}$$
$$x = \tilde{x} + \frac{g}{2} \tilde{t}^2$$
$$y = \tilde{y}$$
$$z = \tilde{z}$$

benutzen, so erhalten wir in den $\tilde{x}^i$-Koordinaten das Linienelement

(1.11) $$ds^2 = \eta_{ik} dx^i dx^k = d\tilde{t}^2 (1 - g^2 \tilde{t}^2) -$$
$$- 2g\tilde{t}\, d\tilde{x}\, d\tilde{t} - d\tilde{x}^2 - d\tilde{y}^2 - d\tilde{z}^2 = : g_{\tilde{i}\tilde{k}} dx^{\tilde{i}} dx^{\tilde{k}},$$

---

[1] Die hier kurz erörterten Probleme sind ausführlich bei H. Heintzmann und P. Mittelstaedt, Springer Tracts in Modern Physics **47**, 185 (1968) diskutiert.

wobei der *metrische Tensor* $g_{\tilde{i}\tilde{k}}$ durch

$$g_{\tilde{0}\tilde{0}} = 1 - g^2 \tilde{t}^2$$
(1.12) $\quad g_{\tilde{0}\tilde{1}} = g_{\tilde{1}\tilde{0}} = g\tilde{t}$
$$g_{\tilde{1}\tilde{1}} = g_{\tilde{2}\tilde{2}} = g_{\tilde{3}\tilde{3}} = -1$$

gegeben ist. Setzt man in (1.11) $d\tilde{x} = d\tilde{y} = d\tilde{z} = 0$, d.h., betrachtet man eine in $\tilde{x}^i$ ruhende Uhr, so ergibt sich

(1.13) $\quad ds = d\tilde{t}\,\sqrt{1 - g^2 \tilde{t}^2}.$

ds ist aber das Maß entlang der Weltlinie der Uhr ②, d.h., die Uhr wird die Zeit s und nicht etwa $\tilde{t}$ anzeigen. Daher ist die Koordinate $\tilde{t}$ zwar geeignet, verschiedene Punkte entlang der Weltlinie von ② zu unterscheiden, gibt aber nicht direkt das Zeitmaß entlang der Weltlinie an. Dieses Zeitmaß muß vielmehr mit Hilfe von (1.13) errechnet werden. Die Situation gleicht, wie schon erwähnt, jener in der Geometrie der Ebene, wo bei Benutzung von Polarkoordinaten der Abstand auch nicht einfach durch $\sqrt{dr^2 + d\phi^2}$ gegeben ist, sondern aus dem Linienelement $d\sigma = \sqrt{dr^2 + r^2 d\phi^2}$ errechnet werden muß.

Betrachten wir anstelle von (1.10) eine andere Transformation, z.B. die von Möller angegebene

$$t = \frac{1}{g}\,\sinh g\tilde{t} + \tilde{x}\sinh g\tilde{t}$$

(1.14) $\quad x = \frac{1}{g}\,(\cosh g\tilde{t} - 1) + \tilde{x}\cosh g\tilde{t}$

$$y = \tilde{y}$$

$$z = \tilde{z},$$

so erhalten wir nach kurzer Rechnung

(1.15) $\quad ds^2 = d\tilde{t}^2(1 + g\tilde{x})^2 - d\tilde{x}^2 - d\tilde{y}^2 - d\tilde{z}^2.$

Die Transformation (1.14) reduziert sich für $g\tilde{t} \ll 1$ auf (1.10), hat aber den Vorteil, diagonale $g_{\tilde{i}\tilde{k}}$ zu ergeben, d.h., $g_{\tilde{i}\tilde{k}} = 0$ für $i \neq k$. Explizit ist hier

$$g_{\tilde{0}\tilde{0}} = (1 + g\tilde{x})^2$$
$$g_{\tilde{1}\tilde{1}} = g_{\tilde{2}\tilde{2}} = g_{\tilde{3}\tilde{3}} = -1.$$

Welche der Transformationen auf ein beschleunigtes Bezugssystem (1.10) oder (1.14) ist nun richtig? Diese Frage ist genauso sinnlos wie die, ob Polar- oder Zylinderkoordinaten im 3dimensionalen Raum richtig sind. Jedes Koordinatensystem ist richtig, es sind ja nur verschiedene Arten, den Raum-Zeitpunkten Namen zu geben. Cartesische Koordinaten im ebenen Raum bzw. die in (1.3) und (1.4) betrachteten Koordinaten in der Raum-Zeit haben allerdings den Vorteil, daß dabei dx bzw. dt und dx direkt den gemessenen Raum- bzw. Zeitabständen entsprechen, während das in allgemeinen krummlinigen Koordinaten nicht der Fall ist.

Damit sind wir aber in der Lage, die Frage nach der Berechtigung beschleunigter Bezugssysteme bzw. nach der Gleichberechtigung der Uhr ② im Uhrenproblem voll zu beantworten.

Beschleunigte Bezugssysteme $\tilde{x}^i$ sind in der speziellen Relativitätstheorie zulässig, allerdings hat in diesen Systemen das Linienelement nicht die einfache Form (1.3), es gilt vielmehr

$$(1.16) \qquad \mathrm{d}s^2 = g_{\tilde{i}\tilde{k}}\,\mathrm{d}x^{\tilde{i}}\mathrm{d}x^{\tilde{k}},$$

wobei die $g_{\tilde{i}\tilde{k}}$ Funktionen der $x^{\tilde{i}}$ sind. Diese Funktionen $g_{\tilde{i}\tilde{k}}(\tilde{x})$ sind aus

$$\mathrm{d}s^2 = \eta_{ik}\mathrm{d}x^i\mathrm{d}x^k = \eta_{ik}\frac{\partial x^i}{\partial x^{\tilde{l}}}\frac{\partial x^k}{\partial x^{\tilde{m}}}\,\mathrm{d}x^{\tilde{l}}\mathrm{d}x^{\tilde{m}} = g_{\tilde{l}\tilde{m}}\mathrm{d}x^{\tilde{l}}\mathrm{d}x^{\tilde{m}}$$

zu berechnen, d.h.

$$(1.17) \qquad g_{\tilde{l}\tilde{m}} = \frac{\partial x^i}{\partial x^{\tilde{l}}}\frac{\partial x^k}{\partial x^{\tilde{m}}}\,\eta_{ik}.$$

Die $g_{\tilde{i}\tilde{k}}$ sind so bestimmt, daß das Linienelement ds bei den Transformationen $x \to \tilde{x}$ invariant bleibt. Abstände $S = \int\mathrm{d}s$ hängen nur vom Integrationsweg ab, nicht aber vom benutzten Koordinatensystem, wie auch die Weglänge einer Kurve im Euklidischen Raum nur von der Kurve abhängt und nicht von den Koordinaten, die man zur Beschreibung der Kurve benutzt. Da die Uhren ① und ② aber $S_1 = \int\mathrm{d}s_1$ bzw. $S_2 = \int\mathrm{d}s_2$ anzeigen, so gilt die Relation zwischen den beiden Kurvenlängen S_1 und S_2 völlig unabhängig von dem Koordinatensystem, in dem man die Kurven beschreibt.

Die folgenden Übungsbeispiele sollen diese Tatsachen mit Hilfe expliziter Rechnungen illustrieren.

A u f g a b e n

1. Betrachte die Transformation

$$x = \tilde{x} + a \sin \frac{g\tilde{t}^2}{2a}$$

$$t = \tilde{t},$$

die der in Fig. 2 gezeigten Bewegung der Uhr ② entspricht, d.h., die Uhr erfüllt $\tilde{x} = 0$. Zeige explizit, daß S_1 und S_2 beim Übergang vom x^i- auf das $\tilde{x}^i$-System ungeändert bleiben.

2. Nähere die Bewegung von ② durch zwei gleichförmige Bewegungen von bzw. nach $x = 0$ an, wobei zur Zeit $t = T/2$ eine ruckartige Beschleunigung stattfindet. Diskutiere das Uhrenproblem einmal vom Standpunkt des (x, t)-Systems, das andere Mal vom Standpunkt des Systems, das man durch Aneinanderstückelung der beiden Inertialsysteme erhält, in denen vor bzw. nach $T = t/2$ die Uhr ② ruht.

3. Berechne die Form des Linienelements in einem Koordinatensystem $(\tilde{t}, \tilde{x}, \tilde{y}, \tilde{z})$, das durch eine Lorentz-Transformation mit zeitabhängiger Geschwindigkeit $v(t)$ in der x-Richtung aus einem Inertialsystem hervorgeht.

1.2 Das Äquivalenzprinzip

Die Tatsache, daß schwere und träge Masse einander (zumindest mit sehr großer Genauigkeit) proportional sind, war bereits Newton bekannt. In der Newtonschen Theorie ist dieses Faktum aber als rein zufällig und unerklärt anzusehen, man könnte die Theorie ebensogut aufbauen, wenn schwere und träge Masse unkorreliert wären. Erst Einstein versuchte in der allgemeinen Relativitätstheorie eine Erklärung für die bemerkenswerte Beobachtung zu geben, daß alle Körper gleich schnell im Schwerefeld fallen.

Um zur heuristischen Grundidee Einsteins, zum *Äquivalenzprinzip* zu gelangen, betrachten wir zwei frei um die Erde kreisende Satellitenlabors (Fig. 3).

Fig. 3: Erde mit Satellitenlabors

Falls die Labors so klein sind, daß man die Inhomogenität des Gravitationsfeldes in ihnen vernachlässigen kann, merkt man darin überhaupt nichts vom Vorhandensein des Schwerefeldes der Erde. Jedes Experiment innerhalb des Satelliten geht genauso aus, als wäre die Erde und ihr Schwerefeld nicht vorhanden. So werden etwa Körper aus beliebigem Material bei Fehlen nichtgravitativer Kräfte innerhalb des Labors frei schweben bzw. sich gradlinig fortbewegen usw. Dies ist aber gerade die Definition eines *Inertialsystems*. Durch das kreisende (fallende) Labor ist ein — allerdings kleines — Inertialsystems realisiert.

Ein auf der Erde ruhendes Labor ist dagegen durch die Kraft, die von der Unterlage her ausgeübt wird, relativ zum Inertialsystem (kreisendes Labor) beschleunigt. Durch die Beschleunigung treten Scheinkräfte auf, die Gravitationskräfte. Die Wirkung von Schwerefeldern ist daher äquivalent einer Beschleunigung des Bezugssystems. Das ist das *Äquivalenzprinzip*. Dadurch ist eine Vereinheitlichung von Schwerkraft und Trägheitskraft bewerkstelligt. Beide Kräfte sind auf ein gemeinsames Phänomen zurückgeführt, und die Unterscheidung von träger und schwerer Masse wird vom Ansatz her aufgehoben.

Wir müssen nun darangehen, diese qualitative Grundidee in den mathematischen Formalismus überzuführen, was immer der schwierigste Schritt bei der Formulierung einer Theorie ist. Im Formalismus wird die Grundidee präzisiert, und es wird sich zeigen, inwieweit die oben vorgetragenen qualitativen Überlegungen dann tatsächlich im Formalismus zu realisieren sind. In Fig. 3 haben wir absichtlich zwei verschiedene Labors eingezeichnet, um zu illustrieren, daß die gegenseitigen Beziehungen (Lage, Geschwindigkeit) von Inertialsystemen im allgemeinen kompliziert sein

werden. Wenn kein Gravitationsfeld vorhanden ist, so gibt es ein Inertialsystem im ganzen Raum, es gibt ein Koordinatensystem, in dem das Linienelement überall die Form (1.3) annimmt. Bei vorhandenem Gravitationsfeld nimmt das Linienelement in der Umgebung eines Punktes in der Raum-
Zeit zwar diese einfache Form an, das Inertialsystem im Nachbarpunkt ist
aber i.a. dagegen beschleunigt. Das Linienelement wird daher dort von der
Form sein, wie wir sie für ein beschleunigtes Bezugssystem errechnet haben:

(1.18) $\qquad ds^2 = g_{ik}(x)\, dx^i dx^k.$

Dabei beschreiben die Koeffizienten g_{ik} das Gravitationsfeld. Die g_{ik} sind
allerdings nicht eindeutig durch das Gravitationsfeld bestimmt, da Koordinatentransformationen

(1.19) $\qquad x^i = f^i(x^{\overline{k}})$

möglich sind, bei denen sich (wie schon die im vorigen Abschnitt diskutierten Beispiele zeigen) die Form der Metrik g_{ik} ändert. Es gibt aber bei vorhandenem Gravitationsfeld keine Transformationen (1.19), die das Linienelement im *ganzen* Raum auf die Form (1.3) bringen.

Wir werden daher dazu geführt, das Gravitationsfeld geometrisch zu beschreiben. In der Umgebung schwerer Massen nimmt die Geometrie des
Raumes die Form (1.18) an. Das Gravitationsfeld wird durch die 10 Komponenten $g_{ik} = g_{ki}$ des metrischen Tensors bestimmt, und es wird unsere
Aufgabe sein, Feldgleichungen für die g_{ik} aufzustellen und die Bewegung
von Teilchen in diesem Raum zu untersuchen.

Einen Raum mit Linienelement (1.18) nennt man einen *Riemannschen
Raum*. Wir wollen zunächst feststellen, wie man sich einen derartigen
Raum vorzustellen hat bzw. wie man ihn konstruieren kann, wenn ein
Linienelement der Form (1.18) vorliegt. Dazu gehen wir wieder von einem
zweidimensionalen Beispiel aus, um zu einer anschaulichen Konstruktion
zu kommen. Gegeben sei also ein Linienelement

$$ds^2 = \sum_{i,\,k=1}^{2} g_{ik} dx^i dx^k =$$

(1.20)

$$= g_{11} dx^2 + 2g_{12} dx\, dy + g_{22} dy^2,$$

wobei wir $x^1 \equiv x,\ x^2 \equiv y$ gesetzt haben.

Um einen zweidimensionalen Raum (Fläche) zu konstruieren, auf dem diese Geometrie verwirklicht ist, nehmen wir eine Anzahl von Drähten, die wir kreuzweise übereinanderlegen und mit x-bzw. y Koordinatenlinien identifizieren (s. Fig. 4).

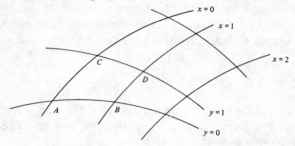

Fig. 4: Konstruktion einer Fläche mit Metrik g_{ik}

Wir wählen einen beliebigen Punkt, etwa A, als Ursprung $x = y = 0$ und löten zwei Drähte dort zusammen. In einem Abstand
$$\Delta s = \sqrt{g_{11}(0,0)} \, \Delta x = \sqrt{g_{11}(0,0)}$$
löten wir auf der Linie $y = 0$ einen Draht $x = 1$ an, dann gehen wir weiter um $\Delta s = \sqrt{g_{11}(1,0)}$, dort wird $x = 2$ befestigt usw. Die gleiche Prozedur wird dann entlang des Drahtes $x = 0$ (der y Achse) wiederholt. Den Abstand CD in Fig. 4 erhalten wir aus $\Delta s = \sqrt{g_{11}(0,1)}$, BD aus $\Delta s = \sqrt{g_{22}(1,0)}$. Nun ist noch der Winkel der beiden Drähte in A zu bestimmen, der daraus folgt, daß der Abstand AD durch $(\Delta s)^2 = g_{11} + g_{22} + 2g_{12}$ gegeben ist, wobei alle g_{ik} in $(x,y) = (0,0)$ zu nehmen sind. Auf diese Art kann allmählich die ganze Fläche konstruiert werden. Dabei wird sich im allgemeinen ein gekrümmtes Gebilde ergeben, dessen Krümmung durch die Form der g_{ik} bestimmt ist[1].

Übertragen auf den für uns interessanten 4dimensionalen Fall heißt das, daß der Riemannsche Raum ein gekrümmter Raum sein wird, wobei die Krümmung ein Maß für die vorhandenen Gravitationsfelder sein wird.

Wenn umgekehrt eine gekrümmte Fläche gegeben ist, deren ds zu bestimmen ist, so überzieht man diese Fläche zunächst mit einem feinmaschigen Drahtnetz und liest dann direkt aus den Abständen bzw. Winkeln die me-

---

[1] Allerdings ist die Fläche i.a. nicht eindeutig durch Angabe der g_{ik} bestimmt. Man denke etwa an eine Ebene, die zu einem Zylinder oder Kegel deformiert werden kann, ohne daß sich die „innere Geometrie", die durch die g_{ik} bestimmt ist, ändert. Für unsere Zwecke sind alle derartigen Flächen als äquivalent zu betrachten (zu ihrer Unterscheidung wäre der äußere Krümmungstensor heranzuziehen).

trischen Koeffizienten g_{ik} ab. Natürlich kann man das Drahtnetz, d.h. die Koordinatenlinien, auf verschiedenste Arten über die Fläche legen und erhält dann andere Werte $g_{\overline{ik}}$, die aber die gleiche Fläche beschreiben und durch eine Koordinatentransformation (s. Kap. 2) aus den g_{ik} hervorgehen.

Im realistischen 4dimensionalen Fall ist die Situation allerdings noch etwas komplizierter, da man es dabei nicht nur mit Maßstäben, sondern auch mit Uhren zu tun hat.

1.3 Bewegung im Gravitationsfeld

Die im Gravitationsfeld frei kreisenden oder fallenden Labors bilden Inertialsysteme im kleinen. In ihnen bewegen sich Teilchen geradlinig und unbeschleunigt, d. h. auf geraden Linien (1.1) durch die Raum-Zeit (s. Fig. 5).

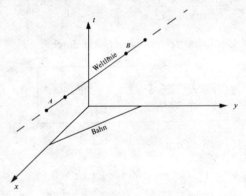

Fig. 5: Geradlinig-gleichförmige Bewegung

Allerdings können die Weltlinien nur im kleinen Gerade sein, da der gekrümmte Raum keine Geraden im großen zuläßt.

Die geeignete Verallgemeinerung des Begriffes der Geraden kann man aus Fig. 5 ablesen. Die eingezeichnete Verbindungslinie erfüllt nämlich

$$(1.21) \qquad \int_A^B ds = \text{Extremum}$$

$$(1.22) \qquad \delta \int ds = 0,$$

d.h., die Variation des Integrals über ds muß verschwinden. Die Formulierung (1.22) hat den Vorteil, invariant gegen Koordinatentransformationen zu sein, denn die Bogenlänge der Kurve von A nach B ist unabhängig vom Koordinatensystem. Setzt man die Metrik (1.18) ein und beschreibt die Kurve AB durch $x^i = x^i(\lambda)$ (λ ist ein beliebiger Parameter), so erhält man

$$(1.23) \qquad \delta \int \sqrt{g_{ik}(x)\dot{x}^i\dot{x}^k}\, d\lambda = : \delta \int \mathfrak{L}\, d\lambda = 0,$$

wobei $\dot{x}^i = dx^i/d\lambda$.

Die Euler-Gleichungen des Variationsproblems sind

$$(1.24) \qquad \frac{\partial \mathfrak{L}}{\partial x^i} = \frac{d}{d\lambda} \frac{\partial \mathfrak{L}}{\partial \dot{x}^i}$$

Einsetzen von $\mathfrak{L}$ ergibt nach kurzer Rechnung

$$(1.25) \qquad \frac{1}{\mathfrak{L}} \dot{x}^l\dot{x}^k \frac{\partial g_{ik}}{\partial x^l} - \frac{1}{\mathfrak{L}^2} g_{ik}\dot{x}^k \frac{d\mathfrak{L}}{d\lambda} + \frac{1}{\mathfrak{L}} \ddot{x}^k g_{ik} = \frac{1}{2\mathfrak{L}} \frac{\partial g_{kl}}{\partial x^i} \dot{x}^k\dot{x}^l.$$

Definieren wir die *Christoffel-Symbole 1. Art* durch

$$(1.26) \qquad \boxed{\Gamma_{ikl} = \frac{1}{2}\left(\frac{\partial g_{ik}}{\partial x^l} + \frac{\partial g_{li}}{\partial x^k} - \frac{\partial g_{kl}}{\partial x^i}\right),}$$

so läßt sich (1.25) in die Form

$$(1.27) \qquad g_{ik}\ddot{x}^k + \Gamma_{ikl}\dot{x}^k\dot{x}^l - \frac{1}{\mathfrak{L}} \frac{d\mathfrak{L}}{d\lambda} g_{ik}\dot{x}^k = 0$$

schreiben. Wählen wir den Parameter λ so, daß $d\mathfrak{L}/d\lambda = 0$, was man für $ds \neq 0$ durch $\lambda \to s = \int \mathfrak{L}d\lambda$ erreicht, so ergibt sich

$$(1.28) \qquad g_{ik}\ddot{x}^k + \Gamma_{ikl}\dot{x}^k\dot{x}^l = 0.$$

Um (1.28) noch etwas umzuschreiben, definieren wir zunächst den kontravarianten metrischen Tensor g^{ik}. Der Tensor g_{ik} ist in jedem Punkt x eine 4 × 4 Zahlenmatrix, deren Inverse wir mit $g^{kl}(x)$ bezeichnen, d.h.

$$(1.29) \qquad g_{ik}g^{kl} = \delta_i^l.$$

$g_{ik}(x)$ heißt der *kovariante*, $g^{kl}(x)$ der *kontravariante metrische Tensor*.

Multiplizieren wir (1.28) mit g^{im} und summieren über i, so erhalten wir für die *geodätische Linie* (= *Geodätische*, d.h. Linie, die (1.22) erfüllt):

(1.30) $$\boxed{\ddot{x}^m + \Gamma^m{}_{kl}\dot{x}^k\dot{x}^l = 0,}$$

wobei wir die *Christoffel-Symbole* 2. Art durch

(1.31) $$\Gamma^m{}_{kl} = g^{mi}\Gamma_{ikl}$$

definiert haben. (1.30) ist bereits das gesuchte Resultat, es gibt die Bewegung eines Körpers im Gravitationsfeld g_{ik} an.

Wie bei anderen Weltlinien unterscheidet man auch bei Geodätischen raumartige, zeitartige und *Nullgeodätische* ($ds = 0$). In Kapitel 9, p. 297 wird gezeigt, daß sich Lichtstrahlen entlang Nullgeodätischer ausbreiten.

Aufgabe

Die vorhergehende Herleitung der Gleichung (1.30) der Geodätischen hat den Vorteil, direkt von $\delta\int ds = 0$ auszugehen, ist aber nicht auf Nullgeodätische anwendbar, da für diese $ds = \mathfrak{L} = 0$ und in (1.25) eine Division durch $\mathfrak{L}$ erforderlich ist. Zeige, daß das Endresultat (1.30) auch aus

(1.32) $$\delta\int g_{ik}\dot{x}^i\dot{x}^k d\lambda \equiv \delta\int K d\lambda = 0$$

folgt, wobei $K = \mathfrak{L}^2$. Durch dieses Variationsprinzip können auch Photonen beschrieben werden, da keine Division durch K erforderlich ist. Außerdem ergibt sich aus (1.32) die Geodätische automatisch auf einen *affinen Parameter* λ bezogen, für den $K =$ const, so daß λ (außer für Photonen) direkt mit s identifiziert werden kann. Es wird dann $K = 1$, während für Licht $K = 0$ zu setzen ist.

1.4 Die Newtonsche Näherung

Im vorigen Abschnitt waren wir bereits in der Lage, die Bewegung eines Körpers (Massenpunktes) im Gravitationsfeld anzugeben. Da wir die Bewegung von Körpern aber z.B. im Schwerefeld der Sonne zumindest annähernd kennen, sollte uns dieses Resultat in die Lage versetzen, daraus durch Rückrechnung die Metrik g_{ik} zu bestimmen und damit die Geometrie in der Umgebung der Sonne. Experimentell wissen wir, daß diese Geometrie in sehr guter Näherung euklidisch ist. Wir können daher in einem geeigneten Koordinatensystem

$$(1.33) \qquad g_{ik}(x) = \eta_{ik} + 2\psi_{ik}(x)$$

setzen, wobei die $\psi_{ik}(x)$ kleine Größen sind ($|\psi_{ik}| \ll 1$), deren Quadrate vernachlässigt werden können. Weiters sind die Planetenbewegungen langsam verglichen mit der Lichtgeschwindigkeit. Die Vierergeschwindigkeit $\dot{x}^k = \mathrm{d}x^k/\mathrm{d}s$ kann daher durch $\dot{x}^k \approx (1,0)$ genähert werden, so daß sich (1.30) vereinfacht zu

$$\frac{\mathrm{d}^2 x^i}{\mathrm{d}s^2} + \Gamma^i{}_{00} = 0,$$

wobei wir noch $\mathrm{d}s \approx \mathrm{d}t \sqrt{1-v^2} \approx \mathrm{d}t$ setzen können. Der räumliche Teil des Beschleunigungsvektors $\ddot{x}^\alpha$ erfüllt die Gleichung

$$(1.34) \qquad \frac{\mathrm{d}^2 x^\alpha}{\mathrm{d}t^2} + \Gamma^\alpha{}_{00} = 0.$$

(1.31) ergibt (da Γ_{i00} bereits von Ordnung ψ ist)

$$(1.35) \qquad \begin{aligned} \Gamma^\alpha{}_{00} &= g^{\alpha i}\Gamma_{i00} \approx \eta^{\alpha i}\Gamma_{i00} = -\Gamma_{\alpha 00} = \\ &= -\frac{1}{2}\left(\frac{\partial g_{0\alpha}}{\partial x^0} + \frac{\partial g_{0\alpha}}{\partial x^0} - \frac{\partial g_{00}}{\partial x^\alpha}\right). \end{aligned}$$

Da das Gravitationsfeld der Sonne fast statisch ist, kann man die Zeitableitungen in (1.35) vernachlässigen und erhält

$$(1.36) \qquad \Gamma^\alpha{}_{00} = \frac{1}{2}\frac{\partial g_{00}}{\partial x^\alpha}$$

oder

$$(1.37) \qquad \frac{\mathrm{d}^2 x^\alpha}{\mathrm{d}t^2} = -\frac{1}{2}\frac{\partial g_{00}}{\partial x^\alpha} = -\frac{\partial \psi_{00}}{\partial x^\alpha} = -\frac{\partial U}{\partial x^\alpha},$$

wo U das Newtonsche Gravitationspotential ist. Daraus folgt $\psi_{00} = U$ und

$$(1.38) \qquad \mathrm{d}s^2 = (1+2U)\,\mathrm{d}t^2 - \mathrm{d}x^2$$

für die Metrik in Newtonscher Näherung. Setzen wir speziell das Potential einer kugelsymmetrischen Massenverteilung (Masse $\mathfrak{M}$), $U = -G\mathfrak{M}/r$, in (1.38) ein, so ergibt sich

(1.39)
$$ds^2 = c^2 \left(1 - \frac{2G\mathfrak{M}}{rc^2}\right) dt^2 - dx^2,$$

wobei wir die Faktoren c^2 der Deutlichkeit halber hinzugefügt haben. $2M := 2G\mathfrak{M}/c^2$ hat, wie man aus (1.39) ersieht, die Dimension einer Länge und heißt der *Schwarzschildradius von* $\mathfrak{M}$. Für die Sonne ist $2M \approx 3$ km. Da der Sonnenradius aber etwa 700.000 km beträgt, sind die Abweichungen der Geometrie von der des ebenen Raumes auch am Sonnenrand (wo sie innerhalb des Sonnensystems am stärksten sind) weniger als 10^{-5}. Unser Ansatz (1.33) ist damit gerechtfertigt.

Dem Newtonschen Gravitationspotential U entspricht also in der allgemeinen Relativitätstheorie die Größe g_{00}, während die anderen Komponenten von g_{ik} kleine Korrekturen zu diesem Hauptterm ergeben. Aus der obigen Rechnung kann man aber nicht schließen, daß etwa $g_{11} = -1$ genau gilt, da etwaige Korrekturen, die von ψ_{11} herrühren, bei den hier betrachteten langsamen Bewegungen vernachlässigt werden können. Bei schnellen Bewegungen, vor allem also bei Licht, werden die Korrekturen zum Raumteil der Metrik zu berücksichtigen sein. Sie können allerdings nicht auf dem hier eingeschlagenen Wege über das Äquivalenzprinzip bestimmt werden, sondern müssen aus den noch aufzustellenden Feldgleichungen berechnet werden.

Die bisherigen Überlegungen haben gezeigt, daß der Versuch, die Gravitation über das Äquivalenzprinzip zu geometrisieren, zumindest die Newtonsche Näherung richtig ergibt. Wir werden im nächsten Kapitel die bisherigen Ergebnisse daher formal zusammenstellen, ausbauen und schließlich in Kapitel 3 die Feldgleichungen der allgemeinen Relativitätstheorie aufstellen.

Aufgaben

1. Ein Kugelsternhaufen hat eine Masse $\mathfrak{M} = 10^6 \, \mathfrak{M}_\odot$ und einen Radius $a = 20$ pc. Wie groß ist die Abweichung von der ebenen Geometrie am Rande des Haufens, wenn man diese Abweichung durch das Verhältnis von Schwarzschildradius M zu Radius a definiert? Die gleiche Abschätzung ist auch für eine Galaxis ($\mathfrak{M} = 10^{10} \mathfrak{M}_\odot$, $a = 10$ kpc), einen

Haufen von Galaxien ($\mathfrak{M} = 10^{15}\mathfrak{M}_\odot$, $a = 10^3$ kpc) und den uns zugänglichen Teil des Universums ($\mathfrak{M} = 10^{21}\mathfrak{M}_\odot$, $a = 10^6$ kpc) durchzuführen. Bei welchen Systemen werden die Korrekturen zur Geometrie zu berücksichtigen sein, wenn man 1% Genauigkeit in der Astrophysik anstrebt?

2. Ein Elementarteilchen (Masse $\mathfrak{M}$) wird üblicherweise durch die spezielle Relativitätstheorie beschrieben, und die „Raumunebenheiten", die es verursacht, werden vernachlässigt. Definiert man den Radius eines derartigen Teilchens durch seine Comptonwellenlänge[1] $h/\mathfrak{M}c$ (was allerdings nicht in jedem Zusammenhang sinnvoll ist), so ergibt sich daraus eine Abschätzung der Abweichung von der ebenen Geometrie in der Umgebung des Teilchens als $x = $ (Schwarzschildradius)/(Comptonwellenlänge) $= (2G\mathfrak{M}/c^2)/(h/\mathfrak{M}c) = (2G\mathfrak{M}^2/hc)$.
Wie groß ist x für ein Elektron bzw. Proton? Bei welcher Masse wird $x = 1$, und was ist die Comptonwellenlänge, die dieser Masse entspricht?

---

[1]Siehe z. B. Thirring (1958), Kap. 1.

2. RIEMANNSCHE GEOMETRIE

Dieses Kapitel bringt eine kurze Einführung in die klassische Riemannsche Geometrie. Dabei werden wir manche Theoreme erläutern, aber nicht beweisen, da die entsprechenden Beweise in der mathematischen Lehrbuchliteratur zugänglich sind.

2.1 Differenzierbare Mannigfaltigkeiten

Während im vorigen Kapitel die 4dimensionale Raum-Zeit betrachtet wurde, gehen wir hier der Allgemeinheit halber von einem n-dimensionalen Raum X^n aus, in dem beliebige Koordinaten x^i eingeführt seien. Allerdings wird es im allgemeinen nicht möglich sein, ein nicht-singuläres Koordinatensystem im ganzen Raum X^n einzuführen[1]. Man präzisiert den gewünschten Raumbegriff daher folgendermaßen (s. dazu Aufgabe 1):

Eine n-dimensionale *differenzierbare Mannigfaltigkeit* X^n ist ein (Hausdorffscher topologischer) Raum, bei dem jeder Punkt P eine Umgebung

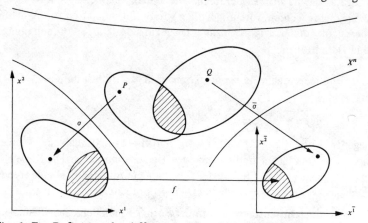

Fig. 6: Zur Definition der differenzierbaren Mannigfaltigkeit

---

[1]Es ist schon auf der Kugeloberfläche nicht möglich, ein derartiges System zu finden. Polarkoordinaten (r, ϕ) sind z.B. im Ursprung singulär, da sie diesem Punkt die Koordinaten $(0,\phi)$ zuordnen, wobei ϕ beliebig ist. Die Zuordnung von Punkt und Koordinatenwerten ist daher nicht umkehrbar eindeutig.

besitzt, die durch eine homöomorphe Abbildung σ auf eine offene Menge des n-dimensionalen euklidischen Raumes R^n abgebildet werden kann (s. Fig. 6).

Die Abbildung σ heißt dann ein Koordinatensystem in der Umgebung von P, d.h., dem Punkt P werden Koordinaten $\sigma(P) = (x^1(P) \ldots x^n(P))$ zugeordnet (die Koordinaten des Bildpunktes im Raum R^n).

Mit dieser Definition ist die Forderung vermieden, daß man im ganzen Raum X^n ein einziges singularitätsfreies Koordinatensystem einführen kann.

Im allgemeinen werden sich die Umgebungen zweier benachbarter Punkte P, Q überlappen, und auf dem Durchschnitt (in Fig. 6 strichliert) werden zwei Koordinatensysteme definiert sein, σ und σ̄. Man fordert dann, daß die Funktionen

$$(2.1) \qquad x^{\bar{i}} = f^{\bar{i}}(x^k), \quad x^i = (f^{-1})^i(x^{\bar{k}})$$

dort (beliebig oft) differenzierbar sind.

Wenn das erfüllt ist, heißt X^n differenzierbare Mannigfaltigkeit. Falls auf dieser Mannigfaltigkeit auch eine Metrik der Form (1.18) definiert ist, wird sie zum *Riemannschen Raum*. Die Metrik soll aber erst im Abschnitt 2 eingeführt werden, vorläufig wollen wir die Eigenschaften von X^n studieren, die unabhängig davon sind. Dazu zunächst einige Vorbemerkungen und Definitionen.

Eine m-dimensionale *Teilmannigfaltigkeit* $X^m \subset X^n$ ist durch

$$(2.2) \qquad x^i = f^i(u^1, \ldots, u^m)$$

gegeben, wobei Rang $(\partial f^i / \partial u^k) = m$. Für $m = 1$ erhält man eine Kurve, für $m = 2$ eine Fläche und für $m = n - 1$ eine *Hyperfläche*. Die Kurven $x^k = u$ und $x^i = $ const für alle $i \neq k$ heißen Koordinatenlinien, die Hyperflächen $x^k = $ const, $x^i = u^i$ für alle $i \neq k$ Koordinatenhyperflächen.

Die Koordinatentransformationen der Form (2.1) bilden eine (Pseudo-) Gruppe, wie man leicht einsieht. Bei den Transformationen aus dieser Gruppe verhalten sich die Koordinatendifferentiale wie

$$(2.3) \qquad \mathrm{d}x^{\bar{i}} = \frac{\partial x^{\bar{i}}}{\partial x^k} \, \mathrm{d}x^k =: p^{\bar{i}}_k(x) \, \mathrm{d}x^k.$$

Die Koordinatendifferentiale dx^i transformieren daher bei Koordinatenänderungen linear (genauer: in jedem Punkt nach der Vektordarstellung der Gruppe $GL(n)$ der nichtsingulären $n \times n$ Matrizen). Die in (2.3) eingeführte Abkürzung p^i_k ist ein Spezialfall folgender allgemeiner Definitionen:

$$(2.4) \qquad p^{\bar{i}}_k := \frac{\partial x^{\bar{i}}}{\partial x^k} \quad , \quad p^{\bar{i}}_{kl} := \frac{\partial^2 x^{\bar{i}}}{\partial x^k \partial x^l} \quad \ldots$$

$$(2.5) \qquad p^k_{\bar{i}} := \frac{\partial x^k}{\partial x^{\bar{i}}} \quad , \quad p^k_{\bar{i}\bar{l}} := \frac{\partial^2 x^k}{\partial x^{\bar{i}} \partial x^{\bar{l}}} \quad \ldots$$

Es gilt dann

$$(2.6) \qquad p^{\bar{l}}_k \, p^k_{\bar{i}} = \frac{\partial x^k}{\partial x^{\bar{i}}} \frac{\partial x^{\bar{l}}}{\partial x^k} = \delta^{\bar{l}}_{\bar{i}}, \quad p^{\bar{k}}_e \, p^i_{\bar{k}} = \delta^i_e$$

Aufgabe

In der Definition einer differenzierbaren Mannigfaltigkeit wurden verschiedene Begriffe der Topologie, wie Hausdorff-Raum, Umgebung und homöomorphe Abbildung verwendet. Definiere diese Begriffe. (Siehe dazu z.B. H. Meschkowski (1971).)

2.2 Vektoren und Tensoren

In einem Raumpunkt können verschiedene physikalische Größen wie Temperatur T, Geschwindigkeiten v^i oder elektromagnetische Feldstärken F_{ik} definiert sein. Wir wollen derartige Objekte und ihr Verhalten bei Koordinatentransformationen in diesem Abschnitt untersuchen.

Die Temperatur $T(x)$ ist ein Beispiel eines *skalaren Feldes*, das sich bei Koordinatentransformationen $x \to \bar{x}$ wie

$$(2.7) \qquad T(x) = \bar{T}(\bar{x})$$

verhält. Denn ordnet man einem Punkt P durch die Transformation $x \to \bar{x}$ neue Koordinaten $\bar{x}$ zu, so muß natürlich der Wert von T dabei ungeändert bleiben, d.h., die neue Funktion der neuen Koordinaten muß gleich der alten Funktion der alten Koordinaten sein.

Ein *Vektorfeld*, wie z. B. ein Geschwindigkeitsfeld $v^i(x)$, verhält sich bei Koordinatentransformationen dagegen so wie die Koordinatendifferentiale, d. h.

$$(2.8) \qquad v^{\bar{i}}(\bar{x}) = \frac{\partial x^{\bar{i}}}{\partial x^k} \, v^k(x) = p^{\bar{i}}_{\ k} \, v^k \quad .$$

Größen, die nach (2.8) transformieren, heißen *kontravariante Vektoren*. Ein Beispiel eines *kovarianten Vektors* ist der Gradient eines Skalars

$$(2.9) \qquad w_i(x) = \frac{\partial T(x)}{\partial x^i} \quad ,$$

der sich bei Koordinatenänderungen folgendermaßen verhält:

$$w_{\bar{i}}(\bar{x}) = \frac{\partial \bar{T}(\bar{x})}{\partial x^{\bar{i}}} = \frac{\partial T(x)}{\partial x^k} \, \frac{\partial x^k}{\partial x^{\bar{i}}} = \frac{\partial x^k}{\partial x^{\bar{i}}} \, w_k(x)$$

oder

$$(2.10) \qquad w_{\bar{i}} = p^k_{\ \bar{i}} \, w_k \quad .$$

Weitere Darstellungen der Gruppe der Koordinatentransformationen können wir durch Produktbildung von Vektoren gewinnen. Wenn etwa A^i und B^i zwei kontravariante Vektorfelder sind, so transformiert $C^{ik} = A^i B^k$ nach

$$(2.11) \qquad C^{\bar{i}\bar{k}} = p^{\bar{i}}_{\ l} \, p^{\bar{k}}_{\ m} \, C^{lm}$$

Ganz allgemein heißen Objekte, die bei Koordinatentransformationen nach (2.11) transformieren, *Tensoren vom Typ (2,0)*. Ein Tensor vom Typ (a, b) ist eine Größe $T^{ik\dots}_{\ \ lm\dots}$ mit a oberen und b unteren Indizes, die bei Koordinatentransformationen nach der Regel

$$(2.12) \qquad T^{\bar{i}\bar{k}\dots}_{\quad \bar{l}\bar{m}\dots} = p^{\bar{i}}_{\ a} \, p^{\bar{k}}_{\ b} \cdots p^c_{\ \bar{l}} \, p^d_{\ \bar{m}} \, T^{ab\dots}_{\quad cd\dots}$$

transformiert.

Eine Konsequenz der Linearität und Homogenität von (2.12) ist, daß das Verschwinden eines Tensors unabhängig vom Koordinatensystem ist: wenn die Relation $T^{ik\cdots}_{lm\cdots} = 0$ in einem Koordinatensystem gilt, so gilt sie in allen.

Wenn wir im folgenden von Tensoren sprechen, so sind stets Tensorfelder gemeint, wobei wir der Kürze halber das Argument x meist weglassen werden.

A u f g a b e

Zeige, daß das Kroneckersche δ-Symbol δ^i_k ein Tensor ist, der in jedem Koordinatensystem die gleichen numerischen Werte $\delta^i_k = 1$, $i = k$, $\delta^i_k = 0$, $i \neq k$ annimmt. Zeige, daß das $\epsilon(iklm)$-Symbol (siehe Konventionen) dagegen kein numerisch invarianter Tensor ist.

2.3 Tensoralgebra

Wir werden in diesem Abschnitt die algebraischen Operationen diskutieren, die man mit Tensoren vornehmen kann. Da diese Operationen genau die gleichen sind wie in der speziellen Relativitätstheorie, wollen wir sie hier nur kurz skizzieren. Die im Abschnitt 2.2 eingeführten Tensoren vom Typ (n, m) bilden einen *Vektorraum* über dem Körper der reellen (oder auch komplexen) Zahlen. Seien z.B. A^i_{kl} und B^i_{kl} zwei Tensoren vom Typ $(1,2)$, so ist

(2.13) $\qquad a\,A^i_{kl} + b\,B^i_{kl} = C^i_{kl}$

ebenfalls ein Tensor vom gleichen Typ, wenn a und b zwei reelle (komplexe) Zahlen sind. Für beliebige Tensoren $A^{i\cdots}_{kl\cdots}$ (Typ (a, b)) und $B^{mp\cdots}_{n\cdots}$ (Typ (c, d)) ist ferner ein Produkt durch

(2.14) $\qquad D^{imp\cdots}_{kln\cdots} = A^i_{kl\cdots}\,B^{mp\cdots}_{n\cdots}$

definiert, wobei D ein Tensor vom Typ $(a + c, b + d)$ ist. Der Beweis für (2.13) und (2.14) folgt unmittelbar aus der Definition (2.12).

3*

Es gibt aber noch eine weitere Operation, die mit Tensoren vorgenommen werden kann, die *Verjüngung* oder *Kontraktion*. Sei $A^{ik\cdots}_{\quad jm\cdots}$ ein beliebiger Tensor vom Typ (a, b), so ist

$$(2.15) \qquad B^{k\cdots}_{\ m\cdots} = A^{ik\cdots}_{\ im\cdots}$$

ein Tensor vom Typ $(a-1, b-1)$ (s. Aufgabe 1). In (2.15) ist die Einsteinsche Summenkonvention benutzt, d.h., über den doppelt vorkommenden Index ist zu summieren.

Ein spezielles Beispiel einer *Überschiebung* (Produktbildung und darauffolgende Verjüngung) ist das Produkt eines ko- mit einem kontravarianten Vektor A_i bzw. B^k. Es ist

$$(2.16) \qquad C = A_i B^i$$

ein Skalar gegenüber Koordinatentransformationen.

Grundlegend für die weiteren Überlegungen ist das folgende *Quotiententheorem*. Ist ein Objekt $D^{ikcd\cdots}_{\quad lmab\cdots}$ gegeben, und erweist sich für beliebige Tensoren $B^{ab\cdots}_{\ cd\cdots}$ vom Typ (c, d)

$$(2.17) \qquad A^{ik\cdots}_{\ lm\cdots} := D^{ikcd\cdots}_{\quad lmab\cdots} B^{ab\cdots}_{\ cd\cdots}$$

als Tensor vom Typ (a, b), so ist $D^{\cdot\cdot\cdots}$ ein Tensor vom Typ $(a+d, b+c)$ (Beweis: Aufgabe 2).

Dieses Theorem wird im folgenden vielfach verwendet werden, um den Tensorcharakter verschiedener Ausdrücke zu beweisen.

A u f g a b e n

1. Beweise (2.15).

2. Beweise das Quotiententheorem in einfachen Spezialfällen. Anleitung: Verwende Tensoren A, B, bei denen nur eine Komponente nicht verschwindet.

2.4 Der metrische Tensor

Bisher haben wir auf der abstrakt eingeführten Mannigfaltigkeit X^n keine Möglichkeit, die Länge eines Vektors zu messen. Das ist nur dann möglich, wenn auf X^n ein *metrischer Tensor* g_{ik} definiert ist (der im Falle des Raum-Zeit-Kontinuums aus den Feldgleichungen zu errechnen bzw. durch Messungen zu ermitteln ist). g_{ik} soll ein nichtsingulärer symmetrischer Tensor vom Typ (0,2) sein:

$$(2.18) \qquad g_{ik} = g_{ki} \qquad \det g_{ik} = : g \neq 0,$$

wobei die Funktionen $g_{ik}(x)$ außerdem stetig und (genügend oft) differenzierbar sein sollen. X^n heißt dann (pseudo-)*Riemannscher Raum*. Weitere Anforderungen an die g_{ik} werden sich aus physikalischen Argumenten später ergeben.

Der Tensor g_{ik} erlaubt es, ko- und kontravariante Vektoren einander zuzuordnen, indem wir

$$(2.19) \qquad A_i = g_{ik} A^k, \qquad A^k = g^{kl} A_l$$

setzen, wobei der kontravariante metrische Tensor g^{kl} wieder durch (1.29) gegeben ist. Das Hinauf- und Hinunterziehen von Indizes mit Hilfe von g_{ik} und g^{kl} ist natürlich auf beliebige Tensoren anwendbar, es ist z.B.

$$(2.20) \qquad B_{ik} = g_{kl} B_i{}^l = g_{kl} g_{im} B^{ml}.$$

Die *Länge* eines Vektors A^i ist durch

$$(2.21) \qquad A = \sqrt{\pm A_i A^i} = \sqrt{\pm g_{ik} A^i A^k}$$

gegeben. Dabei ist das Vorzeichen unter der Wurzel so zu wählen, daß A reell ist.

Damit kann man auch den Abstand ds zweier benachbarter Punkte x^i und $x^i + \mathrm{d}x^i$ auf der Mannigfaltigkeit X^n angeben; es ist

$$(2.22) \qquad \mathrm{d}s^2 = g_{ik} \mathrm{d}x^i \mathrm{d}x^k.$$

Dabei kann ds^2 im Falle der Raum-Zeit auch negative Werte annehmen, wie aus der speziellen Relativitätstheorie bekannt ist[1].

Das *Linienelement* ds ist invariant gegen Koordinatentransformationen, da ja die dx^i der Prototyp kontravarianter Vektoren sind und g_{ik} ein

---

[1] Eine derartige Metrik g_{ik} nennt man Pseudo-Riemannsche, zum Unterschied von einer Riemannschen Metrik, bei der d$s^2 \geqslant 0$ ist.

Tensor vom Typ $(0,2)$ ist, der bei Koordinatenänderungen $x \to \bar{x}$ nach

$$(2.23) \qquad g_{\overline{ik}}(\overline{x}) = p^l{}_{\overline{i}}(x)\, p^m{}_{\overline{k}}(x)\, g_{lm}(x)$$

transformiert. Betrachten wir nun einen *festgehaltenen* Punkt x. Dann sind die $g_{lm}(x)$ einfach eine symmetrische $n \times n$ Zahlenmatrix, die sich durch geeignete Wahl der Transformationskoeffizienten $p^k{}_{\overline{i}}$ auf die Form

$$(2.24) \qquad g_{\overline{lm}}(x) = \begin{bmatrix} \epsilon_1 & & & \\ & \epsilon_2 & & 0 \\ & & \epsilon_3 & \\ 0 & & & \cdot \end{bmatrix}$$

bringen läßt, wobei $\epsilon_i = \pm 1$. Aus physikalischen Gründen müssen für die Raumzeitmetrik stets ein positiver und drei negative Eigenwerte ϵ_i resultieren[1], so daß

$$(2.25) \qquad g_{\overline{lm}} = \eta_{lm}$$

wird. Nur dann wird eine sinnvolle physikalische Interpretation des Formalismus möglich sein.

Die Metrik g_{ik} erlaubt es wie zuvor, Christoffel-Symbole zu definieren, die einigen nützlichen und im folgenden oft verwendeten Relationen genügen, die wir hier kurz zusammenstellen wollen. Es ist

$$(1.26) \qquad \Gamma_{lik} = \Gamma_{lki} = \frac{1}{2}\left(g_{il,k} + g_{kl,i} - g_{ik,l}\right)$$

$$(2.26) \qquad \Gamma_{ikl} + \Gamma_{lki} = g_{il,k}.$$

Die *Ableitung der Determinante g der* g_{ik} ist durch

$$\frac{\partial g}{\partial x^j} = g^{ik}\, g\, \frac{\partial g_{ik}}{\partial x^j}$$

---

[1] Abgesehen von einem konventionsabhängigen gemeinsamen Vorzeichen der ϵ_i.
Nomenklatur:

$$\pm\,(+ - - -) \qquad \text{,,normalhyperbolisch''},$$
$$\pm\,(+ + + +) \qquad \text{,,elliptisch''},$$
$$\pm\,(+ + - -) \qquad \text{,,ultrahyperbolisch''}.$$

gegeben, da $g^{ik} \cdot g$ der Kofaktor (algebraisches Komplement) von g_{ik} bei der Determinantenbildung ist. Mit (2.26) folgt daraus weiter

$$\frac{1}{g} \frac{\partial g}{\partial x^j} = g^{ik}(\Gamma_{ijk} + \Gamma_{kji}) = 2\,\Gamma^i_{ij}$$

oder

$$(2.27) \qquad \frac{\partial \ln\sqrt{\pm g}}{\partial x^j} = \Gamma^i_{ij}.$$

Das Vorzeichen ist dabei so zu wählen, daß die Wurzel reell wird (Minus-Zeichen in der Relativitätstheorie).

A u f g a b e n

1. Zeige, daß die Christoffel-Symbole (1.26) bei Koordinatentransformationen (2.1) nach

$$(2.28) \qquad \Gamma_{\bar{i}\bar{k}\bar{l}} = \Gamma_{abc}\, p^a{}_{\bar{i}}\, p^b{}_{\bar{k}}\, p^c{}_{\bar{l}} + g_{ab}\, p^a{}_{\bar{i}}\, p^b{}_{\bar{k}\bar{l}}$$

transformieren und daher keinen Tensor bilden.

2.5 Riemannsche Normalkoordinaten

Mit der Einführung einer Metrik g_{ik} sind wir auch in der Lage, geodätische Linien, d.h. Lösungen des Variationsproblems $\delta \int ds = 0$ anzugeben, die den Gleichungen

$$(1.30) \qquad \frac{d^2 x^i}{ds^2} + \Gamma^i{}_{kl}\, \frac{dx^k}{ds}\, \frac{dx^l}{ds} = 0$$

genügen. Im Fall des euklidischen Raumes sind die Geodätischen besonders geeignete Koordinatenlinien (Cartesische Koordinaten). Es ist daher zu vermuten, daß auch im Falle des Riemannschen Raumes die Metrik eine besonders einfache Form annimmt, wenn man Geodätische als Koordinatenlinien verwendet (Riemannsches Koordinatensystem = *RKS*).

Wir gehen dazu von einem beliebigen Koordinatensystem x^i aus, in dem wir eine Geodätische in der Form $x^i = x^i(s)$ darstellen wollen, wobei s die Bogenlänge entlang der Kurve ist (Fig. 7).

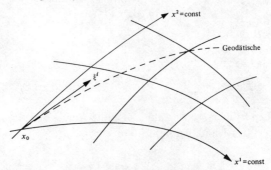

Fig. 7: Zur Einführung von Riemannschen Koordinaten

Den Ursprung des *RKS* legen wir in einen beliebigen Punkt $x^i{}_0$ des x^i-Systems. Wir können die Funktionen $x^i(s)$ in der Umgebung von $x^i{}_0$ in eine Potenzreihe entwickeln.

$$(2.29) \qquad x^i = x^i{}_0 + \xi^i s + \frac{1}{2} \left(\frac{d^2 x^i}{ds^2} \right)_0 s^2 + \frac{1}{3!} \left(\frac{d^3 x^i}{ds^3} \right)_0 s^3 + \cdots ,$$

wobei

$$(2.30) \qquad \xi^i = \left(\frac{dx^i}{ds} \right)_0 \quad .$$

Aus (1.30) können wir den Koeffizienten von s^2 in (2.29) berechnen, es ist

$$(2.31) \qquad \left(\frac{d^2 x^i}{ds^2} \right)_0 = - \Gamma^i{}_{kl} \, \xi^k \, \xi^l \quad ,$$

wobei die Christoffel-Symbole am Punkt $x^i{}_0$ zu nehmen sind. Differentiationen von (1.30) liefern die Koeffizienten der höheren Potenzen von s; so erhält man aus (1.30) bei einmaliger Differentiation nach s:

$$(2.32) \qquad \frac{d^3 x^i}{ds^3} + \Gamma^i{}_{jkl} \, \frac{dx^j}{ds} \, \frac{dx^k}{ds} \, \frac{dx^l}{ds} = 0 \quad ,$$

wo

$$(2.33) \qquad \Gamma^i{}_{jkl} = \frac{1}{3!} \, \mathbf{P} \left(\frac{\partial}{\partial x^l} \, \Gamma^i{}_{kj} - \Gamma^i{}_{rk} \, \Gamma^r{}_{jl} - \Gamma^i{}_{jr} \, \Gamma^r{}_{kl} \right) \quad ,$$

wobei das Symbol **P** die Summe über die Permutationen der Indizes j, k, l andeuten soll. Damit ergibt sich schließlich für die Geodätische

$$x^i(s) = x^i_0 + \xi^i s - \frac{1}{2} \Gamma^i_{jk} \xi^j \xi^k s^2 - \frac{1}{3!} \Gamma^j_{klm} \cdot \xi^k \xi^l \xi^m s^3 - \ldots,$$

(2.34)

wobei die Γ-Koeffizienten jeweils in x^i_0 zu nehmen sind. ξ^i ist ein beliebiger Einheitsvektor, der die Richtung der Geodätischen im Punkt x^i_0 angibt. Weiters setzen wir $y^i = \xi^i s$, so daß (2.34) die Form

$$(2.35) \qquad x^i = x^i_0 + y^i - \frac{1}{2} \Gamma^i_{jk} y^j y^k - \ldots$$

annimmt. (2.35) definiert eine Koordinatentransformation $x \to y$, d.h.

$$(2.36) \qquad y^i = (x^i - x^i_0) + \frac{1}{2} \Gamma^i_{jk} (x^j - x^j_0)(x^k - x^k_0) - \ldots$$

Die neuen Koordinaten y^i spannen bereits das *RKS* auf, da in ihnen die Gleichung einer Geodätischen durch P_0 einfach $y^i = \xi^i s$ lautet, wobei ξ^i ein konstanter Einheitsvektor ist. Setzt man nämlich $y^i = \xi^i s$ in (2.36) bzw. (2.35) ein, so ergibt sich sofort die Gleichung (2.34), die aber gerade die Gleichung der Geodätischen durch x^i_0 ist. Daher sind im y-Koordinatensystem die Koordinatenlinien durch P_0 (die durch $\xi^i \propto \delta^i_k$ für die x^k-Linie gegeben sind) Geodätische.

Wir untersuchen nun die Form des Linienelements im *RKS*. Es sei

$$(2.37) \qquad ds^2 = \bar{g}_{ij}(y) \, dy^i \, dy^i,$$

wobei $\bar{g}_{ij}$ noch zu bestimmende Funktionen der y^i seien. Die Gleichung einer Geodätischen lautet in diesem Koordinatensystem

$$(2.38) \qquad \frac{d^2 y^i}{ds^2} + \bar{\Gamma}^i_{kl}(y) \frac{dy^k}{ds} \frac{dy^l}{ds} = 0.$$

Die Linien $y^i = \xi^i s$ müssen Lösungen dieser Gleichung sein, daher wird

$$\bar{\Gamma}^i_{kl}(\xi^m s) \, \xi^k \xi^l = 0.$$

Da die ξ^k beliebige Vektoren sind, folgt für $s = 0$

(2.39) $\overline{\Gamma}^i{}_{kl}(0) = 0$.

Im Nullpunkt des Riemannschen Koordinatensystems verschwinden die Christoffel-Symbole. Wegen (2.26) folgt daraus sofort

(2.40) $\overline{g}_{ik,\,l} = 0$,

d.h., alle ersten Ableitungen der Metrik verschwinden im Ursprung des *RKS*. Daher hat die Metrik in der Umgebung des Punktes $x^i{}_0$ im *RKS* die Form

(2.41) $\overline{g}_{ik} = \overline{g}_{ik}(0) + c_{iklm}\, y^l y^m + \ldots$

Wir wollen nur noch zeigen, daß man auch erreichen kann, daß $\overline{g}_{ik}(0) = \eta_{ik}$. Dazu untersuchen wir das Verhalten des *RKS* bei Änderungen des ursprünglichen Koordinatensystems x^i. Wenn wir statt von x^i von anderen Koordinaten x^i ausgehen, so darf das die Menge der Geodätischen durch den betrachteten Punkt x_0 nicht ändern. Sei

(2.42) $y^{\overline{i}} = \xi^{\overline{i}} s = \left(\dfrac{\mathrm{d}x^{\overline{i}}}{\mathrm{d}s}\right)_0 s$

die Gleichung einer Geodätischen im neuen *RKS*, so lautet diese, ausgedrückt in den y^k,

(2.43) $y^{\overline{i}} = \left(\dfrac{\partial x^{\overline{i}}}{\partial x^k}\right)_0 \left(\dfrac{\mathrm{d}x^k}{\mathrm{d}s}\right)_0 s = (p^{\overline{i}}{}_k)_0\, \xi^k s = (p^{\overline{i}}{}_k)_0\, y^k$.

Bei beliebigen Koordinatenänderungen erfahren die Riemannschen Koordinaten daher eine lineare Transformation mit konstanten Koeffizienten $(p_k{}^i)_0$.

Diese Transformation kann nun offenbar dazu benutzt werden, die $\overline{g}_{ik}(0)$ auf die gewünschte Form η_{ik} zu bringen. Ein derartiges Koordinatensystem heißt *Riemannsches Normalkoordinatensystem* (*RNKS*). Im Ursprung des *RNKS* sind also die $g_{ik} = \eta_{ik}$ und die Christoffel-Symbole $\Gamma^i{}_{kl} = 0$. Ein System, in dem diese beiden Bedingungen erfüllt sind, heißt ein in dem betreffenden Punkt $x^i{}_0$ *inertiales Koordinatensystem*[1]. Es entspricht so weit wie möglich dem Begriff des Inertialsystems der speziellen Relativitätstheorie; z.B. ist die Gleichung einer Geodätischen durch den

---

[1] Jedes *RNKS* ist ein in seinem Ursprung inertiales Koordinatensystem, aber nicht umgekehrt.

Ursprung (d.h. die Bewegungsgleichung eines dort frei fallenden Objektes) einfach durch $d^2 y^i/ds^2 = 0$ gegeben, genau wie im flachen Raum. Das *RNKS* entspricht gerade dem Cartesischen Koordinatensystem im frei fallenden Labor (Fig. 3), von dem wir ausgegangen sind. Allerdings ist die Minkowski-Metrik η_{ik} eine gute Näherung an die g_{ik} nur für Raum-Zeit-Distanzen y^i, für die der quadratische Term in (2.41) vernachlässigt werden kann. Dieser Term gibt daher die Inhomogenität des Gravitationsfeldes an und wird im Abschnitt 2.7, Gleichung (2.84), durch den Riemannschen Krümmungstensor ausgedrückt werden.

Aufgaben

1. Zeige, daß im Ursprung eines *RNKS* die in (2.33) definierten Koeffizienten Γ^i_{jkl} verschwinden.

2.6 Tensoranalysis

Die im Abschnitt 2.4 betrachteten Eigenschaften von Tensoren waren die gleichen wie in der speziellen Relativitätstheorie, wobei einzig η_{ik} durch g_{ik} zu ersetzen ist. Wir kommen nun zu einem Punkt, wo sich eine neue Situation ergibt, nämlich zur Tensoranalysis.

Wenn $D^{ik\cdots}_{lm\cdots}$ ein Tensor vom Typ (a, b) ist, so ist

$$(2.44) \qquad \frac{\partial}{\partial x^p} D^{ik\cdots}_{lm\cdots} =: D^{ik\cdots}_{lm\cdots,\,p} = T^{ik\cdots}_{plm\cdots}$$

in der speziellen Relativitätstheorie ein Tensor $T^{ik\cdots}_{plm\cdots}$ vom Typ $(a, b+1)$. Partielle Differentiation erhöht also die Stufe eines Tensors um 1. Der Beweis von (2.44) ist einfach, man benutzt nur, daß beim Übergang von einem Inertialsystem x^i auf ein anderes $(\bar{x}^i)$ die in (2.4) definierten p^i_k konstant sind und in (2.44) vor die Ableitung gezogen werden können.

Bei den hier zu untersuchenden allgemeinen Koordinatentransformationen trifft das nicht zu. Wir wollen die Situation zunächst im Fall eines Vektorfeldes A^i genau analysieren. Bei einer Koordinatentransformation $x^i \to \bar{x}^i$ gilt

$$(2.45) \qquad \bar{A}^i = p^{\bar{i}}_k A^k$$

und daher

$$(2.46) \qquad \frac{\partial}{\partial x^{\bar{k}}} \, A^{\bar{i}} = : A^{\bar{i}},_{\bar{k}} = \frac{\partial x^l}{\partial x^{\bar{k}}} \, \frac{\partial}{\partial x^l} \, (p^{\bar{i}}_r A^r) =$$

$$= p^l{}_{\bar{k}} \, p^{\bar{i}}{}_{rl} \, A^r + p^l{}_{\bar{k}} \, p^{\bar{i}}{}_r \, A^r,_l.$$

Wäre der erste Term auf der rechten Seite von (2.46) nicht vorhanden, so hätte $A^i{}_{,k}$ das Transformationsverhalten eines Tensors vom Typ (1,1). Das Auftreten des störenden Terms in (2.46) kann allerdings nichts mit Raumkrümmung zu tun haben, da dieser Zusatzterm auch im Minkowski-Raum auftritt, wenn man z.B. auf Polarkoordinaten übergeht. Denn in diesem Fall sind die $p^i{}_k$ nicht konstant, und die Ableitung $A^i{}_{,k}$ ist kein Tensor mehr.

Wir können aber im Minkowski-Raum folgendermaßen vorgehen. Wir benutzen zunächst Koordinaten x^i, in denen die Metrik die Form η_{ik} annimmt und bilden dort die Ableitung $A^i{}_{,\bar{k}}$. Wenn wir von einem derartigen System auf ein anderes System $x^{\bar{i}}$ mit dieser Eigenschaft übergehen, so wird die Transformation durch

$$(2.47) \qquad x^{\bar{i}} = p^{\bar{i}}{}_{\bar{k}} \, x^{\bar{k}}$$

gegeben sein, wobei die $p^{\bar{i}}{}_{\bar{k}}$ konstante Koeffizienten sind. Bei diesen Transformationen verhält sich $A^i{}_{,\bar{k}}$ wie ein Tensor:

$$(2.48) \qquad A^{\bar{i}},_{\bar{k}} = p^{\bar{i}}{}_l \, p^{m}{}_{\bar{k}} \, A^l,_m.$$

Wir definieren nun die *kovariante Ableitung* $A^i{}_{;k}$ in jedem beliebigen Bezugssystem durch

$$(2.49) \qquad A^i{}_{;k} := p^i{}_{\bar{l}} \, (x) \, p^{\bar{m}}{}_k \, (x) \, A^{\bar{l}},_{\bar{m}}$$

(Querstriche beziehen sich auf ein System mit $g_{ik} = \eta_{ik}$). Die so eingeführte kovariante Ableitung verhält sich offenbar wirklich wie ein Tensor der Stufe (1,1), und man überzeugt sich leicht, daß $A^i{}_{;k}$ unabhängig von dem speziellen Koordinatensystem x^i ist, von dem wir ausgegangen sind (s. Aufgabe 1). Wir wollen nun einen expliziten Ausdruck für $A^i{}_{;k}$ finden. Dazu setzen wir den Ausdruck (2.46) in (2.49) ein:

$$A^i{}_{;k} = p^i{}_{\bar{l}}\, p^{\bar{m}}{}_k\, A^{\bar{l}}\, ,\overline{m} =$$

$$(2.50) \qquad = p^i{}_{\bar{l}}\, p^{\bar{m}}{}_k (p^{\bar{l}}{}_a\, p^b{}_{\overline{m}}\, A^a{}_{,b} + p^b{}_{\overline{m}}\, p^{\bar{l}}{}_{ab} A^a) =$$

$$= A^i{}_{,k} + p^i{}_{\bar{l}}\, p^{\bar{l}}{}_{ak}\, A^a.$$

Um den zweiten Term in (2.50) auszuwerten, differenzieren wir die Relation

$$(2.51) \qquad g_{ak} = p^{\bar{l}}{}_a\, p^{\bar{m}}{}_k\, \eta_{\overline{lm}}$$

partiell nach x^r

$$(2.52) \qquad g_{ak,r} = (p^{\bar{l}}{}_{ar}\, p^{\bar{m}}{}_k + p^{\bar{l}}{}_a\, p^{\bar{m}}{}_{kr})\, \eta_{\overline{lm}}\,.$$

Durch entsprechende Permutation der Indizes erhalten wir daraus für die Christoffel-Symbole

$$(2.53) \qquad \Gamma_{rak} = p^{\bar{l}}{}_{ak}\, p^{\bar{m}}{}_r\, \eta_{\overline{lm}}$$

oder, mittels (2.6),

$$(2.54) \qquad \Gamma^i{}_{ak} = \eta^{\overline{bc}}\, p^i{}_{\bar{b}}\, p^r{}_{\bar{c}}\, p^{\bar{l}}{}_{ak}\, p^{\bar{m}}{}_r\, \eta_{\overline{lm}} = p^{\bar{l}}{}_{ak}\, p^i{}_{\bar{l}}\,.$$

Damit ergibt sich die kovariante Ableitung eines Vektors endgültig zu

$$(2.55) \qquad \boxed{A^i{}_{;k} = A^i{}_{,k} + \Gamma^i{}_{ka}\, A^a.}$$

Von der oben gegebenen Definition (2.49) her ist es klar, daß $A^i{}_{;k}$ ein Tensor vom Typ (1,1) ist (s. auch Aufgabe 2).

Die hier für den Minkowski-Raum formulierten Überlegungen kann man sofort auf den Riemannschen Raum übertragen. Wir haben im Abschnitt 2.5 gesehen, daß die Riemannschen Normalkoordinaten bei beliebigen Koordinatenänderungen eine lineare Transformation mit konstanten Koeffizienten erfahren. Es ist daher konsistent, die kovariante Ableitung eines Vektors im Riemannschen Raum dadurch zu definieren, daß wir sie im Ursprung eines *RNKS* gleich der gewöhnlichen Ableitung des Vektors setzen und beim Übergang auf beliebige andere Koordinatensysteme wieder das Transformationsverhalten (2.49) verlangen. Die von (2.49) zu (2.55) führende Rechnung kann dabei unverändert übernommen werden. (2.55) ist daher auch eine geeignete Definition der kovarianten Ableitung eines Vektors im Riemannschen Raum.

Um die kovariante Ableitung anderer Tensortypen zu definieren, bemerken wir zunächst, daß die kovariante Ableitung eines Skalars mit der gewöhnlichen Ableitung übereinstimmend gewählt werden kann,

$$(2.56) \qquad \Phi_{,k} = \Phi_{;k} \,,$$

da diese bereits einen Vektor liefert. Wenn wir Φ als Skalarprodukt zweier Vektoren wählen, $\Phi = A^i B_i$, können wir damit sofort die kovariante Ableitung der Vektorkomponenten B_i bestimmen:

$$(2.57) \qquad \Phi_{;k} = (A^i B_i)_{;k} = A^i_{\;;k} B_i + A^i B_{i;k} = \Phi_{,k} = A^i_{\;,k} B_i + A^i B_{i,k} \,.$$

Dabei haben wir gefordert, daß die kovariante Ableitung die Produktregel erfüllt. Da A und B beliebige Vektoren sein sollen, folgt aus (2.57) sofort

$$(2.58) \qquad B_{i;k} = B_{i,k} - \Gamma^l_{\;ik} B_l \,.$$

Die oben gewonnenen Resultate (2.55) und (2.58) ermöglichen es nun, die kovariante Ableitung beliebiger Tensortypen zu definieren. Da es nur auf das Transformationsverhalten des betrachteten Tensors ankommt, ist es ausreichend, als Tensor ein Produkt entsprechend vieler ko- und kontravarianter Vektorkomponenten heranzuziehen:

$$(2.59) \qquad T^{ik\ldots}_{\;\;\;\;lm\ldots} = A^i B^k \ldots C_l D_m \ldots$$

Aus der Produktregel

$$(2.60) \qquad T^{ik\ldots}_{\;\;\;\;lm\ldots;r} = A^i_{\;;r} B^k C_l D_m \cdots + A^i B^k_{\;;r} C_l D_m + \ldots$$

erhalten wir das gewünschte Resultat

$$(2.61) \qquad T^{ik\ldots}_{\;\;\;\;lm\ldots;r} = T^{ik\ldots}_{\;\;\;\;lm\ldots,r} + \Gamma^i_{\;rs} T^{sk\ldots}_{\;\;\;\;lm\ldots} + \Gamma^k_{\;rs} T^{is\ldots}_{\;\;\;\;lm\ldots} -$$

$$- \Gamma^s_{\;rl} T^{ik\ldots}_{\;\;\;\;sm\ldots} - \Gamma^s_{\;rm} T^{ik\ldots}_{\;\;\;\;ls\ldots} + \ldots$$

Man kann sich auch durch explizite Rechnung davon überzeugen, daß die so definierte kovariante Ableitung aus einem Tensor vom Typ (a, b) einen Tensor vom Typ $(a, b + 1)$ macht.

Eine wesentliche Eigenschaft der kovarianten Ableitung ist, daß sämtliche Komponenten des metrischen Tensors „kovariant konstant" sind (Aufgabe 3):

(2.62) $\qquad g_{ik;l} = \delta^k{}_{i;l} = g^{ik}{}_{;l} = 0.$

Man kann daher Indizes innerhalb kovarianter Ableitungen beliebig hinauf- und hinunterziehen, wie hier am Beispiel eines Vektors gezeigt werden soll:

(2.63) $\qquad A^i{}_{;k} = (g^{il} A_l)_{;k} = g^{il} A_{l;k} .$

Diese Eigenschaft erleichtert das Rechnen mit kovarianten Ableitungen sehr. Da der Ableitungsindex ein ganz normaler Tensorindex ist, kann man ihn weiters wie üblich mit Hilfe von g_{ik} hinauf- und hinunterziehen:

(2.64) $\qquad A^{i;k} = : g^{kl} A^i{}_{;l} .$

Für kovariante Ableitungen erster Ordnung gelten somit alle Rechenregeln, die für partielle Ableitungen gelten.

Partielle Ableitungen, und das sind ja die hier definierten kovarianten Ableitungen im wesentlichen, sind Spezialfälle des Begriffes der *absoluten Ableitung* entlang einer beliebigen Kurve $C : x^i = x^i(\tau)$, wobei τ ein willkürlich gewählter Parameter ist. Für ein kontravariantes Vektorfeld A^i ist diese Ableitung durch

(2.65) $\qquad \dfrac{DA^i}{D\tau} := A^i{}_{;k} \dfrac{dx^k}{d\tau} = \dfrac{dA^i}{d\tau} + \Gamma^i{}_{kj} A^j \dfrac{dx^k}{d\tau}$

definiert[1]. Wählt man als Kurve eine der Koordinatenlinien, so reduziert sich die absolute Ableitung offenbar auf die kovariante Ableitung nach der entsprechenden Koordinate. Völlig analog definiert man die absolute Ableitung beliebiger Tensorfelder.

---

[1] In der zweiten Version von (2.65) ist die Kenntnis von A^i nur mehr längs C erforderlich.

Wenn die absolute Ableitung eines Vektors v^i nach einer Kurve C verschwindet,

$$(2.66) \qquad \frac{Dv^i}{Ds} = 0 \ ,$$

nennt man den Vektor v^i entlang der Kurve parallelverschoben. Bei der *Parallelverschiebung* entlang eines infinitesimalen Stückes dx^i einer Kurve ändern sich die Vektorkomponenten um

$$(2.67) \qquad dv^i = - \Gamma^i_{kl} v^k \, dx^l \ .$$

Aufgaben

1. Zeige, daß die Definition (2.49) der kovarianten Ableitung unabhängig von der Wahl des zugrundegelegten Inertialsystems x^i ist.

2. Zeige durch explizite Rechnung, daß (2.55) ein Tensor vom Typ (1,1) ist.

3. Beweise (2.62).

4. Beweise, daß die Divergenz eines Vektorfeldes v^k durch

$$(2.68a) \qquad v^k_{\ ;k} = \frac{1}{\sqrt{-g}} \frac{\partial}{\partial x^k} (\sqrt{-g} \, v^k)$$

und der allgemein kovariante d'Alembert-(Laplace-) Operator eines skalaren Feldes A durch

$$(2.68b) \qquad A_{;k}^{\ ;k} = : \Box A = \frac{1}{\sqrt{-g}} \frac{\partial}{\partial x^k} \left(\sqrt{-g} \, g^{ki} \frac{\partial}{\partial x^l} A \right)$$

gegeben sind. Ist ferner F^{ik} ein *antisymmetrisches* Tensorfeld, so ist seine Divergenz durch

$$(2.68c) \qquad F^{ik}_{\ \ ;k} = \frac{1}{\sqrt{-g}} \frac{\partial}{\partial x^k} (\sqrt{-g} \, F^{ik})$$

gegeben. Kann die Divergenz $T^{ik}_{\ \ ;k}$ eines symmetrischen Tensorfeldes in eine analoge Form gebracht werden?

5. Zeige, daß sich bei Parallelverschiebung eines Vektors v^i entlang einer Geodätischen C der Winkel zwischen dem Tangentialvektor u^i von C und dem verschobenen Vektor v^i nicht ändert.

6. Zeige, daß die *Fermi-Walker-Verschiebung* eines Vektors w^i längs einer Kurve $x^i = x^i(s)$ (s . . . Bogenlänge, also $u^i = \mathrm{d}x^i/\mathrm{d}s$ mit $u^i u_i = 1$), definiert durch

$$\frac{Dw^i}{Ds} = w_k\, u^k\, \frac{Du^i}{Ds} - w_k\, \frac{Du^k}{Ds}\, u^i\,,$$

folgende Eigenschaften hat:

a) Das Skalarprodukt zweier F-W-transportierter Vektoren ändert sich nicht.

b) Ist C geodätisch, so ist der F-W-Transport mit der geodätischen Parallelverschiebung identisch.

c) F-W-Transport führt Tangentialvektoren in Tangentialvektoren über.

2.7 Der Riemannsche Krümmungstensor

Die bisher diskutierten Eigenschaften von partiellen und kovarianten Ableitungen stimmen völlig miteinander überein. Wir werden im folgenden zeigen, daß es aber doch wesentliche Unterschiede zwischen beiden gibt, da die Differentiationsreihenfolge im Falle von kovarianten − im Gegensatz zu partiellen − Ableitungen im allgemeinen nicht vertauschbar ist.

Betrachten wir zunächst einen Skalar Φ. Für diesen lassen sich die zweiten kovarianten Ableitungen vertauschen, da

$$\Phi_{;i;j} = \Phi_{;j;i} = \Phi_{,ij} - \Phi_{,m}\Gamma^m{}_{ij}$$

offenbar in i und j symmetrisch ist. Für einen Vektor A_i ist das nicht der Fall. Um dies zu zeigen, berechnen wir zunächst $A_{i;k;j}$. Es ist

$$A_{i;k;j} = (A_{i;k})_{,j} - A_{m;k}\Gamma^m{}_{ji} - A_{i;m}\Gamma^m{}_{jk} =$$

$$= A_{i,jk} - A_{m,j}\Gamma^m{}_{ik} - A_m\Gamma^m{}_{ik,j} - A_{i,m}\Gamma^m{}_{kj} +$$

$$+ A_r\Gamma^r{}_{mi}\Gamma^m{}_{kj} - A_{m,k}\Gamma^m{}_{ji} + A_r\Gamma^m{}_{ji}\Gamma^r{}_{mk}\,.$$

Vertauscht man die Ableitungen nach k und j, so ergibt sich

(2.69) $A_{i;k;j} - A_{i;j;k} = A_r R^r{}_{ikj}$,

wobei

(2.70) $$R^r{}_{ikj} := \Gamma^r{}_{ij,k} - \Gamma^r{}_{ik,j} + \Gamma^r{}_{mk}\Gamma^m{}_{ji} - \Gamma^r{}_{mj}\Gamma^m{}_{ki}$$

der *Riemannsche Krümmungstensor* ist. Die Tensoreigenschaft des in (2.70) definierten Symbols $R^r{}_{ikj}$ brauchen wir nicht eigens zu beweisen, da sie sofort aus dem Quotiententheorem folgt. Auf der linken Seite von (2.69) steht offenbar ein Tensor, auf der rechten Seite muß daher ebenfalls ein Tensor stehen. Da A_r ein Tensor ist, folgt daraus sofort, daß auch $R^r{}_{ikj}$ ein Tensor sein muß. Durch Herunterziehen des ersten Index in (2.70) erhält man den vollständig kovarianten Riemannschen Krümmungstensor

(2.71) $R_{hijk} = R^r{}_{ijk}\, g_{hr}$.

Nach leichter, aber längerer Rechnung kann man dies in folgende äquivalente Formen schreiben[1]:

(2.72) $R_{hijk} = \Gamma_{hik,\,j} - \Gamma_{hij,\,k} + \Gamma^l{}_{ij}\Gamma_{lhk} - \Gamma^l{}_{ik}\Gamma_{lhj}$,

(2.73) $R_{hijk} = \dfrac{1}{2}\,(g_{hk,\,ij} + g_{ij,\,hk} - g_{ik,\,jh} - g_{jh,\,ik}) +$

$\qquad\qquad + g^{ml}\,(\Gamma_{mij}\Gamma_{lhk} - \Gamma_{mik}\Gamma_{lhj})$.

Die letztere Form des Riemanntensors ist besonders nützlich, da sie explizit die *Symmetrieeigenschaften* dieses Tensors aufzeigt:

(2.74a) $R_{hijk} = -R_{ihjk}$

(2.74b) $R_{hijk} = -R_{hikj}$

(2.74c) $R_{hijk} = R_{jkhi}$

(2.74d) $R_{hijk} + R_{hjki} + R_{hkij} = 0$,

---

[1] Siehe z. B. A. Lichnérowicz (1966), p. 90. Beachte unterschiedliche Konventionen bei der Indexstellung an Christoffel-Symbolen.

wie man mit Hilfe von (2.73) leicht nachrechnet. Diese Symmetrieeigenschaften reduzieren die Zahl der unabhängigen Komponenten des Krümmungstensors wesentlich, so daß schließlich im n-dimensionalen Raum nur mehr $n^2(n^2 - 1)/12$ unabhängige Komponenten übrig bleiben. Für $n = 4$, also für die Raum-Zeit, sind das 20 Komponenten.

Der Krümmungstensor nimmt in der Riemannschen Geometrie und damit auch in der allgemeinen Relativitätstheorie eine zentrale Stellung ein. Wir wollen seine Bedeutung hier vorläufig an einem einfachen Beispiel illustrieren. Im flachen Raum gibt es stets ein Koordinatensystem, in dem die Metrik die einfache Form $g_{ik} = \eta_{ik}$ annimmt (cartesische Koordinaten). In diesem Koordinatensystem verschwinden alle Christoffel-Symbole und daher auch alle Komponenten des Riemann-Tensors. Da aber das Verschwinden eines Tensors unabhängig vom gewählten Koordinatensystem ist, so ist der Riemann-Tensor im flachen Raum für ein beliebiges Koordinatensystem identisch Null. Wenn nun eine Metrik vorgelegt wird, von der man vermutet, daß sie nur eine komplizierte Form der Metrik des ebenen Raumes ist (wie etwa parabolische Koordinaten etc.), so braucht man nur den Riemann-Tensor für diese Metrik zu berechnen. Falls er verschwindet, folgt daraus, daß der Raum flach ist und es ein Koordinatensystem geben muß, in dem der metrische Tensor die einfache Form η_{ik} annimmt. Es ist eine schwierigere Aufgabe, eine Koordinatentransformation explizit anzugeben, die diesen Übergang auch tatsächlich bewerkstelligt[1].

Aus dem Riemann-Tensor können durch Kontraktion zwei weitere Größen gebildet werden, die in der allgemeinen Relativitätstheorie eine große Rolle spielen. Es sind dies der Ricci-Tensor

$$(2.76) \qquad \boxed{R_{ik} := R^h{}_{ikh} = R_{ki}}$$

und der Krümmungs-Skalar

$$(2.77) \qquad \boxed{R := R_{ik}\, g^{ik}.}$$

---

[1] Man geht dazu von der Bemerkung aus, daß der Gradient einer cartesischen Koordinate ein (längs beliebiger Kurven) paralleles Vektorfeld ist, das daher durch seinen Wert in einem beliebig gewählten Punkt gemäß (2.66) bestimmt ist. Die Lösung kann für $n = 3$ und 4 mittels Spinoren auf die Integration einer einzigen Riccatischen Differentialgleichung und Quadraturen zurückgeführt werden.

Der Ausgangspunkt unserer Überlegungen war in diesem Abschnitt die Nichtvertauschbarkeit der kovarianten Ableitungen eines Vektors. Es wäre nun ohne Schwierigkeiten möglich, die Formel (2.69) für beliebige Tensoren zu verallgemeinern. Da wir aber das Resultat nicht weiter brauchen werden, wollen wir statt dessen lieber die Vertauschung der in (2.65) definierten absoluten Ableitungen eines Vektors studieren. Um die Vertauschbarkeit von Ableitungen zu untersuchen, braucht man mindestens zwei Richtungen, in die abgeleitet wird. Es sei daher in der Mannigfaltigkeit X^n ein Kurvennetz $x^i = x^i (u, v)$ gegeben. Ein derartiges Kurvennetz ist eine zweidimensionale Fläche, die in der Mannigfaltigkeit eingebettet ist, samt einer Schar von darauf befindlichen Koordinatenlinien (u-, v-Linien). Eine einfache Rechnung, die völlig analog zu der durchgeführten ist, ergibt dann

$$(2.78) \qquad \frac{D^2 A^i}{DuDv} - \frac{D^2 A^i}{DvDu} = R^i{}_{jmk} A^j \frac{\partial x^m}{\partial u} \frac{\partial x^k}{\partial v}$$

Dieses Resultat werden wir in Kapitel 8 bei der Diskussion von Singularitäten verwenden.

Durch kovariante Differentiation der Gl. (2.70) ergeben sich neue wesentliche Eigenschaften des Krümmungstensors, nämlich die *Bianchi-Identitäten*:

$$(2.79) \qquad \boxed{R^h{}_{ijk;l} + R^h{}_{ikl;j} + R^h{}_{ilj;k} = 0.}$$

Daß derartige Identitäten existieren müssen, ergibt sich daraus, daß wir den Riemann-Tensor mittels eines „Kommutators" zweier kovarianter Ableitungen einführten und für Kommutatoren die Jacobi-Identität gilt. Wollte man diese Identitäten allerdings durch direkte Rechnung und Ausführung der kovarianten Differentiation mit Hilfe der Regeln (2.61) verifizieren, so wäre dies eine überaus lange und unübersichtliche Rechnung. Man geht daher folgendermaßen vor: Wir führen die Rechnung zunächst im Ursprung eines Riemannschen Koordinatensystems durch. Dort verschwinden alle Christoffel-Symbole $\Gamma^i{}_{kl} (x = 0) = 0$, aber nicht deren Ableitungen $\Gamma^i{}_{kl,m}$. Der Riemann-Tensor hat in $x = 0$ die einfache Form

(2.80) $R^h{}_{ijk} = \Gamma^h{}_{ik,j} - \Gamma^h{}_{ij,k}.$

Aber auch die Ableitung des Riemann-Tensors hat, wie man sich leicht überlegt, im Ursprung des *RNKS* eine ebenso einfache Form

(2.81) $R^h{}_{ijk;l} = \Gamma^h{}_{ik,jl} - \Gamma^h{}_{ij,kl}.$

Durch zyklische Permutation der Indizes j, k und l erhält man daraus sofort das gewünschte Resultat (2.79). Da diese Gleichung die Form einer Tensorgleichung hat, gilt sie nicht nur im zugrundegelegten *RNKS*, sondern auch in einem beliebigen Koordinatensystem.

Kontrahiert man die Bianchi-Identitäten (2.79) über h und j, so erhält man

$$R_{ik;l} - R^h{}_{ikl;h} - R_{il;k} = 0.$$

Nach Multiplikation mit g^{il} ergibt sich daraus

(2.82) $R^h{}_{k;h} = \dfrac{1}{2} R_{;k}.$

Diese Formel können wir auch in der Form

(2.83) $$\boxed{\;\; G^i{}_k := R^i{}_k - \dfrac{1}{2}\,\delta^i{}_k\,R \quad\Big|\quad G^i{}_{k;i} = 0 \;\;}$$

schreiben. (2.83) zeigt, daß die Divergenz des *Einstein-Tensors* $G^i{}_k$ verschwindet. Dieses Resultat ist von grundlegender Bedeutung für die allgemeine Relativitätstheorie. G_{ik} ist nämlich für $n = 4$ neben g_{ik} selbst der einzige Tensor zweiter Stufe mit $G^i{}_{k;i} = 0$, der aus g_{ik} und dessen *ersten zwei Ableitungen* gebildet werden kann[1].

Aufgaben

1. Zeige, daß im Ursprung eines *RNKS* die Metrik die Form

(2.84) $g_{ik} = \eta_{ik} + \dfrac{1}{3}\,(R_{ilmk})_0\,x^l x^m + O(x^3)$

annimmt.

---

[1] D. Lovelock, J. Math. Phys. *13*, 874 (1972).

Anleitung: Wegen des Verschwindens der ersten Ableitungen der g_{ik} im Ursprung eines *RNKS* gilt dort zunächst

$$g_{ik} = \eta_{ik} + \frac{1}{2!} \left(\frac{\partial^2 g_{ik}}{\partial x^l \partial x^m} \right)_0 x^l x^m + O(x^3).$$

Spezialisiert man (2.73) auf den Ursprung des *RNKS*, so sieht man, daß dort R_{iklm} aus einer Linearkombination der zweiten Ableitungen der g_{ik} besteht. Durch Multiplikation von (2.73) mit $x^h x^k$ kann man unter Benutzung des Resultats von Aufgabe 1 aus Abschnitt 2.5 (2.84) beweisen. (Siehe auch Eisenhart (1960), p. 252 - 253.)

2. Zeige, daß die in (2.66) eingeführte Parallelverschiebung eines Vektors wegabhängig ist und bei einer Verschiebung eines Vektors w^i rund um eine (infinitesimale) geschlossene Kurve (Fig. 8) in einem Kurvennetz $x^i = x^i(u, v)$ ein Vektor $\bar{w}^i$ entsteht, der sich von w^i um

$$\Delta w^i = - \left(R^i_{jkl} \, w^j \, \frac{\partial x^k}{\partial u} \, \frac{\partial x^l}{\partial v} \right)_P \Delta u \, \Delta v$$

unterscheidet (Eisenhart (1960), p. 67).

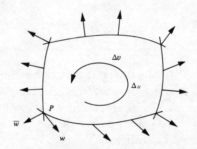

Fig. 8: Parallelverschiebung eines Vektors längs
      einer geschlossenen Kurve.

2.8 Räume konstanter Krümmung

Von besonderer Bedeutung für die Kosmologie sind Räume konstanter Krümmung, die die Verallgemeinerung der gewöhnlichen Kugel auf n-dimensionale Räume darstellen. Die Eigenschaften, die eine Kugel im 3dimensionalen Raum charakterisieren, sind ihre Homogenität und Isotropie. Kein Punkt und keine Richtung auf der Kugel sind vor anderen Punkten bzw. Richtungen ausgezeichnet. Wir wollen diese Eigenschaften – wie in der Kosmologie – zum Ausgangspunkt unserer Überlegungen machen und sie auf n Dimensionen verallgemeinern.

Beginnen wir zunächst mit der Isotropie. Wenn in einem Punkt der Mannigfaltigkeit X^n keine Richtung vor einer anderen ausgezeichnet sein soll, so muß der Riemannsche Krümmungstensor im Ursprung eines *RNKS* ein unter beliebigen Drehungen invarianter Tensor sein, wobei unter „Drehungen" im Falle der speziellen Relativitätstheorie natürlich Lorentz-Transformationen zu verstehen sind. Wir suchen daher einen Tensor 4. Stufe, der die Symmetrie des Riemann-Tensors aufweist und rotationsinvariant ist. Der allgemeinste Tensor, der der zweiten Forderung genügt, ist von der Form[1]

$$(2.85) \qquad \begin{aligned} R_{iklm} &= a\,\eta_{ik}\,\eta_{lm} + b\,\eta_{il}\,\eta_{km} + \\ &\quad + c\,\eta_{im}\,\eta_{kl} + d\,\epsilon_{iklm}. \end{aligned}$$

a, b, c, d sind darin Konstante. Da R_{iklm} ein Tensor sein soll und ϵ_{iklm} ein Pseudotensor ist, muß $d = 0$ sein (dieser Term hätte nur für $n = 4$ auftreten können). Aus Symmetriegründen muß auch der erste Term in (2.85) verschwinden und $c = -b$ sein. R_{iklm} hat daher im Ursprung des *RNKS* die einfache Form

$$(2.86) \qquad R_{iklm} = b(\eta_{il}\,\eta_{km} - \eta_{im}\,\eta_{kl}).$$

Wenn wir zu einem beliebigen Koordinatensystem übergehen, so nimmt die Tensorrelation (2.86) die allgemeine Form

$$(2.87) \qquad R_{iklm} = b(x)\,(g_{il}\,g_{km} - g_{im}\,g_{kl})$$

an. Dabei kann, wie angedeutet, b eine Funktion von x sein. Für den Ricci-Tensor bzw. den Krümmungs-Skalar erhalten wir aus (2.87)

---

[1] Im allgemeinen Fall einer X^n mit indefiniter Metrik ist unter η_{ik} eine Diagonalmatrix mit einer entsprechenden Anzahl von $+1$ (r-mal) bzw. -1 ($n-r$ mal) in der Hauptdiagonale zu verstehen, anstelle der Lorentz-Transformationen tritt dann die Gruppe $SO(r, n-r)$.

(2.88) $R_{ik} = - (n-1) \, b(x) \, g_{ik}(x),$

(2.89) $R = -n(n-1) \, b(x),$

wobei n die Dimensionszahl des betrachteten Raumes ist[1]. Setzen wir dies in die Bianchi-Identität (2.83) ein, so erhalten wir

(2.90)
$$G^i{}_k = (n-1) \, (\frac{n}{2} - 1) \, b(x) \, \delta^i{}_k,$$
$$G^i{}_{k\,;i} = (n-1) \, (\frac{n}{2} - 1) \, b_{,k} = 0 \, .$$

Da alle Ableitungen von b verschwinden, ist b eine Konstante. Wir erhalten daher den Satz: Wenn „die Krümmung in allen Richtungen gleich" ist, dann ist sie für $n > 2$ auch im ganzen Raum konstant. Die Homogenität ist demnach eine Folge der Isotropie.

Da der Riemann-Tensor für einen Raum konstanter Krümmung eine einfache Form hat, wird man vermuten, daß sich auch das Linienelement auf einfache Weise schreiben läßt. Um dies zu zeigen, brauchen wir den Begriff der Konformität zweier Räume. Wenn die metrischen Tensoren g_{ij} und $\bar{g}_{ij}$ zweier Räume die Relation

(2.91) $\bar{g}_{ij} = \psi^{-2} \, g_{ij}$

erfüllen, so heißen die beiden Räume zueinander konform. In diesem Fall stimmen die *Weylschen konformen Krümmungstensoren*

(2.92)
$$C^h{}_{ijk} := R^h{}_{ijk} + \frac{1}{n-2} \, (\delta^h{}_j \, R_{ik} - \delta^h{}_k \, R_{ij} + g_{ik} \, R^h{}_j - g_{ij} \, R^h{}_k)$$
$$+ \frac{R}{(n-1)\,(n-2)} \, (\delta^h{}_k \, g_{ij} - \delta^h{}_j \, g_{ik})$$

der beiden Räume überein (siehe Aufgabe 1), d. h.

(2.93) $\bar{C}^m{}_{ijk} = C^m{}_{ijk} \, .$

---

[1] Für $n = 1$ ist alles trivial, für $n = 2$ ist (2.87) stets erfüllt (Theorema egregium, Gauß); also setzen wir $n > 2$ voraus.

Stimmen umgekehrt die Weyl-Tensoren zweier Räume überein, so sind für $n \geqslant 4$ die Räume zueinander konform[1]. Für $n = 3$ verschwindet $C^i{}_{jlm}$ identisch, und es ist

$$(2.94) \qquad C_{ijk} := R_{ij;k} - R_{ik;j} + \frac{1}{4}(g_{ik} R_{,j} - g_{ij} R_{,k})$$

zu benutzen: Falls $C_{ijk} = 0$, so ist der gegebene dreidimensionale Raum konform zu einem flachen Raum.

Setzt man (2.87–89) in (2.92), (2.94) ein, so sieht man, daß *jeder Raum konstanter Krümmung konform zu einem Euklidischen (bzw. Minkowski-) Raum ist.*

Das Linienelement eines Raumes konstanter Krümmung läßt sich daher stets in der einfachen Form

$$(2.91a) \qquad g_{ik} = \psi^{-2}(x)\, \delta_{ik}$$

schreiben, wobei δ_{ik} für die Raum-Zeit durch η_{ik} zu ersetzen ist.

Setzt man (2.91a) in (2.73) ein, so erhält man für den Krümmungstensor

$$(2.95) \qquad R_{hijk} = \psi^{-3}(\delta_{jh}\psi_{,ik} + \delta_{ik}\psi_{,hj} - \delta_{hk}\psi_{,ij} - \delta_{ij}\psi_{,hk})$$

$$+ \psi_{,l}\psi_{,m}\delta^{lm}(\delta_{ij}\delta_{hk} - \delta_{hj}\delta_{ik})\,\psi^{-4}.$$

(2.87) und (2.95) führen für einen Raum konstanter Krümmung auf

$$(2.96) \qquad \psi(\delta_{jh}\psi_{,ik} + \delta_{ik}\psi_{,hj} - \delta_{hk}\psi_{,ij} - \delta_{ij}\psi_{,hk}) =$$

$$= -(b + \psi_{,l}\psi_{,m}\delta^{lm})(\delta_{ij}\delta_{hk} - \delta_{hj}\delta_{ik}).$$

Für $h \neq i = j \neq k \neq h$ folgt $\psi_{,hk} = 0$, so daß ψ die Form

$$(2.97) \qquad \psi = \sum_k f_k(x^k)$$

haben muß. Für $i = j \neq h = k$ ergibt (2.96) bei aufgehobener Summenkonvention

$$f_{i,ii} + f_{h,hh} = (b + \Sigma f_{k,k}^2)/\psi.$$

---

[1] Siehe z.B. Eisenhart (1960), p. 90.

Da die linke Seite nur von x^i und x^h abhängt, die rechte Seite aber von allen Koordinaten, folgt

(2.98) $(b + \Sigma f^2_{k,k})/\psi = c = $ const.

$$f_{h,hh} = \frac{c}{2} \qquad f_h = \frac{c}{4}(x^h + a^h)^2 + d_h.$$

Wählen wir $a^h = 0$, was durch Verschiebung des Koordinatenursprungs erreichbar ist, und setzen $\Sigma d_h = d$, so wird

(2.99) $\displaystyle \psi = \sum_h f_h = d + \frac{c}{4}\sum (x^h)^2.$

(2.98) ergibt dann $b = cd$. Setzen wir ferner[1] $x = \bar{x}\,d$, so wird

(2.100) $\displaystyle ds^2 = \psi^{-2}\,\delta_{ik}\,dx^i\,dx^k = \frac{\delta_{ik}\,dx^{\bar{i}}\,dx^{\bar{k}}}{(1 + \frac{b}{4}\delta_{lm}\,x^{\bar{l}}x^{\bar{m}})^2}.$

Wir werden dieses Resultat in der Kosmologie weiterverwenden.

Aufgaben

1. Berechne R_{ik} und R für einen konform flachen Raum und zeige, daß der Weylsche Krümmungstensor verschwindet.

2. Ein dreidimensionaler Raum konstanter Krümmung hat nach (2.100) in Polarkoordinaten das Linienelement

$$ds^2 = (1 + b\bar{r}^2/4)^{-2}(d\bar{r}^2 + \bar{r}^2\,d\Omega^2).$$

Zeige, daß die Substitution $-kr^2 = (1 + b\bar{r}^2/4)^{-2} \cdot b\bar{r}^2$, wobei $k = \pm 1$ für $b \lessgtr 0$, dieses Linienelement auf die in der Kosmologie gebräuchliche Form

---

[1] Für $d = 0$ ($b = 0$, flacher Raum) ist stattdessen eine Inversion vorzunehmen, um auf die Form (2.100) zu kommen.

$$(2.102) \quad \mathrm{d}s^2 = \Re^2 \left[\frac{\mathrm{d}r^2}{1 - kr^2} + r^2 \mathrm{d}\Omega^2\right]$$

bringt, wobei $\Re^2 = -k/b = n(n-1)\,k/R$.

3. Bestätige (2.84) im Falle eines Raumes konstanter Krümmung durch explizite Rechnung mit Hilfe von (2.87), (2.96) und (2.100).

2.9 Symmetriegruppen und Killing-Vektoren

Räume konstanter Krümmung (z.B. Kugel) weisen eine Symmetriegruppe auf, die sorgfältig von der Gruppe der Koordinatentransformationen zu unterscheiden ist. Bei der folgenden Untersuchung dieser Symmetriegruppen wollen wir uns auf die infinitesimalen Gruppenelemente beschränken. Symmetrieoperationen (oder Bewegungen) eines Riemannschen Raumes können wir ganz allgemein folgendermaßen charakterisieren. Durch die Transformation

$$(2.103) \quad \bar{x}^i = x^i + \epsilon\, v^i(x)$$

($\epsilon \ldots$ infinitesimaler Parameter, $v^i \ldots$ beliebiges Vektorfeld) wird jedem Punkt x ein neuer Punkt $\bar{x}$ auf der Mannigfaltigkeit X^n zugeordnet. Wenn dabei alle Abstände ungeändert bleiben, so ist (2.103) eine *Bewegung* der X^n. Es muß dabei der Abstand der Nachbarpunkte x, $x + \mathrm{d}x$ der gleiche sein wie der der Bildpunkte $\bar{x}$, $\bar{x} + \mathrm{d}\bar{x}$:

$$(2.104) \quad \mathrm{d}s^2 = g_{ik}(x)\,\mathrm{d}x^i\mathrm{d}x^k = g_{ik}(\bar{x})\,\mathrm{d}\bar{x}^i\mathrm{d}\bar{x}^k = \mathrm{d}\bar{s}^2.$$

Diese Forderung entspricht genau der anschaulichen Vorstellung, die man z. B. von der Symmetrie einer Kugel hat: Liegen zwei (unendlich benachbarte konzentrische) Kugelschalen ineinander, so kann man sie relativ zueinander frei bewegen (ineinander drehen), da die metrischen Zusammenhänge in jedem Punkt $\bar{x}$, der durch eine Drehung um den Mittelpunkt über x zu liegen kommt, die gleichen sind wie in x.

Werten wir (2.104) mittels (2.103) aus, so ist

$$(2.105) \quad g_{ik}(\bar{x}) = g_{ik}(x) + \epsilon\, g_{ik,j}\, v^j,$$

$$\mathrm{d}\bar{x}^i = \mathrm{d}x^i + \epsilon\, v^i{}_{,m}\, \mathrm{d}x^m,$$

$$\mathrm{d}\bar{s}^2 = \mathrm{d}s^2 + \epsilon(g_{mn,j}\, v^j + g_{in}\, v^i{}_{,m} + g_{mk}\, v^k{}_{,n})\, \mathrm{d}x^m\mathrm{d}x^n$$

bis auf Glieder $\sim \epsilon^2$, die wir vernachlässigen. Soll (2.104) für alle benachbarten Punktepaare gelten, so muß der Ausdruck

$$(2.106) \quad \mathfrak{L}_v g_{mn} := g_{mn,j} v^j + g_{jn} v^j{}_{,m} + g_{mj} v^j{}_{,n} = v_{n;m} + v_{m;n}$$

verschwinden (die Übereinstimmung der beiden Versionen von (2.106) ist direkt verifizierbar und durch Übergang zu einem *RNKS* sofort einzusehen; $\mathfrak{L}_v g_{mn}$ ist nämlich als Koeffizientenmatrix der Invarianten $(d\bar{s}^2 - ds^2)/\epsilon$ ein Tensor). $\mathfrak{L}_v g_{mn}$ heißt die *Lie-Ableitung* von g_{mn}; ihre Bedeutung und Verallgemeinerung wird im nächsten Abschnitt erläutert. Als Bedingung dafür, daß das Vektorfeld v^i gemäß (2.103) eine infinitesimale Bewegung (Symmetrie, Isometrie) erzeugt, erhalten wir die *Killing-Gleichung*

$$(2.107) \quad \boxed{v_{n;m} + v_{m;n} = 0,}$$

ihre Lösungen v_m heißen *Killing-Vektoren*.

Als Beispiel betrachten wir zunächst den Minkowski-Raum. In Cartesischen Koordinaten vereinfachen sich die Killing-Gleichungen (2.107) zu

$$(2.108) \quad v_{m,n} + v_{n,m} = 0$$

mit der allgemeinen Lösung

$$(2.109) \quad v_m = a_m + \alpha_{mn} x^n, \quad \alpha_{mn} = -\alpha_{nm}.$$

Diese Lösung enthält 10 freie Parameter und entspricht genau den infinitesimalen Transformationen der Poincaré-Gruppe.

Der ebene, 4dimensionale Raum läßt daher eine 10parametrige (in n Dimensionen $n(n+1)/2$parametrige) Bewegungsgruppe zu. Man kann zeigen, daß auch die Räume konstanter Krümmung ($\neq 0$) Bewegungsgruppen mit dieser Maximalzahl von Parametern (aber anderer Struktur) aufweisen.

Bei einem beliebigen Riemannschen Raum wird die Killing-Gleichung i.a. überhaupt keine Lösung haben (die Integrabilitätsbedingungen, die zu dem System von partiellen Differentialgleichungen (2.107) gehören, werden i.a. nicht erfüllt sein), und nur in Spezialfällen werden Killing-Vektoren existieren; die Anzahl linear unabhängiger Lösungen gibt die Anzahl der Parameter der Symmetriegruppe an.

A u f g a b e n

1. Zeige (durch systematische Integration des Systems (2.108) unter Verwendung der Integrabilitätsbedingungen), daß (2.109) die allgemeine Lösung von (2.108) ist.

2. Zeige: $u^i = dx^i/ds$ sei der Tangentenvektor einer Geodätischen; dann ist der Ausdruck $\xi_i u^i$ längs der Geodätischen konstant, wenn ξ_i ein Killing-Vektor ist. Erläutere die physikalische Bedeutung dieser Erhaltungsgrößen für den flachen Raum. Leite diese Erhaltungsgrößen auch aus dem Variationsprinzip für Geodätische mittels des 1. Noether-Theorems her.

3. Zeige: Ist v^i ein Killing-Vektor, so gibt es ein Koordinatensystem, in dem die Komponenten g_{ik} von einer Koordinate unabhängig sind; ist v^i zeitartig ($g_{ik} v^i v^k > 0$), so ist diese Koordinate t zeitartig (Benutze die erste Form von (2.106) und wähle das System so, daß v einfache Komponenten erhält):

(2.110) $\qquad \dfrac{\partial g_{ik}}{\partial t} = 0 \qquad$ (stationär).

Riemannsche Räume, bei denen ein zeitartiger Killing-Vektor existiert, heißen aus diesem Grund *stationär*; Existenz eines zeitartigen Killing-Vektors ist die geometrisch-invariante Ausdrucksweise für Zeitunabhängigkeit.

4. Bei *statischen* Feldern sind zusätzlich positive und negative Richtung der zeitartigen Koordinate t gleichwertig. Zeige, daß diese Bedingung $g_{0\alpha} = 0$ in dem speziellen Koordinatensystem (2.110) erfordert und dies äquivalent zu der geometrischen Aussage ist, daß der zeitartige Killing-Vektor orthogonal zur Hyperfläche $t = $ const ist. Zeige weiter, daß für ein hyperflächenorthogonales Vektorfeld v gelten muß

(2.111) $\qquad v_{[j}\, v_{k,m]} = 0$.

Die invariante Kennzeichnung statischer Gravitationsfelder besteht also in der Existenz eines zeitartigen hyperflächenorthogonalen Killing-Vektors.

5. *Räume maximaler Symmetrie.* Die Killing-Gleichungen bilden ein System von $n(n+1)/2$ partiellen Differentialgleichungen für die n unbekannten Funktionen v_m.

a) Leite durch kovariantes Differenzieren von (2.107) mittels (2.69, 74d) folgende *Integrabilitätsbedingung* ab:

$$(2.112) \qquad v_{m;nj} = -R^r_{jmn} v_r.$$

Die zweiten und höheren Ableitungen von v_m lassen sich also linear-homogen durch v_m, $v_{m;n}$ ausdrücken.

b) Durch erneute Differentiation ergeben sich die weiteren Integrabilitätsbedingungen

$$v_r \left(R^r_{jmn;k} - R^r_{kmn;j} \right) + v_{r;k} R^r_{jmn} - v_{r;j} R^r_{kmn} + v_{r;n} R^r_{mjk}$$

$$(2.113) \qquad + v_{m;r} R^r_{njk} = 0 ,$$

und dieser Prozeß kann fortgesetzt werden, um immer weitere Bedingungen für die v_m, $v_{m;n}$ zu liefern. Das ergibt ein linear-homogenes Gleichungssystem, von dessen Rang es abhängt, ob und wieviele unabhängige nichttriviale Lösungen für die $n(n+1)/2$ Größen v_m, $v_{m;n}$ ($= -v_{n;m}$) existieren. (Das System ist formal unendlich, in Sonderfällen kann es aber sein, daß von einer gewissen Differentiationsordnung an keine neuen unabhängigen Gleichungen mehr auftreten.)

c) Die *größtmögliche Anzahl von Lösungen* ergibt sich, wenn bereits (2.113) identisch erfüllt ist, d. h.

$$(2.114) \qquad R^r_{jmn;k} = R^r_{kmn;j},$$

$$(2.115) \qquad \delta^{[s}_{[k} R^{r]}_{j]mn} = \delta^{[s}_{[m} R^{r]}_{n]jk}.$$

Für $n > 2$ folgt daraus durch Kontraktion, daß der *Raum konstante Krümmung* hat (vgl. (2.87ff.)). Zeige, daß dann (2.114, 115) automatisch erfüllt sind. Für $n = 2$ ist zu zeigen, daß aus (2.114) konstante Gaußsche Krümmung folgt, d. h., $b(x) = $ const. in (2.87), und daß dann (2.115) erfüllt ist.

d) Diskutiere die *Struktur der maximalen Symmetriegruppe* eines konstant gekrümmten Raumes in Abhängigkeit von Signatur der Metrik und Vorzeichen der Krümmung. Beweise dabei die Möglichkeit einer Einbettung als *Pseudo-Sphäre* in einem $n+1$-dimensionalen pseudoklidischen Raum.

Anleitung: Sei $b \neq 0$ und z^i $(i = 1, \ldots, n)$ und z^0 cartesische Koordinaten in einem Raum mit Metrik (vgl. Fußnote p. 55, $\epsilon = \text{sign } b$)

$$(2.118) \qquad ds^2 = \epsilon \, (dz^0)^2 + \eta_{ik} \, dz^i \, dz^k \, .$$

Projiziere die Pseudosphäre $\epsilon \, (z^0)^2 + \eta_{ik} \, z^i z^k = b^{-1}$ stereographisch auf die Hyperebene $z^0 + |b|^{-1/2} = 0$. Verwende die übrigen cartesischen Koordinaten als krummlinige Koordinaten x^i auf der Sphäre, so daß $z^i = x^i \, (1 + b \, \eta_{ik} \, x^i x^k / 4)^{-1}$. Es ergibt sich dann (2.96, 100) aus (2.118).

Zusammengefaßt: n-dimensionale Riemann-Räume maximaler Symmetrie haben konstante Krümmung. Die Symmetriegruppe ist $n(n+1)/2$ - parametrig und hat die Struktur der Drehgruppe eines pseudoeuklidischen R_{n+1} (Krümmung $\neq 0$) oder die der Bewegungsgruppe eines pseudo-euklidischen R_n (Krümmung = 0).

2.10 Invariante Tensorfelder und Lie-Ableitungen

Wir wollen in diesem Abschnitt den Begriff der Symmetriegruppe und der Lie-Ableitung auf beliebige Tensorfelder verallgemeinern. Um eine Vorstellung von Tensorfeldern zu bekommen, die unter Symmetrieoperationen invariant sind, betrachten wir zunächst drei Beispiele *invarianter Vektorfelder* (Fig. 9).

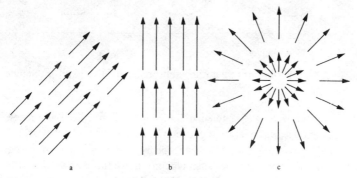

a   b   c

Fig. 9: Invariante Vektorfelder im R_2

Dabei ist Fig. 9a unter beliebigen Translationen invariant (d.h., wenn man die Figur auf Transparentpapier zeichnet und beliebig parallelverschiebt, kommt sie mit sich zur Deckung), Fig. 9b unter Translationen senkrecht zur Richtung des Vektorfeldes und Fig. 9c unter Rotationen (offenbar gibt es keine Vektorfelder, die zugleich translations- und rotationsinvariant sind).

Analog kann man die Invarianzeigenschaften von *skalaren Feldern* veranschaulichen, indem man die „Isoskalarflächen" zeichnet und die Abbildungen bestimmt, unter denen diese Flächen ineinander übergehen.

Schließlich können noch invariante *symmetrische Tensorfelder* zweiter Stufe einfach veranschaulicht werden, indem man in jedem Punkt die zugehörige Fläche zweiter Ordnung („Indikatrix") einzeichnet. (2.104) bedeutet dann genau, daß das g_{ik} entsprechende Indikatrix„muster" bei der Verschiebung (2.103) mit sich selbst zur Deckung kommt. Ein Beispiel eines translationsinvarianten Indikatrixmusters zeigt Fig. 10.

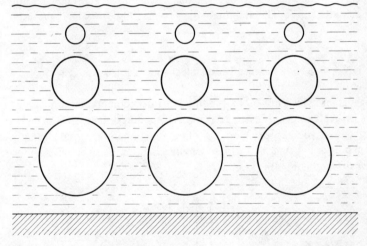

Fig. 10: Indikatrixfeld des Spannungstensors einer Flüssigkeit im Schwerefeld

Formal ergeben sich zwei Problemstellungen, nämlich die Bestimmung der vollen Symmetriegruppe eines gegebenen Tensorfeldes und die Bestimmung aller Tensorfelder, die eine gegebene Symmetriegruppe aufweisen. Die oben anschaulich beschriebenen Operationen kann man mathematisch folgendermaßen formulieren: Bei der Verschiebung der Figuren 9a - c wird jedem Punkt P der Mannigfaltigkeit ein neuer Punkt $\bar{P}$ zugeordnet, wobei das in P definierte Vektor- (allgemeiner Tensor-)feld nach $\bar{P}$ übertragen wird. In $\bar{P}$ sind dann zwei verschiedene Tensorfelder (das ursprünglich dort gegebene und das hintransportierte) definiert. Falls der Unterschied zwischen diesen beiden Tensorfeldern verschwindet, ist die von P nach $\bar{P}$ führende Transformation eine Symmetrieoperation des Tensorfeldes.

Dabei wollen wir uns wie früher auf infinitesimale Transformationen $P \to \bar{P}$ der Form

$$(2.119) \qquad \bar{x}^i = x^i + \epsilon\, v^i(x^k)$$

beschränken[1].

Wir müssen nur noch spezifizieren, wie das Tensorfeld von P nach $\bar{P}$ übertragen werden soll. Am einfachsten ist das bei einem skalaren Feld $T(x)$: Der Zahlenwert $T(x)$ wird von x nach $\bar{x}$ übertragen, wobei dort dann zwei Felder, $T(\bar{x})$ und $T(x)$, definiert sind. Falls $T(\bar{x}) = T(x)$ gilt, ist (2.119) eine Symmetrieoperation des skalaren Feldes. In diesem Fall verschwindet die *Lie-Ableitung*

$$(2.120) \qquad \mathfrak{L}_v T = \lim_{\epsilon \to 0} \frac{1}{\epsilon}\, [T(\bar{x}^i) - T(x^i)]$$

des skalaren Feldes T nach v^i. Einsetzen von (2.119) liefert

$$(2.121) \qquad \mathfrak{L}_v T = T_{,i}\, v^i.$$

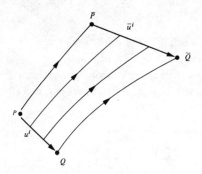

Fig. 11: Lie-Übertragung eines Vektorfeldes

---

[1]Diese Transformationen brauchen keine Bewegungen der Mannigfaltigkeit sein, sondern können auf völlig beliebige Art Punkte einander zuordnen. Auch auf einer Mannigfaltigkeit ohne jede Symmetriegruppe kann ja z.B. ein skalares Feld mit Symmetrie definiert sein, wie etwa ein konstantes Feld, das unter allen Operationen (2.119) invariant ist.

5 Sexl, Kosmologie

Als nächstes betrachten wir ein Vektorfeld, wobei wir wieder feststellen müssen, wie der Vektor von P nach $\bar{P}$ übertragen wird. Dies geschieht i.a. nicht durch irgendeine Art von Parallelverschiebung, sondern, wie man aus den oben gegebenen Beispielen abliest, folgendermaßen: Wenn der Vektor u^i im Punkt P von P nach $Q = P + dP$ zeigt, dann soll sein Bild im Punkt $\bar{P}$ nach $\bar{Q} = \bar{P} + d\bar{P}$ zeigen (Fig. 11).

Mit anderen Worten, der Vektor u^i soll bei der Abbildung das gleiche Verhalten zeigen wie die Koordinatendifferentiale, d.h.

$$d\bar{x}^i(\bar{x}) = dx^i + \epsilon\, v^i_{,k}\, dx^k,$$

(2.122)

$$\bar{u}^i(\bar{x}^k) = u^i(x^k) + \epsilon\, v^i_{,k}\, u^k.$$

Falls die Lie-Ableitung

(2.123) $$\mathfrak{L}_v u^i = \lim_{\epsilon \to 0} \frac{1}{\epsilon} [u^i(\bar{x}) - \bar{u}^i(\bar{x})],$$

also die Differenz der beiden nun in $\bar{x}$ definierten Vektorfelder, verschwindet, ist (2.119) eine Symmetrieoperation des Vektorfeldes. Einsetzen von (2.119) und (2.122) ergibt

$$\mathfrak{L}_v u^i(x) = \lim_{\epsilon \to 0} \frac{1}{\epsilon} [u^i(x^k + \epsilon\, v^k) - u^i(x^k) - \epsilon\, v^i_{,k}\, u^k] =$$

(2.124)

$$= u^i_{,k}\, v^k - v^i_{,k}\, u^k.$$

Als Differenz zweier verschiedener Vektoren am gleichen Punkt $\bar{x}$ muß $\mathfrak{L}_v u^i$ ein Vektor sein, was man auch daraus ersieht, daß (2.124) in der Form

(2.125) $$\boxed{\mathfrak{L}_v u^i = u^i_{;k}\, v^k - v^i_{;k}\, u^k}$$

geschrieben werden kann.

Für beliebige Tensorfelder können wir genauso vorgehen wie im Kapitel 2.6 bei der Diskussion der kovarianten Ableitung, also die Verträglichkeit der Lie-Ableitung mit den Operationen der Tensoralgebra und die Gültigkeit der Produktregel fordern. Wir erhalten z.B. die Lie-Ableitung eines kovarianten Tensorfeldes w_i aus der Bedingung (u^i beliebiges Vektorfeld)

$$\text{(2.126)} \qquad \begin{aligned} \pounds_v \, (w_i u^i) &= (w_i \, u^i)_{,k} \, v^k = \\ &= (\pounds_v \, w_i) \, u^i + w_i \pounds_v \, u^i \end{aligned}$$

zu

$$\text{(2.127)} \qquad \boxed{\pounds_v \, w_i = w_{i;k} \, v^k + v^k{}_{;i} \, w_k.}$$

Im allgemeinen Fall eines Tensorfeldes $T^{ik\cdots}_{\quad lm\ldots}$ ergibt sich

$$\text{(2.128)} \qquad \begin{aligned} \pounds_v T^{ik\cdots}_{\quad lm\ldots} &= T^{ik}{}_{lm;n} \, v^n + T^{ik}{}_{am} \, v^a{}_{;l} + T^{ik}{}_{la} \, v^a{}_{;m} - \\ &\quad - T^{ak}{}_{lm} \, v^i{}_{;a} - T^{ia}{}_{lm} \, v^k{}_{;a} + \ldots \end{aligned}$$

oder dieselbe Formel mit gewöhnlichen Ableitungen: die Lie-Übertragung ist unabhängig von der Existenz einer Metrik, kovarianten Differentiation etc. auf jeder X^n erklärt. Die Lie-Ableitung eines Tensors beliebigen Typs ergibt einen Tensor des gleichen Typs.

In jedem Fall ist $\pounds_v T^{ik\cdots}_{\quad lm\ldots} = 0$ die Bedingung dafür, daß das Tensorfeld unter den Operationen (2.119) invariant ist, wie wir am Beispiel des skalaren und Vektorfeldes anschaulich gezeigt haben.

Aufgaben

1. Es gilt $\pounds_v \, v^i = 0$; was bedeutet das anschaulich?

2. Zeige, daß ein drehinvariantes Skalarfeld im euklidischen R^n die Form $f(r)$ hat ($r^2 = x^i x^i$, x^i ... Cartesische Koordinaten).

3. Zeige, daß für das Vektorfeld $w^i(x) = x^i$ die volle Invarianzgruppe durch v^i erzeugt wird, wo die v^i beliebige homogene Funktionen 1. Grades der x^i sind. – Die Invarianzoperationen bilden also hier nicht einmal mehr eine Lie-Gruppe (mit endlich vielen Parametern) – im Gegensatz etwa zur Invarianzgruppe Riemannscher Metriken.

4. Zeige, daß ein drehinvariantes Vektorfeld im $R^n (n \geqslant 3)$ die Form $w^i(x) = x^i f(r)$ haben muß. Wie ist die Situation in der Ebene? (Folgere zuerst aus der Invarianzbedingung, daß $x^i w^i$ und $w^i{}_{,i}$ drehinvariante Skalarfelder sind.)

5. Zeige für die (pseudo)euklidische Bewegungsgruppe (Drehungen und Translationen):
   a) Es gibt kein nichttriviales invariantes Vektorfeld.
   b) Invariante Skalarfelder sind konstant.
   c) Invariante Tensorfelder 2. Stufe sind konstante Vielfache des metrischen Tensors, wenn $n \geqslant 3$.

   (*Hinweis*: die Komponenten d_{kl} des invarianten Tensors müssen konstant sein; die Drehinvarianzbedingung gibt, nach 2 Indizes verjüngt, den anderen beiden symmetrisiert und antisymmetrisiert:

   $$n \, d_{(lk)} = d_m{}^m \, \eta_{lk}$$
   $$(n - 2) \, d_{[lk]} = 0.)$$

   In ähnlicher Weise können im Prinzip die invarianten Tensoren höherer Stufe bestimmt werden; üblicherweise werden die Resultate direkt angeschrieben mit dem bekannten Argument: „Was kann es anderes sein? ".

6. Zeige, daß die Killing-Gleichung (2.107) gerade

   $$(2.107') \qquad \mathfrak{L}_v \, g_{ik} = 0$$

   bedeutet und daß unter dieser Voraussetzung (2.113) mit

   $$(2.113') \qquad \mathfrak{L}_v \, R^i{}_{kmn} = 0$$

   äquivalent ist. Interpretiere nun (2.113')!

3. GRAVITATIONSTHEORIE

In diesem Kapitel werden wir die von Einstein aufgestellten Feldgleichungen der Gravitation und einige ihrer Konsequenzen diskutieren.

3.1 Die Einsteinschen Feldgleichungen

Wir haben im Abschnitt 1.2 gesehen, daß freifallende Bezugssysteme Inertialsysteme im kleinen darstellen. Die Relation zwischen zwei derartigen Inertialsystemen ist im allgemeinen — wie auch Fig. 3 zeigt — ziemlich kompliziert und durch die Massenverteilung bestimmt. Mathematisch drückt sich das dadurch aus, daß die Raum-Zeit-Mannigfaltigkeit eine Riemannsche Struktur aufweist, d.h. gekrümmt ist. Wir haben im Abschnitt 1.4 die Form der Metrik in der Newtonschen Näherung bereits ermittelt. Es ist nun unsere Aufgabe, den allgemeinen Zusammenhang zwischen Raumkrümmung und Massenverteilung exakt aufzustellen. Wir suchen daher ein System von Gleichungen, das die Potentialgleichung

$$(3.1) \qquad \Delta U = 4\pi G \rho$$

der Newtonschen Theorie ersetzt. Wir wollen im folgenden die von Einstein gegebenen Feldgleichungen axiomatisch an die Spitze unserer Überlegungen stellen und die speziellen Eigenschaften dieser Gleichungen dann genauer diskutieren. Die Grundgleichungen der allgemeinen Relativitätstheorie lauten[1]

$$(3.2) \qquad \boxed{R_{ik} - \frac{1}{2} g_{ik} R = - \kappa T_{ik},}$$

wobei

$$(3.3) \qquad \kappa = 8\pi G/c^2 = 1,86 \cdot 10^{-27} \text{ cm/g.}$$

Dabei ist T_{ik} der Energie-Impulstensor der betrachteten Materie, der wegen der Symmetrie der linken Seite — sowohl R_{ik} als auch g_{ik} sind ja symmetrisch — symmetrisch sein muß. (3.2) ist daher ein System von 10 partiel-

---

[1]Bezüglich der Eindeutigkeit dieser Gleichungen siehe p. 53.

len Differentialgleichungen zweiter Ordnung zur Bestimmung der g_{ik}. Wie der Ausdruck für die R_{iklm} (2.73) zeigt, sind diese Differentialgleichungen in den zweiten Ableitungen der g_{ik} linear, in den ersten Ableitungen dagegen nicht linear. Diese Nichtlinearität der Einsteinschen Feldgleichungen erschwert die Auffindung exakter Lösungen sehr, so daß bis vor einigen Jahren nur wenige Lösungen dieser Gleichungen bekannt waren. Wir werden in Kapitel 10 den physikalischen Grund für diese spezielle Eigentümlichkeit der Feldgleichungen der Gravitation angeben.

Die Linearität von (3.2) in den zweiten Ableitungen der g_{ik} ist eine Eigenschaft, die analog zu (3.1) ist. Es wird sich noch zeigen, daß diese Linearität in den zweiten Ableitungen wesentlich für die Ableitbarkeit der Einsteinschen Feldgleichungen aus einem Variationsprinzip ist.

Man könnte nun vermuten, daß die Feldgleichungen (3.2) die 10 Funktionen g_{ik} eindeutig bestimmen. Dies ist jedoch nicht der Fall, da wegen der Bianchi-Identitäten (2.83) nicht alle der Gleichungen (3.2) voneinander unabhängig sind. Die Bianchi-Identitäten

$$(3.4) \qquad (R_{ik} - \frac{1}{2} g_{ik} R)^{;k} = 0,$$

$i = 0, \ldots, 3$, ergeben nämlich 4 Relationen zwischen den Einsteinschen Feldgleichungen. Es sind daher in Wirklichkeit nur 6 Relationen zur Bestimmung der 10 Funktionen g_{ik} vorhanden, und es bleiben noch 4 Freiheitsgrade übrig. Diese 4 Freiheitsgrade entsprechen genau den Transformationen der g_{ik}, die durch Koordinatentransformationen

$$(3.5) \qquad x^{\overline{i}} = f^i(x^k)$$

zustande kommen.

Aus den Bianchi-Identitäten (2.83) folgt weiters der Erhaltungssatz für den Energie-Impulstensor

$$(3.6) \qquad T_{ik;}{}^k = 0.$$

Geht man auf ein lokales Inertialsystem über, so reduziert sich dieser Erhaltungssatz auf die übliche Energie-Impuls-Erhaltung

$$(3.7) \qquad T_{ik,}{}^k = 0.$$

Die in den Einstein-Gleichungen enthaltene Größe T_{ik} muß nicht nur symmetrisch, sondern auch divergenzfrei sein. Falls der Energie-

Impulstensor aus einer Lagrange-Funktion hergeleitet wird, folgt dies als eine Konsequenz der Bewegungsgleichungen. Hier gilt zusätzlich, daß auch die Feldgleichungen nur bei erhaltenem Energie-Impuls-Tensor konsistent sind. In dieser Beziehung sind die Einstein-Gleichungen analog zu den Maxwell-Gleichungen, die bekanntlich auch nur dann widerspruchsfrei sind, wenn der darin enthaltene Strom einem Erhaltungssatz genügt.

Außer den Feldgleichungen brauchen wir noch die Bewegungsgleichungen für ein im Gravitationsfeld befindliches Teilchen. Für ein Punktteilchen haben wir bereits früher die geodätischen Bewegungsgleichungen

$$(3.8) \qquad \boxed{\frac{\mathrm{d}^2 x^i}{\mathrm{d}s^2} + \Gamma^i{}_{kl} \, \frac{\mathrm{d}x^k}{\mathrm{d}s} \, \frac{\mathrm{d}x^l}{\mathrm{d}s} = 0}$$

aufgestellt. Mit Hilfe der Vierergeschwindigkeit $v^i = \mathrm{d}x^i/\mathrm{d}s$ kann diese Gleichung der Geodätischen in die einfachere Form

$$(3.9) \qquad \frac{\mathrm{D}v^i}{\mathrm{D}s} = 0$$

gebracht werden. Diese geodätische Gleichung (3.8) gilt für klassische Punktteilchen. Da man es aber in der Praxis niemals mit derartigen Teilchen zu tun hat, wird es notwendig sein zu untersuchen, ob die Gleichung in hinreichender Näherung auch für ausgedehnte Probekörper mit komplizierter Struktur gilt. Wir werden später noch auf diese Frage zurückkommen und hier nur einige vorläufige Bemerkungen dazu machen. Offenbar wird es zur Gültigkeit von (3.8) notwendig sein, daß man das Eigenfeld des Körpers (d.h. das vom Körper selbst erzeugte Gravitationsfeld) gegenüber dem äußeren Gravitationsfeld vernachlässigen kann. Eine weitere Forderung wird sich daraus ergeben, daß die Gezeitenkräfte im Körper, die durch den Gradienten des Gravitationsfeldes innerhalb des Körpers zustande kommen, gegenüber den inneren Kräften innerhalb des Körpers zu vernachlässigen sein sollen. Auch darf sich der Körper nicht allzu schnell drehen, d.h. keinen sehr großen Eigendrehimpuls besitzen, wie wir später noch zeigen werden. Liegt nämlich ein spinnendes Teilchen vor, das etwa durch die Dirac-Gleichung beschrieben wird, so ergibt sich für dieses Teilchen — auch im Limes eines Punktteilchens — eine von der Geodätischen abweichenden Bewegungsgleichung[1]. Diese Abweichung kommt durch eine Wechselwirkung des Spins mit dem Krümmungstensor zustande.

---

[1] Siehe dazu p. 100.

Aus den angeführten Gründen muß man daher die Gültigkeit der Bewegungsgleichung (3.8) auf strukturlose kleine Probekörper einschränken.

Die Differentialgleichungen für das Gravitationsfeld (3.2) sind ohne geeignete Rand- und Anfangsbedingungen unvollständig. Wir müssen daher hinzufügen, welche Art von Rand- und Anfangswertproblemen wir im folgenden lösen wollen. Es gibt dabei zwei grundsätzlich verschiedene Arten von Randbedingungen:

Üblicherweise betrachtet man in der Physik ein abgeschlossenes System, das etwa durch eine experimentelle Anordnung, ein Labor, unsere Erde, das Sonnensystem etc. realisiert sein kann. Man vernachlässigt den Einfluß aller übrigen Körper im Weltall und betrachtet das System isoliert für sich. Die Gravitationsfelder müssen in großer Entfernung von einem derartigen System wie $1/r$ abnehmen[1]. Als Randbedingung ist zu fordern, daß der Raum im Unendlichen in einen flachen (Minkowski-) Raum übergeht, es also ein Koordinatensystem gibt, in dem asymptotisch $g_{ik} \rightarrow \eta_{ik}$ gilt.

Es gibt aber noch eine zweite Art von Randbedingungen: Wegen der Nichtabschirmbarkeit der Gravitationswechselwirkung kann auch die Wechselwirkung mit beliebig entfernten Systemen nicht vernachlässigt werden. Man betrachtet daher in der Kosmologie das Weltall als ganzes, wobei die Frage der Randbedingungen im üblichen Sinn ihre Bedeutung verliert. Wir werden bei der Diskussion derartiger Fragen die Randbedingungen durch Homogenitätsforderungen („kosmologisches Prinzip") ersetzen.

Die Frage der Anfangsbedingungen wollen wir hier nur kurz streifen, da sie für die uns interessierenden Problemstellungen nicht relevant ist. Sie ist folgendermaßen zu formulieren: Auf einer raumartigen Hyperfläche Σ seien die Werte der g_{ik} und deren ersten Ableitungen normal zur Hyperfläche gegeben[2].

Man kann dann zeigen[3], daß die Einsteinschen Feldgleichungen (3.2) die (zeitliche) Entwicklung der g_{ik} von der Hyperfläche weg eindeutig bestimmen, bis auf die oben erwähnten Koordinatentransformationen (3.5), die natürlich immer zulässig sein müssen.

---

[1] Eine $1/r^2$ Abnahme kann wegen der möglichen Existenz von Gravitationswellen nicht gefordert werden.

[2] Falls Massenverteilungen im Raum vorhanden sind, so müssen für diese die entsprechenden Daten – d.h. Lage und Geschwindigkeit – ebenfalls auf der Hyperfläche gegeben sein.

[3] Siehe z.B. Adler, Bazin, Schiffer (1965), p. 210 - 233.

3.2 Die lineare Näherung

Die wichtigste Eigenschaft, die wir im folgenden von den Einsteinschen Feldgleichungen zeigen müssen, ist, daß sie sich in einem geeigneten Limes auf die Newtonsche Theorie (3.1) reduzieren. Dies kann offenbar nur für schwache Gravitationsfelder der Fall sein, für die der Raum annähernd eine Minkowskische, flache Struktur hat. Wir setzen daher

$$(3.10) \qquad g_{ik} = \eta_{ik} + 2\psi_{ik},$$

wobei ψ eine von erster Ordnung kleine Größe sein soll, so daß ψ^2 vernachlässigt werden kann. Die Christoffel-Symbole

$$(3.11) \qquad \Gamma_{jik} = \psi_{ij,k} + \psi_{kj,i} - \psi_{ik,j}$$

sind dann von der Ordnung ψ. Γ^2 kann in den Formeln (2.70) für den Riemann-Tensor vernachlässigt werden, so daß sich die einfache Form

$$(3.12) \qquad R^i{}_{kjm} = \frac{\partial}{\partial x^j} \Gamma^i{}_{km} - \frac{\partial}{\partial x^m} \Gamma^i{}_{kj}$$

ergibt. Aus (3.11) und (3.12) erhalten wir für den Ricci-Tensor

$$(3.13) \qquad R_{km} = \psi_{km,}{}^i{}_i + \psi^i{}_{i,km} - \psi^i{}_{m,ik} - \psi^i{}_{k,mi}$$

und durch Kontraktion daraus für R

$$(3.14) \qquad R = 2\psi^i{}_{i,}{}^k{}_k - 2\psi^{ik}{}_{,ik}.$$

In Übereinstimmung mit der gewählten Näherung wurden Indizes in diesen und den folgenden Gleichungen stets mit η_{ik} (nicht g_{ik}) hinauf- und hinuntergezogen. Setzen wir diese beiden Resultate in (3.2) ein, so resultiert die linearisierte Form der Einsteinschen Feldgleichungen

$$(3.15) \qquad \psi_{km,}{}^i{}_i + \psi^i{}_{i,km} - \psi^i{}_{m,ik} - \psi^i{}_{k,im} + \eta_{km}\,\psi^{ij}{}_{,ij} - \eta_{km}\,\psi^i{}_{i,}{}^j{}_j$$

$$= -\kappa\,T_{km}.$$

Dieses Gleichungssystem ist zwar linear, aber auf eine sehr komplizierte Art gekoppelt und kann daher nicht unmittelbar mit Hilfe der Methode der Green-Funktionen gelöst werden. Um (3.15) zu entkoppeln, benutzen wir die Tatsache, daß wir noch eine gewisse Freiheit in der Wahl des Koordinatensystems haben, die wir bisher nicht verwendet haben. Dazu untersuchen wir zunächst das Verhalten der ψ_{ik} bei Koordinatentransformationen der Form

$$(3.16) \qquad x^i = x^{\bar{i}} + 2\Lambda^{\bar{i}}(x), \quad (\Lambda^i)^2 \approx 0.$$

Wie angedeutet, soll Λ^i eine von erster Ordnung kleine Größe sein, so daß Λ^2 vernachlässigt werden kann. Das Verhalten von ψ_{ik} bei dieser Koordinatentransformation ist offenbar durch

$$(3.17) \qquad \begin{aligned} \eta_{ik} + 2\psi_{\overline{ik}} = g_{\overline{ik}} &= \frac{\partial x^j}{\partial x^{\bar{i}}} \frac{\partial x^m}{\partial x^{\bar{k}}} \, g_{jm} = \\ &= (\delta^j{}_{\bar{i}} + 2\Lambda^j{}_{,\bar{i}})(\delta^m{}_k + 2\Lambda^m{}_{,\bar{k}})(\eta_{jm} + 2\psi_{jm}) \end{aligned}$$

gegeben, d.h.

$$(3.18) \qquad \psi_{\overline{ik}} = \psi_{ik} + \Lambda_{i,k} + \Lambda_{k,i}.$$

Dabei ist zu berücksichtigen, daß sowohl ψ als auch Λ von erster Ordnung klein sind und der Unterschied zwischen Λ^i und $\Lambda^{\bar{i}}$ in (3.18) zu vernachlässigen ist. (3.18) gibt das Verhalten von ψ_{ik} bei infinitesimalen Koordinatentransformationen wieder. Wenn ψ_{ik} eine Lösung der linearisierten Feldgleichungen (3.15) ist, so muß auch $\psi_{\overline{ik}}$ eine Lösung dieser Gleichungen sein, wobei nur ein leicht verändertes Koordinatensystem zugrundegelegt ist. Die Gleichungen (3.15) müssen daher unter den Transformationen (3.18) invariant sein. Wenn man (3.18) in (3.15) einsetzt, so sieht man explizit, daß auch $\psi_{\overline{ik}}$ diese Gleichung erfüllt, falls ψ_{ik} sie erfüllt. Die Transformationen (3.18) sind völlig analog zu den bekannten Eichtransformationen

$$(3.19) \qquad A_i = \overline{A_i} + \Lambda_{,i}$$

der Maxwellschen Theorie und werden (vgl. Kap. 10) auch als Eichtransformationen bezeichnet. Wir werden später noch auf diese Analogie zurückkommen.

Wie im Fall der Maxwell-Gleichungen kann man auch hier die Eichinvarianz der Feldgleichungen (3.15) dazu benutzen, um diese Gleichungen zu entkoppeln. Im Falle des Elektromagnetismus geschieht dies durch die Wahl der Lorentz-Eichung $A^i_{,i} = 0$, während hier *harmonische Koordinaten*[1] zur Entkopplung führen. Diese sind durch die Wahl der Koordinatenbedingung

(3.20)
$$\psi_{ik,}{}^k = \frac{1}{2}\psi^k{}_{k,i}$$

definiert. Man überzeugt sich leicht, daß diese Koordinatenbedingung stets durch geeignete Wahl der 4 Funktionen Λ_i erreichbar ist. (Siehe Aufgabe 1.) Die beiden Formeln (3.13) und (3.14) vereinfachen sich dann zu

(3.21)
$$R_{ik} = \Box\,\psi_{ik}, \qquad R = \Box\,\psi_i{}^i.$$

Die lineare Näherung der Feldgleichungen lautet somit

(3.22)
$$\Box\,(\psi_{km} - \frac{1}{2}\eta_{km}\,\psi_l{}^l) = -\,\kappa\,T_{km}.$$

Durch Spurbildung ergibt sich

(3.23)
$$\Box\,\psi_l{}^l = \kappa\,T_l{}^l$$

und daher schließlich die endgültige Form der *linearisierten Einsteinschen Gleichungen*

(3.24)
$$\Box\,\psi_{km} = -\,\kappa\,(T_{km} - \frac{1}{2}\eta_{km}\,T_l{}^l).$$

Damit ist unser Ziel erreicht, wir haben ein entkoppeltes lineares Gleichungssystem zur Bestimmung der Metrik erhalten.

Dieses Gleichungssystem kann nun mit Hilfe der Methode der Green-Funktion gelöst werden. Bevor wir dies aber allgemein tun, wollen wir zunächst zeigen, daß in (3.24) die Newtonschen Gleichungen (3.1) als Spezialfall enthalten sind. Um den klassischen Grenzfall zu betrachten, müssen wir den Energie-Impulstensor geeignet nähern. Im nichtrelativistischen Grenzfall ist nur T_{00} groß, während die anderen Komponenten von T_{ik} vernachlässigt werden können. Diese Näherung ist zulässig, wenn es sich um Quellen ohne sehr starken inneren Druck (geringe Dichten) und mit kleinen Geschwindigkeiten handelt. Es ist dann

---

[1] Vergleiche p. 307.

$$(3.25) \qquad T_{km} = \begin{bmatrix} \rho & \vrule & 0 \\ \hline 0 & \vrule & 0 \end{bmatrix},$$

wobei ρ die Massendichte des betrachteten Körpers ist. Die Gleichungen (3.24) vereinfachen sich dann zu

$$\Box \, \psi_{00} = -\kappa \, (T_{00} - \frac{1}{2} \, T_{00}) = -\frac{\kappa}{2} \, \rho \,,$$

$$(3.26) \qquad \Box \, \psi_{ik} = 0 \qquad (i \neq k),$$

$$\Box \, \psi_{11} = \kappa \, \frac{\eta_{11}}{2} \, \rho = -\frac{\kappa}{2} \, \rho = \Box \, \psi_{22} = \Box \, \psi_{33}.$$

Es ist daher

$$(3.27) \qquad \psi_{00} = \psi_{11} = \psi_{22} = \psi_{33},$$

wobei ψ_{00} die Gleichung (3.26)

$$(3.28) \qquad \Box \, \psi_{00} = -\frac{4\pi G}{c^2} \, \rho$$

erfüllt. Wegen der vorausgesetzten langsamen Bewegung der Massen kann man in (3.28) auch die im d'Alembert-Operator enthaltene Zeitableitung vernachlässigen, so daß sich schließlich

$$(3.29) \qquad \Delta \, \psi_{00} = \frac{4\pi G}{c^2} \, \rho$$

ergibt. Der Vergleich mit (3.1) zeigt, daß ψ_{00} bis auf den Faktor c^2 identisch mit dem Newtonschen Gravitationspotential U ist:

$$(3.30) \qquad \psi_{00} = U/c^2.$$

Setzt man dies in (3.10) ein, so erhält man die Endformel für das Linienelement in der linearen Näherung

$$(3.31) \qquad \boxed{ds^2 = c^2 dt^2 \left(1 + \frac{2U}{c^2} \right) - dx^2 \left(1 - \frac{2U}{c^2} \right).}$$

Wir wollen abschließend noch die Annahmen zusammenstellen, die in der Ableitung dieses Linienelements eingegangen sind. Grundvoraussetzung ist, daß die Abweichungen vom flachen Raum klein sind, d.h. $U \ll c^2$. Ferner müssen die Massen, die das Gravitationsfeld erzeugen, langsam bewegt sein und dürfen auch keine großen inneren Spannungen (die durch Komponenten $T_{\alpha\beta}$ des Energie-Impulstensors gegeben wären) aufweisen.

Ein Vergleich mit (1.38) zeigt, daß die Lösungen der Einsteinschen Feldgleichungen (3.2) tatsächlich den Newtonschen Grenzfall korrekt wiedergeben. Die hier gewonnene Lösung geht aber über (1.38) hinaus, da sie auch die Korrekturen zum Term dx^2 des Linienelements berücksichtigt. Daher sind die im Kapitel 1 gemachten Einschränkungen in bezug auf die Geschwindigkeit der betrachteten Testkörper hier nicht notwendig, und das Linienelement kann auch zur Berechnung der Bewegung schneller Teilchen (Photonen) herangezogen werden.

Aus der linearisierten Form (3.31) des Linienelements kann man außer der Newtonschen Näherung auch einige der Tests der allgemeinen Relativitätstheorie ableiten[1]. Die bisherigen Resultate ermöglichen die Berechnung der Lichtablenkung und der Rotverschiebung eines Lichtquants im Gravitationsfeld. Auch die wesentlichen Beiträge zu der 1969 von Shapiro gemessenen Laufzeitverlängerung eines an der Venus reflektierten Radarstrahls können aus (3.31) berechnet werden. Nur zur Bestimmung der Perihelverschiebung braucht man eine über (3.31) hinausgehende Lösung der Einsteinschen Feldgleichungen, die wir im nächsten Abschnitt berechnen wollen.

Bevor wir uns dieser exakten Lösung, der Schwarzschild-Metrik zuwenden, wollen wir noch der Vollständigkeit halber die allgemeine Form der Metrik in der linearen Näherung angeben. Die vereinfachenden Annahmen über den Energie-Impulstensor und über die Vernachlässigbarkeit der zeitlichen Ableitungen in (3.24) brauchen bei dieser allgemeinen Lösung nicht gemacht zu werden, nur die Bedingung $|\psi_{ik}| \ll 1$ ist für die Gültigkeit notwendig.

Die retardierte Green-Funktion $G(x)$, die zur Gleichung (3.24) gehört, ist bekanntlich durch

$$(3.32) \qquad G(x, t) = \frac{1}{4\pi |x|} \, \delta(|x| - t)$$

---

[1] Siehe Kapitel 4.

gegeben. Die allgemeine Lösung dieser Gleichung hat damit die Form

$$(3.33) \qquad \psi_{ik}(x,t) = -2G \int d^3x' \, \frac{T_{ik}(x',t') - \frac{1}{2}\eta_{ik}\,T_l{}^l(x',t')}{|x - x'|} \,,$$

$$t' = t - |x - x'| \,,$$

die in vielen Fällen nützlich ist.

Aufgaben

1. Zeige, daß man durch geeignete Wahl der Funktion $\Lambda_i(x)$ stets (3.20) erreichen kann.

2. Beweise, daß für eine isolierte Massenverteilung, die durch einen symmetrischen erhaltenen Energie-Impulstensor T^{ik} beschrieben wird, im Grenzfall des Minkowski-Raumes die Gleichung

$$(3.34) \qquad \int T_{\alpha\beta} d^3x = \frac{1}{2}\frac{d^2}{dt^2} \int T_{00}\, x^\alpha x^\beta d^3x$$

gilt (*Laue-Theorem*).

3. Die Komponente ψ_{00}, die dem Newtonschen Gravitationspotential entspricht, ist nach (3.33) in großer Entfernung r von einer Massenverteilung durch

$$\psi_{00}(r) = -\frac{2G}{r} \int d^3x \left(T_{00} - \frac{1}{2}\,T_l{}^l\right)$$

gegeben. Da für elektromagnetische Felder $T_l{}^l = 0$ ist, entsteht leicht der Eindruck, daß elektromagnetische Selbstenergien, die in einer Masse enthalten sind, zu einer doppelt so starken Anziehung führen wie „normale" Materie, für die $T_l{}^l = T_{00}$. Zeige mit Hilfe des Laue-Theorems (3.34), daß für jede statische Massenverteilung

$$(1.39a) \qquad \psi_{00}(r) = -\frac{G\mathfrak{M}}{r}\,,$$

wobei $\mathfrak{M} = \int T_{00} d^3x$ die träge Masse ist. Die träge Masse und die in die Formel (1.39a) eingehende „aktive schwere Masse" sind stets gleich.

(Diesbezüglich ist in Tolman (1934), p. 272 ein bekannter Fehler enthalten.)

4. Zeige, daß die Koordinatentransformation

$$r = r' (1 + U/c^2)$$

für kugelsymmetrische Gravitationsfelder $U = U(r)$ (3.31) auf die Form

$$ds^2 = c^2 dt^2 (1 + 2U/c^2) - dr'^2 \left(1 + 2r' \frac{dU}{dr'}\right) - r'^2 d\Omega^2$$

bringt.

3.3 Die Schwarzschild-Metrik

Wir haben bereits bemerkt, daß die lineare Näherung der Einstein-Gleichungen nicht ausreicht, um die Perihelverschiebung und damit den wichtigsten Test der allgemeinen Relativitätstheorie zu berechnen. Wir wollen daher in diesem Abschnitt eine exakte Lösung der Einsteinschen Feldgleichungen bestimmen, die dem Gravitationsfeld der Sonne, also dem Feld im Außenraum einer kugelförmigen Massenverteilung, entspricht. Wir haben daher eine kugelsymmetrische Lösung der Vakuumgleichungen

(3.34) $R_{ik} = 0$

zu finden. Dieses Beispiel wird zugleich zeigen, was für komplizierte nichtlineare Differentialgleichungen sich hinter den einfach aussehenden Feldgleichungen (3.2) in Wirklichkeit verbergen.

Der erste Schritt zur Auffindung einer exakten Lösung ist die *Wahl eines geeigneten Koordinatensystems.* Dieser Schritt ist entscheidend, da eine ungeeignete Wahl der Koordinaten eine Auflösung der Differentialgleichungen praktisch unmöglich macht. Hier müssen wir zunächst die offensichtliche Kugelsymmetrie des Problems benutzen, um das Linienelement zu vereinfachen. Dazu schreiben wir ds^2 zuerst in der allgemeinen Form

(3.35) $ds^2 = g_{00}(dx^0)^2 + 2g_{0\alpha}dx^0 dx^\alpha + g_{\alpha\beta}dx^\alpha dx^\beta,$

wobei die Summen über α und β von 1 bis 3 gehen. Nun benutzen wir die Tatsache, daß das Linienelement invariant unter Rotationen der Koordinaten x^α

$$(3.36) \qquad x^{\bar{\alpha}} = D^{\bar{\alpha}}{}_{\beta} \, x^{\beta}, \qquad DD^T = 1,\,{}^1$$

sein soll. Die allgemeinsten Funktionen g_{00}, $g_{0\alpha}$ und $g_{\alpha\beta}$, die diese Forderung erfüllen, sind von der Gestalt

$$(3.37) \qquad \begin{aligned} g_{00} &= f(r, x^0), \\ g_{0\alpha} &= -g(r, x^0)\, x^\alpha / r, \\ g_{\alpha\beta} &= -h(r, x^0)\, \delta_{\alpha\beta} - j(r, x^0)\, x^\alpha x^\beta / r^2. \end{aligned}$$

Dabei ist die neu eingeführte Koordinate r durch

$$(3.38) \qquad r^2 = \delta_{\alpha\beta}\, x^\alpha x^\beta =: x^\alpha x^\alpha, \qquad \mathrm{d}r = \frac{x^\alpha \mathrm{d}x^\alpha}{r}$$

definiert. Setzt man (3.37) in (3.35) ein und führt die Abkürzung $x^0 = t$ ein, so ergibt sich

$$(3.39) \qquad \begin{aligned} \mathrm{d}s^2 &= f(r,t)\mathrm{d}t^2 - 2g(r,t)\mathrm{d}t\, x^\alpha \mathrm{d}x^\alpha / r - \\ &\quad - h(r,t)\mathrm{d}x^\alpha \mathrm{d}x^\alpha - j(r,t)\, (x^\alpha \mathrm{d}x^\alpha / r)^2. \end{aligned}$$

Führt man anstelle der Koordinaten x^α Polarkoordinaten (r, θ, ϕ) ein, die wie üblich die Relationen

$$(3.40) \qquad \begin{aligned} \mathrm{d}x^\alpha \mathrm{d}x^\alpha &= \mathrm{d}x^2 = \mathrm{d}r^2 + r^2 \mathrm{d}\Omega^2 \\ \mathrm{d}\Omega^2 &:= \mathrm{d}\theta^2 + \sin^2\theta \; \mathrm{d}\phi^2 \end{aligned}$$

erfüllen, so läßt sich das Linienelement auf die Gestalt

$$(3.41) \qquad \begin{aligned} \mathrm{d}s^2 &= f(r,t)\mathrm{d}t^2 - 2g(r,t)\mathrm{d}r\, \mathrm{d}t - \\ &\quad - [h(r,t) + j(r,t)]\, \mathrm{d}r^2 - r^2 h(r,t)\mathrm{d}\Omega^2 \end{aligned}$$

---

[1] D^T bezeichnet die zu D transponierte Matrix. Intuitiv ist bei dieser Herleitung des Linienelements die Geometrie über einem flachen Hintergrund aufgebaut zu denken, genau wie bei der linearen Näherung. Die x^i kann man sich als kartesische Inertialkoordinaten für den flachen Hintergrund vorstellen. Eine völlig im Rahmen der Riemanngeometrie verbleibende und damit befriedigendere Herleitung des kugelsymmetrischen Linienelements befindet sich im Anhang von Hawking & Ellis (1973), basierend auf B.G. Schmidt, Zs. f. Naturforsch. *22a*, 1351 (1967).

bringen. Damit sind alle Aussagen, die man aus der gegebenen Kugelsymmetrie über die Form des Linienelements machen kann, benutzt. Man hätte natürlich (3.41) auch intuitiv als die allgemeinste mögliche kugelsymmetrische Form des Linienelements anschreiben können.

Es wäre möglich, die Zeitunabhängigkeit des gesuchten Linienelements auszunutzen, das ja das Gravitationsfeld einer ruhenden Massenverteilung beschreiben soll. Wir wollen diese Forderung aber hier nicht verwenden, da man auch ohne sie auskommen kann und allein aus der Kugelsymmetrie bereits die statische Natur der Metrik folgt.

Man könnte nun (3.41) direkt in die Feldgleichungen einsetzen und versuchen, sie zu lösen. Diese Vorgangsweise wäre aber ungünstig, da wir die Freiheit in der Wahl des Koordinatensystems noch nicht voll ausgenutzt haben, um die Metrik möglichst weitgehend zu vereinfachen. Dazu bemerken wir, daß Transformationen der Form

$$(3.42a) \qquad r = u(\bar{r}, \bar{t})$$

$$(3.42b) \qquad t = v(\bar{r}, \bar{t})$$

zwar die Funktionen f, g, h und j abändern, die Form des Linienelements (3.41) aber invariant lassen, da die Kugelsymmetrie des Linienelements (3.41) durch Transformationen der Radial- und Zeitkoordinaten nicht beeinträchtigt wird. Führen wir zunächst eine neue Radialkoordinate durch[1]

$$(3.43) \qquad r^2 h(r, t) = \bar{r}^2$$

ein, so vereinfacht sich der Winkelteil $d\sigma^2$ des Linienelements zu

$$(3.44) \qquad d\sigma^2 = \bar{r}^2 d\Omega^2.$$

Diese Form ist die gleiche wie im flachen Raum, daher hat zum Beispiel eine Kugel die Oberfläche $4\pi\bar{r}^2$. Diese Forderung legt die Normierung der Radialkoordinate fest. Durch die Transformation (3.43) ändern sich auch die Funktionen f, g, h, j, die im Linienelement (3.41) enthalten sind, und wären daher ebenso wie r durch einen Querstrich zu kennzeichnen,

---

[1] Dies ist unmöglich, wenn $h \propto r^{-2}$. Man kann aber zeigen, daß dieser Ausnahmsfall zu keinen Vakuumlösungen führt. Vgl. die genauere Diskussion im Anhang von Hawking & Ellis (1973).

was der Einfachheit halber nicht geschehen soll. Das Linienelement hat demnach die Form

$$(3.45) \quad \begin{aligned} d\sigma^2 &= f(r,t)dt^2 - 2g(r,t)dr\,dt - \\ &\quad - (h(r,t) + j(r,t))dr^2 - r^2 d\Omega^2. \end{aligned}$$

Nun können wir noch die Freiheit in der Wahl der Zeitkoordinate benutzen. Diese wollen wir dazu verwenden, um durch eine Transformation der Form (3.42b) den gemischten Term in (3.45) wegzuschaffen. Differentiation von (3.42b) ergibt

$$(3.46) \quad dt = \frac{\partial v}{\partial \bar{t}} d\bar{t} + \frac{\partial v}{\partial r} dr.$$

Setzt man dies in (3.45) ein, so resultiert

$$(3.47) \quad ds^2 = f\left(\frac{\partial v}{\partial \bar{t}} d\bar{t}\right)^2 + 2\frac{\partial v}{\partial t}\left(f\frac{\partial v}{\partial r} - g\right) dr\, d\bar{t} \ldots$$

Wählt man

$$(3.48) \quad f\frac{\partial v}{\partial r} = g$$

oder durch Integration daraus

$$(3.49) \quad v(r,\bar{t}) = \int (g/f)dr + v(\bar{t}),$$

so verschwindet der gemischte Term im Linienelement, das dann die weiter vereinfachte Form

$$(3.50) \quad ds^2 = e^\nu dt^2 - e^\lambda dr^2 - r^2 d\Omega^2$$

annimmt. Dabei haben wir wieder Querstriche weggelassen und die Koeffizienten der Metrik durch die Funktionen $\nu(r,t)$ und $\lambda(r,t)$ ausgedrückt. Diese Schreibweise hat rein rechnerische Vorteile und wird daher üblicherweise verwendet.

Damit haben wir sowohl die Symmetrie des vorliegenden Problems, als auch die Freiheit in der Wahl der Koordinatenbedingungen ausgenutzt. Nun müssen wir daran gehen, den Krümmungstensor $R^i{}_{klm}$ aus dem Linienelement (3.50) zu berechnen. Die erste Aufgabe dabei ist offensichtlich die Ermittlung der Christoffel-Symbole. Man könnte nun versuchen, dazu (1.26) zu benutzen, doch stellt sich bald heraus, daß dies umständlich ist. Man geht besser vom zugrundeliegenden Variationsprinzip in der Form (1.32) aus. Durch Vergleich der entsprechenden Euler-Gleichungen mit (1.30) lassen sich direkt die Christoffel-Symbole ablesen. Im vorliegenden Fall ist $K = g_{ik} \dot{x}^i \dot{x}^k$ durch

$$(3.51) \qquad K = e^\nu \dot{t}^2 - e^\lambda \dot{r}^2 - r^2 \dot{\theta}^2 - r^2 \sin^2\theta \; \dot{\phi}^2$$

gegeben, wobei der Punkt wie vorher eine Ableitung nach einem Parameter s bedeutet, der entlang der Geodätischen variiert. Aus den Bedingungen

$$(3.52) \qquad \frac{\partial K}{\partial x^i} = \frac{d}{ds} \frac{\partial K}{\partial \dot{x}^i} , \quad i = 0,1,2,3, \quad x^1 = r, \quad x^2 = \theta, \quad x^3 = \phi$$

folgt zunächst für $i = 0$

$$(3.53) \qquad \begin{aligned} \frac{\partial K}{\partial t} &= \bar{\nu} \, e^\nu \dot{t}^2 - \bar{\lambda} \, e^\lambda \, \dot{r}^2 = \frac{d}{ds} \left(\frac{\partial K}{\partial \dot{t}} \right) = \frac{d}{ds} (2 e^\nu \dot{t}) = \\ &= 2 \ddot{t} e^\nu + 2 \dot{t}^2 \bar{\nu} e^\nu + 2 \dot{t} \dot{r} \nu' e^\nu, \end{aligned}$$

wobei wir die Ableitungen nach der Zeit bzw. Radialkoordinate durch

$$(3.54) \qquad \frac{\partial \nu}{\partial t} = : \bar{\nu}, \qquad \frac{\partial \nu}{\partial r} = : \nu'$$

bezeichnet haben. Vergleich mit

$$(3.55) \qquad \ddot{t} + \Gamma^0{}_{ik} \dot{x}^i \dot{x}^k = 0$$

zeigt

$$(3.56) \qquad \Gamma^0{}_{00} = \frac{1}{2} \, \bar{\nu}, \; \Gamma^0{}_{01} = \frac{\nu'}{2}, \; \Gamma^0{}_{02} = \Gamma^0{}_{03} = \ldots = 0,$$

$$\Gamma^0{}_{11} = -\frac{\bar{\lambda}}{2} e^{\lambda - \nu}.$$

Analog berechnet man die anderen Christoffel-Symbole zu (Aufgabe 1)

$$(3.57) \qquad \begin{array}{lll} \Gamma^1{}_{00} = \dfrac{\nu'}{2} \, e^{\nu - \lambda} & \Gamma^1{}_{10} = \dfrac{\bar{\lambda}}{2} & \Gamma^1{}_{11} = \dfrac{\lambda'}{2} \\[2mm] \Gamma^1{}_{22} = -r \, e^{-\lambda} & \Gamma^1{}_{33} = -r \sin^2\theta \; e^{-\lambda} & \Gamma^2{}_{21} = 1/r \\[2mm] \Gamma^3{}_{31} = 1/r & \Gamma^2{}_{33} = -\sin\theta \cos\theta & \Gamma^3{}_{23} = \mathrm{ctg}\theta. \end{array}$$

6*

Die hier nicht angeführten Christoffel-Symbole verschwinden. Diese Resultate muß man nun in (2.70) einsetzen und den so berechneten Krümmungstensor dann, wie in (2.76) angegeben, kontrahieren, um den für die Einsteinschen Gleichungen relevanten Ricci-Tensor zu gewinnen. Da diese Methode zur Berechnung des Krümmungstensors überaus umständlich ist und wir später ein besseres Verfahren kennen lernen werden (Kapitel 7), wollen wir hier nur die Resultate angeben und es dem Leser als Übungsaufgabe überlassen, einige der Komponenten von $R^i{}_{klm}$ wirklich explizit zu berechnen.

Nach der erwähnten längeren Rechnung ergibt sich für die nichtverschwindenden Komponenten des Einstein-Tensors (2.83)

(3.58a) $\quad G^1{}_1 = e^{-\lambda}\left(\dfrac{\nu'}{r} + \dfrac{1}{r^2}\right) - \dfrac{1}{r^2}$,

$$G^2{}_2 = G^3{}_3 = \frac{1}{2}\, e^{-\lambda}\left(\nu'' + \frac{\nu'^2}{2} + \frac{\nu' - \lambda'}{r} - \frac{\nu'\lambda'}{2}\right) -$$

(3.58b)
$$- \frac{1}{4}\, e^{-\nu}(2\overline{\overline{\lambda}} + \overline{\lambda}^2 - \overline{\lambda}\overline{\nu}),$$

(3.85c) $\quad G^0{}_0 = \dfrac{1}{r^2}\, e^{-\lambda}(1 - \lambda' r) - \dfrac{1}{r^2}$,

(3.58d) $\quad G^0{}_1 = e^{-\lambda}\,\overline{\lambda}/r$.

Da im Außenraum $G^i{}_k = 0$ sein muß, folgt aus (3.58d) zunächst $\overline{\lambda} = 0$, also ist λ zeitunabhängig. Durch Subtraktion von (3.58a) und (3.58c) erhält man weiters

(3.59) $\quad \lambda' + \nu' = 0$

und daher

(3.60) $\quad \lambda + \nu = q(t)$,

wobei $q(t)$ eine beliebige Funktion der Zeit ist. Die Transformation

(3.61) $\quad \overline{t} = \int dt\, e^{-q(t)/2}$

der Zeitkoordinate bewirkt aber gerade $v \to v + q$, so daß
bei Benutzung dieser neuen Zeitkoordinate

(3.62) $\lambda + v = 0$

resultiert. Wir brauchen daher nur λ aus (3.58c) zu berechnen. Nach Multiplikation dieser Gleichung mit $r^2 e^\lambda$ ergibt sich

(3.63) $r\lambda' = 1 - e^\lambda, \quad \int \frac{d\lambda}{1 - e^\lambda} = \int \frac{dr}{r}$,

mit $e^\lambda = x$ folgt daraus

(3.64) $\ln r = \ln \frac{x}{x-1} + C.$

Setzen wir die Integrationskonstante $C = \ln 2M$, wodurch M definiert wird, so ergibt sich endgültig

(3.65) $e^{-\lambda} = 1 - \frac{2M}{r}$.

Aus (3.62) kann dann auch v bestimmt werden, und wir erhalten das *Schwarzschild-Linienelement*

(3.66) $$ds^2 = \left(1 - \frac{2M}{r}\right) dt^2 - \left(1 - \frac{2M}{r}\right)^{-1} dr^2 - r^2 \, d\Omega^2.$$

Ein Vergleich mit der Newtonschen Näherung (1.39) zeigt, daß die als Integrationskonstante eingeführte Größe $2M$ tatsächlich mit dem Schwarzschild-Radius übereinstimmt.

Die derart berechnete Metrik ist in vielerlei Beziehung bemerkenswert. Zunächst ist hervorzuheben, daß sie tatsächlich statisch ist. Das haben wir als Konsequenz der Feldgleichungen erhalten. Ferner enthält die Metrik nur eine einzige Integrationskonstante, nämlich den Schwarzschild-Radius der betrachteten Masse. Diese beiden Tatsachen haben bedeutende physikalische Konsequenzen. Es folgt daraus, daß das Gravitationsfeld im Außenraum eines kugelförmigen Körpers — denn nur dieses haben wir ja berechnet — unabhängig von der Zusammensetzung des Körpers ist. Was immer wir für einen Energie-Impulstensor in die Einsteinschen Feldgleichungen einsetzen, das Feld im Außenraum hat stets die Form (3.66). Interessant ist, daß es auch keine Rolle spielt, ob der betrachtete Körper (etwa ein

Stern) z.B. radial oszilliert. Selbst in diesem Fall wird das Feld im Außenraum stets statisch sein.

Die Tatsache, daß die *Schwarzschild-Metrik die einzige kugelsymmetrische Lösung der Einsteinschen Vakuumgleichungen* ist[1], erleichtert die physikalische Interpretation der allgemeinen Relativitätstheorie beträchtlich. So brauchen wir uns bei der folgenden Berechnung der Tests der Theorie nicht um etwaige Ansätze für den Innenraum und die Anstückelungsbedingungen an der Grenzfläche zu kümmern. Wir werden daher die Frage der Innenraumlösung erst im Kapitel 8 behandeln.

Bemerkenswert an der obigen Ableitung der Schwarzschild Metrik ist, daß wir an keiner Stelle die Gleichung (3.58b) benutzt haben. Wie man sich leicht überzeugt, ist es nicht notwendig, diese Gleichung gesondert zu betrachten, da sie wegen der Bianchi-Identitäten identisch erfüllt ist.

Das Schwarzschild-Linienelement weist eine Singularität in $r = 2M$ auf, die *Schwarzschild-Singularität*, die in der Literatur viel diskutiert wurde. Allerdings zeigen die im Kapitel 1 diskutierten Beispiele, daß der Schwarzschild-Radius $2M$ für die Sonne, die Planeten und allen irdischen Körper sehr viel kleiner als der wirkliche Radius dieser Körper ist. Die Singularität liegt daher im Innenraum, wo die Lösung (3.66) nicht mehr gilt. Es ist aber noch zu untersuchen, was geschieht, wenn man einen Körper auf einen Radius, der kleiner oder gleich dem Schwarzschild-Radius ist, komprimiert. Diese Frage soll im Kapitel 8 erörtert werden.

Wir wollen aber schon hier feststellen, daß die *Singularität des Koeffizienten*

$$(3.67) \qquad g_{11} = \left(1 - \frac{2M}{r} \right)^{-1}$$

in $r = 2M$ *nur eine Eigenschaft des Koordinatensystems* ist und nicht eine Eigenschaft der Geometrie, die durch dieses Koordinatensystem beschrieben wird. Führen wir etwa eine Transformation der Radialkoordinate der Form

$$(3.68) \qquad r = \left(1 + \frac{M}{2\bar{r}} \right)^2 \bar{r}$$

durch, so ergibt sich die folgende *isotrope Form*

$$(3.69) \qquad \mathrm{d}s^2 = \left(\frac{1 - M/2\bar{r}}{1 + M/2\bar{r}} \right)^2 \mathrm{d}t^2 - (1 + M/2\bar{r})^4 \, \mathrm{d}\bar{x}^2$$

---

[1]Oft als Birkhoff-Theorem bezeichnet.

des Schwarzschild-Linienelements, wobei

(3.70) $d\bar{x}^2 = d\bar{r}^2 + \bar{r}^2 d\Omega^2$.

Der Koeffizient von $d\bar{r}^2$ hat im Punkt $\bar{r} = M/2$ (der $r = 2M$ entspricht) den endlichen Wert 16 und weist nur eine Singularität in $\bar{r} = 0$ auf. Allerdings verschwindet in $\bar{r} = M/2$ der Koeffizient von dt^2. Ferner ist (3.69) auch ein Beispiel dafür, in wieviel verschiedenen Formen das Schwarzschild-Linienelement auftreten kann. Alle diese Formen können durch Koordinatentransformationen ineinander übergeführt werden, doch ist es bei einer vorgelegten Metrik oft nicht leicht zu erkennen, ob es sich dabei um eine in ungewohnten Koordinaten geschriebene Schwarzschild-Metrik handelt und durch welche Transformation sie in die Standardform (3.66) übergeführt werden kann.

Mit der hier erfolgten Aufstellung einer Lösung der Einsteinschen Feldgleichungen ist aber nur ein Teil der Probleme bewältigt. Es bleiben noch die geometrischen Eigenschaften der Lösungen zu studieren − was zum Teil in den folgenden Aufgaben geschehen soll −, und vor allem ist das Verhalten von Testkörpern in dem Gravitationsfeld zu untersuchen. Dazu müssen die Gleichungen der Geodätischen in der betrachteten Metrik berechnet und mit dem Experiment verglichen werden. Dies soll im Kapitel 4 geschehen.

Aufgaben

1. Berechne alle Christoffel-Symbole für (3.50).
2. Berechne R^0_{101}, R^0_{202}.
3. Berechne die Fläche F zwischen den Kreisen $\bar{r} = M/2$ und $\bar{r} = \bar{R}$ ($\theta = \pi/2$) in der isotropen Form (3.69) des Schwarzschild Linienelements.

   Resultat: $F = \pi(\bar{R} + M)^2 - \dfrac{9}{4}\pi M^2 + \dfrac{M^2}{4} \ln \dfrac{2\bar{R}}{M}$.

4. Übersetze das Resultat mittels $\bar{r} = (r - M + \sqrt{r^2 - 2Mr})/2$ in die Standard-Koordinaten (3.66), und berechne die Grenzfälle $r = R \gg M$ und $R = 2M + \epsilon$, $\epsilon \ll 2M$.

   Resultat: $F = \pi R^2 + 2M^2\pi$, $\quad R \gg M$,

   $\qquad\quad F = 8\pi M^2 \sqrt{2\epsilon}$, $\qquad R = 2M + \epsilon$.

Ein Kreis mit Umfang $2\pi R$ hat daher in der Schwarzschild-Metrik eine größere Innenfläche als im ebenen Raum, obwohl wir den Teil mit $r < 2M$ ausgelassen haben!

5. Führe die gleiche Rechnung auch für den Abstand Δ zweier Kreise und das Volumen V zwischen zwei Kugelschalen aus, und vergleiche mit dem ebenen Raum.

Die geometrische Veranschaulichung der Resultate wird im ersten Teil von Abschnitt 8.4 gegeben.

6. Wie sieht das Schwarzschild-Linienelement in einem Koordinatensystem aus, in dem der Radialteil die einfache Form $d\sigma^2 = dr^2$ hat?

3.4 Herleitung der Feldgleichungen aus einem Variationsprinzip

In lorentzinvarianten Feldtheorien ist es üblich, Feldgleichungen nicht einfach zu postulieren, sondern aus einem Variationsprinzip herzuleiten. Dadurch wird automatisch die Existenz von Erhaltungssätzen gesichert (Noether-Theorem) und außerdem eine Grundlage für die Quantisierung (Schwingersches Variationsprinzip)[1] geschaffen.

Wir wollen hier zeigen, daß auch die Feldgleichungen (3.2) aus einem Variationsprinzip hergeleitet werden können, wobei wir uns zunächst auf das freie Gravitationsfeld ($T_{ik} = 0$) beschränken wollen.

Das Wirkungsintegral W_F des Feldes ist in diesem Fall durch

$$(3.71) \qquad W_F = \frac{1}{2\kappa} \int d^4 x \sqrt{-g}\, R$$

gegeben, wobei R der Krümmungsskalar (2.77) ist.

W_F ist eine Invariante, da R ein Skalar ist, und $dV = d^4 x \sqrt{-g}$ das invariante Volumelement des 4dimensionalen Raumes angibt (s. Aufg. 1). Die Feldgleichungen sollen aus (3.71) und der Bedingung $\delta W_F = 0$ bei beliebigen Variationen δg_{ik} folgen, $R\sqrt{-g}$ ist daher die Lagrange-Funktion des freien Gravitationsfeldes, g_{ik} sind die Feldvariablen.

Merkwürdig erscheint zunächst, daß die Lagrange-Funktion die zweiten Ableitungen der Feldvariablen g_{ik} enthält, was in Feldtheorien nicht üb-

---

[1]Vgl. Thirring (1958).

lich ist. Man kann diese Ableitungen aber durch eine partielle Integration eliminieren, da sie in R nur linear enthalten sind:

$$\sqrt{-g}\, R = \sqrt{-g}\, g^{ik} R_{ik} = \sqrt{-g}\, \{ g^{ik} \Gamma^m{}_{im,k} - g^{ik} \Gamma^m{}_{ik,m} +$$

(3.72)

$$+ g^{ik} \Gamma^m{}_{ir} \Gamma^r{}_{km} - g^{ik} \Gamma^m{}_{ik} \Gamma^r{}_{mr} \}.$$

Ableitungen zweiter Ordnung kommen in den ersten beiden Termen vor. Wir formen diese wie folgt um:

(3.73) $\qquad \sqrt{-g}\, g^{ik} \Gamma^m{}_{ik,m} = (\sqrt{-g}\, g^{ik} \Gamma^m{}_{ik})_{,m} - \Gamma^m{}_{ik} (\sqrt{-g}\, g^{ik})_{,m}.$

Mit Hilfe von (2.26) und (2.27) kann die Differentiation im letzten Term ausgeführt werden, wobei wieder Terme resultieren, die quadratisch in Γ sind. Daher wird

(3.74) $\qquad \sqrt{-g}\, R = \sqrt{-g}\, G - (\sqrt{-g}\, g^{ik} \Gamma^m{}_{ik} - \sqrt{-g}\, g^{im} \Gamma^r{}_{ir})_{,m},$

wobei G bilinear in den Christoffel-Symbolen ist:

(3.75) $\qquad G = g^{ik} (\Gamma^m{}_{ir}\, \Gamma^r{}_{km} - \Gamma^m{}_{ik}\, \Gamma^r{}_{mr}).$

G ist natürlich kein Skalar, was schon daraus folgt, daß G im Ursprung eines Riemannschen Koordinatensystems gleich Null ist. Es gilt aber

(3.76) $\qquad \delta \int \sqrt{-g}\, R \, \mathrm{d}^4 x = \delta \int \sqrt{-g}\, G \, \mathrm{d}^4 x,$

da der Divergenzterm in (3.74) in ein Hüllenintegral umgewandelt werden kann und bei der Variation keine Rolle spielt. Da auf der linken Seite von (3.76) eine Invariante steht, folgt, daß auch die rechte Seite eine Invariante ist. Die Erklärung dafür ist, daß die Variationen der Γ (im Gegensatz zu dem Γ selbst) Tensorgrößen sind. Nach (2.67) ist nämlich $\Gamma^k{}_{im} A_k \mathrm{d}x^m$ die Änderung eines Vektors bei einer infinitesimalen Parallelverschiebung um $\mathrm{d}x^m$. Daher ist $\delta \Gamma^k{}_{im} A_k \mathrm{d}x^m$ die Differenz zweier Vektoren, die bei zwei Parallelverschiebungen (mit variiertem und nicht-variiertem Γ) resultieren. Die Differenz zweier Vektoren in einem Punkt ist aber wieder ein Vektor, $\delta \Gamma$ daher ein Tensor.

Wir können $\sqrt{-g}\, G$ als Lagrange-Funktion des freien Gravitationsfeldes benutzen. Sie ist quadratisch in den Ableitungen $g_{ik,l}$ der Feldvariablen, enthält aber die g_{ik} selbst in sehr komplexer Weise. Es ist daher nicht zweckmäßig, die Euler-Gleichungen des Variationsproblems

$$(3.77) \qquad \frac{\partial}{\partial x^l} \frac{\partial \sqrt{-g}\, G}{\partial g_{ik,l}} = \frac{\partial \sqrt{-g}\, G}{\partial g_{ik}}$$

heranzuziehen. Das gewünschte Resultat ergibt sich schneller, wenn man die Variation direkt ausführt:

$$(3.78)$$

$$2\kappa\delta W_F = \delta \int R\sqrt{-g}\; \mathrm{d}^4x = \delta \int g^{ik}R_{ik}\sqrt{-g}\; \mathrm{d}^4x =$$

$$= \int \delta g^{ik}R_{ik}\sqrt{-g}\; \mathrm{d}^4x + \int g^{ik}\delta R_{ik}\sqrt{-g}\; \mathrm{d}^4x + \int R\delta\sqrt{-g}\; \mathrm{d}^4x.$$

Der letzte Term kann mit Hilfe von

$$(3.79) \qquad \delta\sqrt{-g} = -\frac{1}{2}\frac{\delta g}{\sqrt{-g}} = -\frac{1}{2}\sqrt{-g}\, g_{ik}\,\delta g^{ik}$$

umgeformt werden. Wir erhalten dann

$$(3.80) \qquad 2\kappa\delta W_F = \int (R_{ik} - \frac{1}{2}g_{ik}R)\,\delta g^{ik}\sqrt{-g}\; \mathrm{d}^4x + \int g^{ik}\delta R_{ik}\sqrt{-g}\; \mathrm{d}^4x.$$

Wäre der zweite Term in (3.80) nicht vorhanden, so würde $\delta W = 0$ bereits das gewünschte Resultat (für ein quellenfreies Gravitationsfeld)

$$(3.81) \qquad R_{ik} - \frac{1}{2}g_{ik}\,R = 0$$

liefern. Wir können aber zeigen, daß der störende Term in ein Oberflächenintegral umgewandelt werden kann. Dazu gehen wir zunächst in den Ursprung eines $RNKS$ über, wo $\Gamma^i{}_{kl} = 0$ und $g_{ik,l} = 0$ gilt. Wir erhalten dann

$$(3.82)$$
$$g^{ik}\delta R_{ik} = g^{ik}\{(\delta\Gamma^m{}_{im})_{,k} - (\delta\Gamma^m{}_{ik})_{,m}\} =$$
$$= g^{im}(\delta\Gamma^k{}_{ik})_{,m} - g^{ik}(\delta\Gamma^m{}_{ik})_{,m} = w^m{}_{,m},$$

wobei

$$(3.83) \qquad w^m = g^{im}\delta\Gamma^k{}_{ik} - g^{ik}\delta\Gamma^m{}_{ik}.$$

Da die Variationen der Γ einen Tensor bilden, ist die Größe w^m ein Vektor. Die Gleichung (3.82) kann daher auf ein beliebiges Koordinatensystem verallgemeinert werden, indem man die Ableitung auf der rechten Seite durch die kovariante Ableitung ersetzt:

(3.84) $\qquad g^{ik} \delta R_{ik} = w^m{}_{;m} = \dfrac{(\sqrt{-g}\, w^m)_{,m}}{\sqrt{-g}}$.

Es ist also tatsächlich

(3.85) $\qquad \int g^{ik} \delta R_{ik} \sqrt{-g}\ \mathrm{d}^4 x = \int (\sqrt{-g}\, w^m)_{,m}\ \mathrm{d}^4 x$

ein Integral über eine Divergenz, das durch Umwandlung in ein Oberflächenintegral entfernt werden kann.

Bisher haben wir nur das freie Gravitationsfeld betrachtet. Wir müssen nun auch die Quellen des Feldes, also die Wechselwirkung von Gravitation mit Materie berücksichtigen.

Die Materie wollen wir dabei durch ein oder mehrere Felder $A(x)$ beschreiben. (Den Tensor- bzw. Spinorcharakter dieser Felder lassen wir hier offen, es kann sich bei $A(x)$ z.B. um das Feld des Dirac-Elektrons oder um ein Mesonenfeld etc. handeln. Die Probleme, die mit der Spinor- bzw. Tensornatur des Feldes zusammenhängen, sollen in Kapitel 9 erörtert werden.)

Es stellt sich heraus, daß die Einsteinschen Feldgleichungen (3.2) durch Addition des Wirkungsintegrals

(3.86) $\qquad W_M = \int \mathrm{d}^4 x \sqrt{-g}\ L_M(A, g_{ik})$.

zu demjenigen des freien Gravitationsfeldes folgen.

Dabei ist L_M die kovariante Lagrange-Funktion der Materiefelder $A(x)$, die wie angedeutet außer von $A(x)$ auch von der Metrik g_{ik} abhängt. Ein Beispiel möge dies erläutern. Für ein skalares Feld[1] lautet die Lagrange-Funktion (in Cartesischen Koordinaten im flachen Raum)

(3.87) $\qquad L_M = \dfrac{1}{2} (A_{,i} A_{,k}\, \eta^{ik} - \mathrm{m}^2 A^2)$.

Führen wir krummlinige Koordinaten im flachen Raum ein, so erhalten wir die kovariante Form von L

(3.88) $\qquad L_M = \dfrac{1}{2} (A_{,i} A_{,k}\, g^{ik} - \mathrm{m}^2 A^2)$.

---

[1]Siehe etwa Bjørken-Drell (1967). $1/\mathrm{m}$ ist die Compton-Wellenlänge der durch (3.87) beschriebenen skalaren Teilchen (in Einheiten mit $c = 1 = \hbar$).

L_M hat daher in krummlinigen Koordinaten die Eigenschaft, sowohl von A als auch von g_{ik} abzuhängen, was für eine Wechselwirkung charakteristisch ist.

Die allgemeine Vorschrift zur Berechnung der in (3.86) enthaltenen Lagrange-Funktion L_M lautet: Man schreibe die Lagrange-Funktion der Materiefelder im flachen Raum zunächst in Cartesischen Koordinaten an und führe dann beliebige krummlinige Koordinaten ein. Die so entstehende kovariante Lagrange-Funktion ist dann auch die Lagrange-Funktion der Materie im Graviatationsfeld[1].

Demnach ist das *vollständige Wirkungsintegral der allgemeinen Relativitätstheorie* durch

$$(3.89) \qquad W = \int d^4x \sqrt{-g} \left[\frac{R}{2\kappa} + L_M(A, g_{ik}) \right]$$

gegeben.

Die *Bewegungsgleichungen für die Felder* $A(x)$ folgen wie üblich aus der Stationarität des Wirkungsintegrals bei Variationen von A um δA:

$$(3.90) \qquad \delta W = 0 = \delta W_M = \int d^4x \sqrt{-g} \left(\frac{\partial L_M}{\partial A} - \frac{\partial}{\partial x^k} \frac{\partial L_M}{\partial A_{,k}} \right) \delta A,$$

$$\boxed{ \frac{\partial L_M}{\partial A} = \frac{\partial}{\partial x^k} \frac{\partial L_M}{\partial A_{,k}} }$$

Beliebige kleine Änderungen δA der Materiefelder lassen also das Wirkungsintegral W_M ungeändert.

Wir haben nun aus (3.89) noch durch Variation der g_{ik} die Feldgleichungen des Gravitationsfeldes herzuleiten. Den ersten Term von (3.89), W_F, haben wir bereits variiert, das Resultat war

$$(3.91) \qquad \delta W_F = \frac{1}{2\kappa} \int d^4x \sqrt{-g} \left(R_{ik} - \frac{1}{2} g_{ik} R \right) \delta g^{ik}.$$

Nun ist noch W_M zu variieren:

$$(3.92) \qquad \delta W_M = \int d^4x \left[\frac{\partial(L_M \sqrt{-g})}{\partial g^{ik}} \delta g^{ik} + \frac{\partial(\sqrt{-g} L_M)}{\partial g^{ik}_{,l}} \delta g^{ik}_{,l} \right].$$

---

[1] „Minimale Kopplung", entspricht der minimalen Kopplung $p \to p - eA$ in der Elektrodynamik.

Nach der üblichen partiellen Integration erhält man

$$(3.93) \qquad \delta W_M = \int d^4 x \sqrt{-g} \; \frac{1}{2} \; T_{ik} \, \delta g^{ik},$$

wo

$$(3.94) \qquad \boxed{T_{ik} := -\frac{2}{\sqrt{-g}} \left\{ \frac{\partial(\sqrt{-g}\,L_M)}{\partial g^{ik}} - \frac{\partial}{\partial x^l} \frac{\partial(\sqrt{-g}\,L_M)}{\partial g^{ik}{}_{,l}} \right\}}$$

der *Energie-Impulstensor* der betrachteten Materie ist. Die Tensor-Eigenschaft von T_{ik} ergibt sich direkt aus (3.93). Aus $\delta W = 0$ erhalten wir daher mit (3.91) und (3.92) schließlich

$$(3.95) \qquad R_{ik} - \frac{1}{2}\,g_{ik}R = -\kappa\,T_{ik}.$$

Es ist noch zu zeigen, daß der durch (3.94) definierte Tensor tatsächlich der Energie-Impulstensor ist. Dazu zeigen wir zunächst, daß T_{ik} erhalten ist, d.h.

$$(3.96) \qquad T_{ik;}{}^{k} = 0.$$

Diese Erhaltungssätze folgen aus der Bianchi-Identität (2.83), können aber auch aus der Invarianz des Wirkungsintegrals (3.86) gegen beliebige Koordinatentransformationen abgeleitet werden. Wenn wir in (3.93) Variationen δg^{ik} einsetzen, die einer Koordinatentransformation entsprechen, muß sich $\delta W_M = 0$ ergeben (Aufgabe 2).

Die Übereinstimmung des erhaltenen Tensors (3.94) mit dem symmetrischen (Belinfante) Energie-Impulstensor kann in den einfachsten Fällen (skalares Feld, Dirac-Feld, Maxwell-Feld) explizit gezeigt werden. Ein allgemeiner Beweis für diese Übereinstimmung wurde von Rosenfeld[1] und Marx[2] gegeben.

Aufgaben

1. Zeige, daß das invariante Volumelement im 4dimensionalen Raum durch

$$(3.97) \qquad dV = \sqrt{-g}\; d^4 x$$

gegeben ist.

[1] L. Rosenfeld, Mem.Acad.Roy.Belg. **18**, 2 (1938).

[2] G. Marx, Acta Phys.Hung. **1**, 209 (1952).

Anleitung: a) Besonders anschaulich wird die Herleitung, wenn man sich auf orthogonale Koordinaten beschränkt. Wegen

$$ds^2 = \sum_{i=0}^{3} g_{ii}(dx^i)^2$$

sind die Strecken, die dx^i ($i = 0, \ldots 3$) entsprechen, einfach durch

$$ds_{(i)} = \sqrt{|g_{ii}|}\ dx^i$$

gegeben. Das Volumelement ist dann das Produkt dieser 4 orthogonalen Strecken $dV = ds_{(0)}ds_{(1)}ds_{(2)}ds_{(3)} = \sqrt{-g}\ d^4x$, da $g = g_{00}g_{11}g_{22}g_{33}$.

b) Allgemeiner ist das Volumelement der Raum-Zeit in der Umgebung des Ursprungs eines $RNKS$ x^i einfach durch $dV = d^4\bar{x}$ gegeben; beim Übergang auf beliebige andere Koordinaten gilt dann $d^4\bar{x} =$
$= \det(\partial\bar{x}/\partial x)d^4x$ (Multiplikation mit Funktionaldeterminante), wie aus der Differentialrechnung bekannt ist. Mit

$$g = \det g_{ik} = \det\left(\frac{\partial x^{\bar{l}}}{\partial x^i}\ \frac{\partial x^{\bar{m}}}{\partial x^k}\ \eta_{\bar{l}\bar{m}}\right) = \det\left(\frac{\partial\bar{x}}{\partial x}\right)^2 \det \eta_{\bar{l}\bar{m}}$$

erhalten wir das gesuchte Resultat

$$dV = d^4\bar{x} = \sqrt{-g}\ d^4x.$$

Das Problem der Integration im Riemannschen Raum werden wir nochmals im Kapitel 7 aufnehmen.

2. Zeige, daß aus der Invarianz von W_F bzw. W_M gegen Koordinatentransformationen die Bianchi-Identitäten bzw. die Erhaltungssätze (3.96) folgen.
Anleitung: Um Variationen $\delta g^{ik}(x)$ zu erhalten, die nur von einem Argument x abhängen, führt man zuerst eine Transformation der Form (2.103) durch, wobei die ξ^i am Rande des Integrationsgebietes so gegen 0 gehen, daß alle Bildpunkte P auch innerhalb des Integrationsgebietes liegen, und führt dann genau wie im Kapitel 2.10 die Koordinatentransformation (2.112) durch, worauf sich $\delta g^{ik} = \epsilon(v^{i;k} + v^{k;i})$ ergibt (Variationen δA, die dabei entstehen, brauchen wegen (3.90) nicht berücksichtigt zu werden), während W bei diesen Prozessen ungeändert bleiben muß. Setzt man dies in (3.93) ein, so folgt nach einer partiellen Integration (3.96) bzw. (2.83).

3. Berechne den Energie-Impulstensor für das skalare Feld (3.88) nach der Vorschrift (3.94) unter Benutzung von

(3.79a) $$\frac{1}{\sqrt{-g}} \frac{\partial \sqrt{-g}}{\partial g^{ik}} = -\frac{1}{2} g_{ik}.$$

4. Zeige, daß $\epsilon_{ikjm} = \sqrt{-g}\, \epsilon\,(ikjm)$ ein Pseudotensor ist und daß die kontravarianten Komponenten

$$\epsilon^{ikjm} = -\frac{\epsilon\,(ikjm)}{\sqrt{-g}}$$

lauten. Berechne $\epsilon_{ikjm;e}$!

4. EXPERIMENTELLE TESTS DER ALLGEMEINEN RELATIVITÄTSTHEORIE

Dieses Kapitel enthält das physikalische Kernstück der allgemeinen Relativitätstheorie, nämlich ihre Überprüfung durch das Experiment. Der Grund für das starke Nachlassen des Interesses an der Einsteinschen Gravitationstheorie in den Jahren 1920 bis 1960 war ja gerade die geringe Zahl von Experimenten zur Relativitätstheorie und die Aussichtslosigkeit, diese Experimente in irgendeiner Weise entscheidend zu verbessern. Durch die Weiterentwicklung der physikalischen Meßverfahren und vor allem durch die neu entstandene Satellitentechnik hat sich diese Situation grundlegend geändert[1]. In der folgenden Diskussion der experimentellen Evidenz soll zunächst das grundlegende Dicke-Eötvös Experiment diskutiert werden.

4.1 Das Äquivalenzprinzip

Die Grundgleichungen der allgemeinen Relativitätstheorie bestehen aus zwei Teilen, den Feldgleichungen

$$(4.1) \qquad R_{ik} - \frac{1}{2} g_{ik} R = - \kappa T_{ik}$$

und den Bewegungsgleichungen, die z.B. für strukturlose Probeteilchen die Form haben

$$(4.2) \qquad \frac{d^2 x^i}{ds^2} + \Gamma^i{}_{kl} \frac{dx^l}{ds} \frac{dx^k}{ds} = 0.$$

Man kann zeigen, daß in den einfachsten Fällen die Bewegungsgleichungen eine Folge der Feldgleichungen sind. Sie brauchen daher in diesen Fällen nicht gesondert postuliert werden. Man kann aber nicht umgekehrt aus den Bewegungsgleichungen auf die Feldgleichungen schließen. Bei der folgenden Diskussion der Experimente zur Relativitätstheorie ist es wesentlich, die Aussagen, die in den Gleichungen (4.1) bzw. (4.2) stecken, klar zu trennen. Die Bewegungsgleichungen sagen aus, daß der

---

[1]Die experimentelle Situation ist im Detail in Weinberg (1972) analysiert. Siehe auch K. L. Nordtvedt, Science *178*, 1157 (1972); C. M. Will, Physics Today, Oct. 1972, p. 23; J. Lequeux, La Recherche *4*, 482 (1973).

Raum eine Riemannsche Struktur hat, und wie sich strukturlose kleine Probekörper darin bewegen. Die Bewegungsgleichungen sagen aber nichts über die Form der Metrik g_{ik} aus. In den Feldgleichungen (4.1) wird dagegen die Geometrie des Riemannschen Raumes, in dem sich die Teilchen bewegen, als Funktion der Massenverteilung bestimmt.

Die Grundidee der allgemeinen Relativitätstheorie steckt in den Bewegungsgleichungen. Sie enthalten bereits die Hypothese, daß Gravitationsfelder durch die Raum-Zeit-Geometrie beschrieben werden können. Wie immer auch die durch die Feldgleichungen bestimmte Struktur der Metrik g_{ik} beschaffen sein mag, stets kann in einem Raum-Zeitpunkt ein *RNKS* eingeführt werden, so daß sich die Bewegungsgleichungen zu

$$(4.3) \qquad \frac{\mathrm{d}^2 x^i}{\mathrm{d}s^2} = 0$$

vereinfachen. In dem so definierten, momentan frei fallenden Koordinatensystem verharren alle Körper in gleichförmiger unbeschleunigter Bewegung. Daraus folgt, daß die Gravitationsbeschleunigung unabhängig von der Zusammensetzung eines Körpers ist und für alle Massen den gleichen Wert hat. Dieses Resultat erscheint, oberflächlich betrachtet, nicht sehr interessant, da es bereits von der Newtonschen Theorie vorhergesagt wird. Eine nähere Analyse wird aber weitgehende Unterschiede aufdecken.

a) Die Situation in der Newtonschen Theorie

Aus dem Newtonschen Gravitationsgesetz

$$(4.4) \qquad m_t\, x = -\, \frac{G\, m_s\, \mathfrak{M}}{r^3}\, x$$

fällt unter der Annahme, daß für alle Körper

$$(4.5) \qquad m_t = m_s$$

gilt, die Masse heraus, und es ergibt sich genau wie in der allgemeinen Relativitätstheorie das Resultat, daß alle Körper die gleiche Gravitationsbeschleunigung erleiden. Während dies aber in der Einsteinschen Theorie eine Notwendigkeit war – man könnte die Theorie sonst gar nicht formulieren –, ist (4.5) in der Newtonschen Theorie ein Faktum, das dem Experiment entnommen wird, das aber genau so gut anders sein könnte. In der Newtonschen Theorie besteht kein Grund für die Gleichheit von träger und schwerer Masse, während diese Tatsache in der allgemeinen Relativitätstheorie ihre natürliche Erklärung findet.

Noch etwas weiteres steckt in den obigen Gleichungen. Auch $\mathfrak{M}$ kann als Testmasse benutzt werden, wobei sich die Bewegungsgleichung

$$(4.6) \qquad \mathfrak{M}_t \; \ddot{x} = - \frac{G\,\mathfrak{M}_s \; m_A}{r^3}\,x$$

ergibt. Die Masse $\mathfrak{m}$ spielt jetzt die Rolle der aktiven schweren Masse m_A, die das Gravitationsfeld erzeugt. Auch diese Masse wird in der Newtonschen Theorie gleich der trägen Masse gesetzt:

$$(4.7) \qquad\qquad m_A = m_t = m_s.$$

Diese Gleichsetzung von m_s und m_A ist eine Konsequenz des dritten Newtonschen Axioms (actio = reactio); jede Abänderung hätte eine Verletzung des Impulserhaltungssatzes zur Folge. Die Gleichheit von aktiver und passiver schwerer Masse ist also in der Newtonschen Theorie wesentlich, während die Übereinstimmung dieser beiden Größen mit der trägen Masse als Zufall erscheint.

b) Die Situation in der allgemeinen Relativitätstheorie

Die Ableitung der Formel (4.3), die zeigen soll, daß alle Körper mit der gleichen Gravitationsbeschleunigung fallen, hat den Nachteil, nur für Massenpunkte gültig zu sein. In Wirklichkeit sind aber Massen sehr komplizierte Gebilde, deren innere Struktur der Reihe nach von der Festkörperphysik, Atomphysik, Kernphysik und schließlich Elementarteilchenphysik beschrieben wird, wobei die letztere Beschreibung noch keinesfalls eine endgültige Form erreicht hat. Es fragt sich nun, inwieweit die Gravitationsbeschleunigung von dieser inneren Struktur des Körpers unabhängig ist. Diese Frage ist keinesfalls so trivial, wie sie auf den ersten Blick erscheinen mag. Man denke nur an den komplizierten Aufbau eines Festkörpers aus Atomkernen und Elektronen, die sich mit Geschwindigkeiten bewegen, die mit der Lichtgeschwindigkeit vergleichbar sind. Dieser Aufbau ist völlig verschieden für z.B. Gold und Aluminium, und doch stellt man fest — wie wir noch sehen werden —, daß die Gravitationsbeschleunigung dieser beiden Elemente im Erdschwerefeld sich um weniger als 10^{-11} unterscheiden. Würde man nun naiv eine Feldtheorie der Gravitation konstruieren, so würde daraus im allgemeinen keinesfalls diese extreme Gleichheit der Gravitationsbeschleunigung völlig unterschiedlich aufgebauter Massen folgen[1]. Es ist daher unzureichend, die Gleichheit der Gravitationsbeschleunigung nur für Massenpunkte zu zeigen, in hinreichender Näherung muß diese Tatsache auch für komplex aufgebaute Massen bewiesen werden. Da dieses Problem im Rahmen der allgemeinen Relativitätstheorie äußerst kompliziert und vielschichtig ist, wie die zahllosen Abhandlungen über die Bewegung ausgedehnter Massen in der Einsteinschen Gravitationstheorie bezeugen, wollen wir es hier nur ganz allgemein erörtern.

Das einfachste Argument, das die Unabhängigkeit der Fallbeschleunigung von der inneren Struktur eines Körpers im Rahmen der allgemeinen Relativitätstheorie beweist, ist folgendes. In (2.84) wurde gezeigt, daß die Metrik in der Umgebung des Ursprungs eines $RNKS$ in der Form

$$(4.8) \qquad g_{ik} = \eta_{ik} + \frac{1}{3} R_{ilkm} \, x^l x^m + \ldots$$

geschrieben werden kann. Wenn man sich daher auf Raum-Zeit-Abstände beschränkt, für die

$$(4.9) \qquad \delta := \left| R_{iklm} \, x^k x^m \right| \ll 1$$

gilt, so kann man die Raumkrümmung vernachlässigen und die Raum-Zeit durch den Minkowski-Raum der speziellen Relativitätstheorie ersetzen. Im so eingeführten frei fallenden ($RNK-$) System sind also alle Einflüsse des Gravitationsfeldes innerhalb der in (4.9) gegebenen Raum-Zeit-Einschränkungen wegtransformiert. Kein Körper erleidet in der Umgebung des Ursprungs dieses Koordinatensystems eine Schwerebeschleunigung, so daß, gesehen von einem beliebigen anderen Bezugssystem, alle Körper die gleiche Fallbeschleunigung aufweisen. Etwaige Abweichungen von dieser Konstanz der Fallbeschleunigung werden proportional zu der in (4.9) ein-

---

[1] In der Tat war eine derartige Überlegung der historische Grund, warum Einstein die skalare Theorie der Gravitation verwarf. Nordström (Phys.Zs. **13**, 1126, 1912) hatte eine derartige speziell-relativistische Feldtheorie 1912 vorgeschlagen, doch glaubte Einstein zeigen zu können, daß diese Theorie eine starke Verminderung der Schwerebeschleunigung schnell umeinander kreisender Massen vorhersagen würde. Dieses Argument blieb unveröffentlicht und wurde erst von Harvey (Ann.Phys. (N.Y.) **29**, 383, 1964) publiziert. Es enthält jedoch einen Fehler, wie von Dicke, (Ann. Phys. (N.Y.) **31**, 235, 1965) gezeigt werden konnte. Es kann vielleicht aber trotzdem als Illustration dafür dienen, welche Arten von Effekten man bei einer willkürlichen Aufstellung einer speziell-relativistischen Gravitationstheorie erwarten könnte. (Siehe auch Sexl, Forts. Phys., **15**, 269, 1967.)

geführten Konstante δ sein. Für etwa metergroße Objekte auf der Erde sind derartige Abweichungen, die von der Inhomogenität des Schwerefeldes herrühren, von der Größenordnung 10^{-24} und daher zu vernachlässigen.

Gegen dieses Argument könnte man folgenden Einwand erheben: Es ist bekannt, daß für Massen, die einen Eigendrehimpuls aufweisen, eine von einer Geodätischen abweichende Bewegungsgleichung

$$(4.10) \qquad \frac{dv^i}{ds} + \Gamma^i_{kl} v^k v^l = \frac{1}{\mathfrak{M}} R^i_{klm} v^k \sigma^{lm}$$

gilt[1]. Dabei beschreibt σ_{ik} den Eigendrehimpuls des Teilchens, der in speziell-relativistischer Näherung durch

$$(4.11) \qquad \sigma_{ik} = \int d^3x \, \rho(x)(x_i u_k - x_k u_i)$$

gegeben ist; ρ ist die Dichte des Körpers, u^i sein inneres Geschwindigkeitsfeld, im Gegensatz zur Schwerpunktsbewegung v^i. Man könnte nun annehmen, daß bei genügend großem Eigendrehimpuls die Abweichungen von der geodätischen Bewegung beliebig groß werden und damit ein Gegenbeispiel zu unseren früheren Überlegungen gefunden ist. Um dies zu widerlegen, gehen wir wieder in den Ursprung eines *RNKS* über. Dann gilt

$$(4.12) \qquad \frac{dv^i}{ds} = R^i_{klm} v^k \sigma^{lm}/\mathfrak{M}.$$

Nun kann der Eigendrehimpuls eines Körpers, der von der Ausdehnung d ist, höchstens

$$(4.13) \qquad \sigma^{lm} \propto \mathfrak{M}d$$

betragen, da die Drehgeschwindigkeit des Körpers am Rande die Lichtgeschwindigkeit nicht überschreiten kann. Setzt man diesen Höchstwert in (4.12) ein, so ergibt sich für die Strecke x, die der Körper in der Zeit t durch die anomale Fallbeschleunigung zurücklegt, der Wert

$$(4.14) \qquad x \propto \frac{t^2 d}{2} R_{iklm}$$

oder

$$(4.15) \qquad \frac{x}{d} \propto \frac{t^2}{2} R_{iklm}.$$

---

[1] Siehe z.B. Papapetrou und Corinaldesi, Proc.Roy.Soc. **A209**, 259 (1951).

Falls die Ungleichung (4.9) erfüllt ist, so ist die zusätzlich zurückgelegte Strecke x stets sehr viel kleiner als der Durchmesser der betrachteten Masse, und zwar ist das Verhältnis der beiden durch δ gegeben. Im Grenzfall sehr kleiner rotierender Körper ist die Fallbeschleunigung folglich unabhängig von der inneren Struktur (bzw. Rotation) der Körper.

c) Das Eötvös-Dicke Experiment

Wir haben bereits angedeutet, daß in diesem grundlegenden Experiment zur Gravitationstheorie die Gleichheit von (passiver) schwerer und träger Masse gezeigt werden soll. Das Experiment wurde erstmals von Baron Eötvös im Jahre 1890 ausgeführt und in seiner Präzision nach und nach gesteigert, bis Eötvös 1922 eine Genauigkeit von 10^{-9} erreichte[1]. Dieses Experiment wurde in den Jahren 1960 bis 1963 von Dicke und seinen Mitarbeitern in Princeton wiederholt[1]. Es gelang ihnen dabei, die Gleichheit von träger und passiver schwerer Masse mit einer Genauigkeit von 10^{-11} zu beweisen. Das Experiment verläuft etwa folgendermaßen: Zwei Zylinder, die aus Gold bzw. Aluminium bestehen, werden an den Enden einer in Nord-Süd-Richtung orientierten Drehwaage aufgehängt. Auf die Zylinder wirkt sowohl die Gravitationsanziehung der Sonne als auch die Zentrifugalkraft, die von der Bewegung der Erde um die Sonne herrührt. Falls sich diese beiden Kräfte nicht genau aufheben, kommt es zu einer Torsion der Drehwaage, die um 6 Uhr früh ihren maximalen Wert erreicht, zu Mittag und um Mitternacht verschwinden muß und um 6 Uhr abends ein Maximum mit umgekehrtem Vorzeichen aufweist. Wenn träge und schwere Masse nicht genau gleich sind, tritt eine Torsion der Drehwaage mit einer Periode von 24 Stunden auf, deren Ausbleiben zu den oben angegebenen Grenzen für die Gleichheit von m_t und m_s führt. Da man nach einem zeitabhängigen Effekt sucht und die Lage der beiden Zylinder in bezug auf das Erdschwerefeld immer die gleiche bleibt, braucht in der obigen Diskussion dieses Feld nicht berücksichtigt werden, was die Auswertung des Experiments wesentlich erleichtert.

Diese kurzen Andeutungen zum grundlegenden Experiment der Gravitationstheorie mögen hier genügen. Für weitere Details sei der Leser auf die genannten Literaturstellen verwiesen. Wir wollen hier aber einige der Folgerungen, die man aus dem Eötvös-Dicke-Experiment ziehen kann, im Detail diskutieren.

---

[1]Eötvös, R. V., Pekar, D., und Petek, E., Ann. Phys. *68*, 11, (1922); Dicke, R. H., in C. DeWitt und B. de Witt (1964), p. 163 ff.

d) Die Gravitationsbeschleunigung von Positronen

Es wird vielfach die Frage gestellt, ob Antimaterie im Gravitationsfeld nach oben fällt. Offenbar kann man diese Frage nicht direkt auf experimentellem Weg beantworten, da größere Mengen von Antimaterie auf der Erde nicht herzustellen und Gravitationsexperimente mit einzelnen Elementarteilchen sehr schwierig durchzuführen sind. Wir wollen im folgenden zeigen, daß man die Frage der Gravitationsbeschleunigung von Antimaterie aber mit Hilfe quantenfeldtheoretischer Argumente[1] bereits eindeutig aus dem Eötvös-Dicke Experiment beantworten kann. Nehmen wir einmal an, daß das Positron eine negative schwere Masse hätte und im Erdschwerefeld nach oben fiele. Positronen sind in normaler Materie zwar nicht in reeller, aber doch in virtueller Form enthalten. Die elektromagnetische Selbstenergie, die zu beobachtbaren Effekten wie etwa dem Lambshift führt, rührt nämlich zum Teil von Beiträgen der virtuellen Elektron-Positron Paarerzeugung her. Der entsprechende Graph ist in Fig. 12 gezeigt.

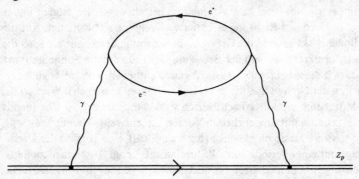

Fig. 12: Beitrag zur elektromagnetischen Selbstenergie

Darin bedeutet die dick eingezeichnete Linie die Weltlinie des Atomkerns, der Z-fach geladen ist. Dieser Atomkern emittiert ständig virtuelle Photonen, die dann reabsorbiert werden. Die für uns interessanten Beiträge — die in Fig. 12 gezeigt sind — kommen dadurch zustande, daß die Photonen wiederum für einen gewissen Bruchteil der Zeit in Elektron-Positron-Paare zerfallen. Falls dieser Graph auf normale Art zur *trägen* Masse des betrachteten Atomkerns beiträgt, aber wegen der als negativ

---

[1] Leser, denen die im folgenden verwendeten Begriffe nicht geläufig sind, können diesen Punkt überspringen bzw. etwa Bjorken-Drell (1966) zurate ziehen.

angenommenen schweren Masse des Positrons einen anomalen Beitrag zur
schweren Masse des Kerns liefert, so ergibt sich daraus eine Differenz von
träger und schwerer Masse, die von der Struktur des Atomkerns abhängt.
Diese Differenz wurde von Schiff[1] berechnet und ergibt sich zu

$$(4.16) \qquad \left(\frac{3m}{8\pi}\right)(Z\alpha)^2 \int_0^\infty |F(q)|^2 (q^2 + 4m^2)^{-1/2} dq.$$

Dabei ist m die Elektronenmasse und $\alpha = 1/137$ die Feinstrukturkonstante. $F(q)$ ist der Formfaktor der nuklearen Ladungsverteilung, der auf Eins
normiert sein soll. Der obige Ausdruck verhält sich zur atomaren Masse
wie 10^{-7}, 2.10^{-7} und $4{,}3.10^{-7}$ für Aluminium, Kupfer und Platin. Da
diese Zahlen um vier Größenordnungen über der Genauigkeit des Eötvös-
Dicke Experiments liegen und keine derartigen Effekte gefunden werden
konnten, können wir die Möglichkeit einer negativen Gravitationsmasse
des Positrons auch ohne Fallexperimente sofort ausschließen.

In den letzten Jahren wurden auch *Fallexperimente mit einzelnen Elektronen* durchgeführt[2], die zeigen, daß einzelne Elektronen weniger als 9 %
der normalen Schwerebeschleunigung erfahren. Diese Tatsache steht nicht
im Widerspruch zum Äquivalenzprinzip, sondern ist darauf zurückzuführen,
daß die Teilchen durch einen Faraday-Käfig von den elektrischen Feldern
der Umgebung abgeschirmt werden müssen. Im Innern eines im Gravitationsfeld aufgestellten Metallkäfigs tritt aber ein elektrisches Feld auf, das
erstmals von Schiff und Barnhill[3] vorhergesagt wurde. Auch theoretisch
sollte dieses Feld dazu führen, daß Elektronen im Erdschwerefeld schweben bleiben. Die *Fallbeschleunigung von Neutronen* wurde von Dabbs et.
al.[4] zu $g = (974 \pm 5)$ cm/sec^2 bestimmt (lokaler g-Wert 979.24). Innerhalb der Fehlergrenzen wurde keine Spinabhängigkeit festgestellt.

e) Konstanz der Feinstrukturkonstante

Noch eine wesentliche Folgerung kann man aus dem Eötvös-Dicke Experiment ziehen: Die Feinstrukturkonstante α, die die Stärke der elektromagnetischen Wechselwirkung angibt, muß vom Gravitationspotential
weitgehend unabhängig sein. Um dies einzusehen, nehmen wir an, daß α
eine Funktion des (Newtonschen) Gravitationspotentials U ist:

[1] L. I. Schiff, Phys. Rev. Lett. *1*, 254, (1958).
[2] F. C. Witteborn, W. M. Fairbank, Phys. Rev. Lett. *19*, 1049 (1967).
[3] L. I. Schiff, M. V. Barnhill, Phys. Rev. *151*, 1067 (1966).
[4] J. Dabbs et al., Phys. Rev. *139B*, 756 (1965).

(4.17) $\alpha = \alpha \, (U/c^2)$

($1/c^2$ dient dazu, das Argument U/c^2 dimensionslos zu machen). Setzen wir weiter an, daß ein Bruchteil $\mathfrak{M}_e = \alpha f \mathfrak{M}$ der Masse $\mathfrak{M}$ eines Atomes elektromagnetischen Ursprungs ist (f ist ein noch zu erörternder dimensionsloser Faktor) und daher wie angedeutet mit α variiert. Wenn man das Atom im Schwerefeld der Erde hebt, so verändert sich U um $\delta U, \mathfrak{M}_e$ daher um $\delta \mathfrak{M}_e = \alpha' f \mathfrak{M} \, \delta U/c^2$ ($\alpha' = $ Ableitung von α nach seinem Argument). Dieser Massenveränderung des Atomes entspricht eine Energieänderung $\delta E = c^2 \delta \mathfrak{M}_e$, die zur potentiellen Energie $\mathfrak{M} \delta U$ im Gravitationsfeld hinzukommt. Insgesamt verändert sich daher die potentielle Energie der Masse bei der Hebung der Masse im Gravitationsfeld um

(4.18) $\mathfrak{M} \delta U (1 + \alpha' f)$.

Der anomale Term $\alpha' f$ unterscheidet sich nun für verschiedene Atome. Den größten Beitrag erhalten wir dabei, wenn wir die Proton-Neutron-Massendifferenz (1,3 MeV) auf elektromagnetische Selbstmassen zurückführen, was zumindest der Größenordnung nach richtig sein sollte, wenn auch eine konsistente Rechnung noch nicht möglich ist. Für f ergibt sich daraus $f = 0,2$. Da der Anteil der Neutronen im Kern zwischen 0 (Wasserstoff) und $\approx 60\,\%$ (schwere Kerne) schwankt, wäre demnach der anomale Anteil für schwere Kerne $\approx 0,1 \alpha'$, während er für Wasserstoff nicht auftritt. Diese Anomalie im Gravitationspotential führt zu einem Unterschied in der Gravitationsbeschleunigung der gleichen Größe, der experimentell unter 10^{-11} liegen muß. Daher folgt $0,1 \, \alpha' \leqslant 10^{-11}$ oder

(4.19) $\boxed{\alpha' \leqslant 10^{-10}.}$

Falls also die Feinstrukturkonstante tatsächlich vom Gravitationspotential abhängt, so kann ihre Veränderlichkeit nur eine äußerst schwache sein. Für unsere Galaxis ist z.B. $U/c^2 \leqslant 10^{-6}$, daher müssen die Unterschiede in α innerhalb der Galaxis kleiner als $\Delta \alpha \leqslant 10^{-16}$ sein. Ähnlich kann man zeigen, daß α auch über kosmologische Zeiträume konstant geblieben sein muß, so daß eine Erklärung der Rotverschiebung der Spektrallinien entfernter Galaxien durch Veränderung von α auszuschließen ist[1].

---

[1]Siehe dazu F. J. Dyson, Phys. Lett. *19*, 1291 (1967); A. Peres, Phys. Rev. Lett. *19*, 1293 (1967); J. N. Bahcall, M. Schmidt, Phys. Rev. Lett. *19*, 1294 (1967).

4.2 Die Rotverschiebung von Spektrallinien

Wir kommen nun zum ersten der drei klassischen Tests der allgemeinen Relativitätstheorie, der Rotverschiebung von Spektrallinien im Gravitationsfeld eines Sternes bzw. der Erde.

Betrachten wir zunächst ganz allgemein eine Lichtquelle, die sich in einem Gravitationsfeld bewegt und mit einer Frequenz ν_0 (gemessen im eigenen Ruhsystem) strahlt. Ein Beobachter wird eine im allgemeinen veränderte Frequenz ν_1 empfangen (gemessen im Ruhsystem des Beobachters). Sind ds_0, ds_1 die jeweils einer Periode entsprechenden Eigenzeitintervalle, so gilt

(4.20) $\qquad \nu_1/\nu_0 = ds_0/ds_1$.

Dabei ist ds_1 durch ds_0 eindeutig bestimmt als das Intervall auf der Weltlinie des Beobachters, das von jenen Nullgeodätischen[1] auf ihr ausgeschnitten wird, die von den Endpunkten von ds_0 ausgehen und diese Weltlinie treffen (Fig. 13).

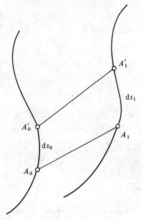

Fig. 13: Zur Rotverschiebung

Im allgemeinen wird die Frequenzänderung (4.20) sowohl den Einfluß des Gravitationsfeldes als auch den des Bewegungszustandes (Dopplereffekt) von Quelle und Beobachter enthalten. Im Falle eines statischen Gravitationsfeldes lassen sich die beiden Effekte aber trennen. Wir betrachten

---

[1] Die Annahme, daß sich Lichtstrahlen entlang von Nullgeodätischen ausbreiten, wird im Kapitel 9 aus den Maxwellschen Gleichungen bewiesen werden.

dazu eine Quelle und einen Beobachter, die radial zueinander in einem rotationssymmetrischen statischen Feld ($g_{ik} = g_{ik}(r)$) ruhen. Dann ist

(4.21) $ds_0 = \sqrt{g_{00}(A_0)}\, dt_0, \quad ds_1 = \sqrt{g_{00}(A_1)}\, dt_1.$

Auf radialen Nullgeodätischen ist

(4.22) $g_{00}\,dt^2 - g_{rr}\,dr^2 = 0, \quad t = \int \sqrt{g_{rr}/g_{00}}\; dr,$

so daß für die Lichtstrahlen $A_0 A_1$, $A_0' A_1'$

$$t_1 - t_0 = \int_{r_0}^{r_1} \sqrt{g_{rr}/g_{00}}\; dr = t_1' - t_0'$$

gilt. Für den hier betrachteten Spezialfall ist also einfach $dt_0 = dt_1$, und (4.21) ergibt daher für das Verhältnis der beiden Frequenzen

(4.23) $\nu_1/\nu_0 = (g_{00}(A_0)/g_{00}(A_1))^{1/2} = \left[\left(1 + \dfrac{2U_0}{c^2}\right) \Big/ \left(1 + \dfrac{2U_1}{c^2}\right) \right]^{1/2} \approx$

$$\approx 1 + \frac{U_0 - U_1}{c^2},$$

wobei wir die Newtonsche Näherung (1.38) für die g_{ik} benutzt haben (U ist das Newtonsche Gravitationspotential). Für die relative Frequenzänderung erhalten wir demnach

(4.24) $\dfrac{\Delta\nu_0}{\nu_0} = \dfrac{\nu_1 - \nu_0}{\nu_0} \approx \dfrac{U_0 - U_1}{c^2} = \dfrac{\Delta U}{c^2}.$

Diese Frequenzänderung wurde am genauesten von Pound und Snider[1] 1965 mit Hilfe des Mößbauer-Effektes gemessen. Bei einem Höhenunterschied von 20 Metern ergibt (4.24) im Erdschwerefeld eine Rotverschiebung $\Delta\nu/\nu = 2,5 \cdot 10^{-15}$, die auf 1% genau gemessen werden konnte. Frühere Bestimmungen der Rotverschiebung im Gravitationsfeld der Sonne und von weißen Zwergen hatten wegen der dabei auftretenden Beobachtungsschwierigkeiten (wie z.B. Konvektionsströme in der Sternatmosphäre) nie eine vergleichbare Genauigkeit erreicht.

---

[1] R.V. Pound, J.L. Snider, Phys.Rev. **140**, B788, (1965).

Allerdings sagen diese Experimente leider nichts über die Struktur der Feldgleichungen der Gravitation aus. In (4.23) ist nur die Newtonsche Näherung (1.38) eingegangen, die wir auch ohne Kenntnis der Einsteinschen Feldgleichungen aus dem Äquivalenzprinzip herleiten konnten, so daß die Rotverschiebung nur ein Test des Äquivalenzprinzips ist. Tatsächlich kann man (4.24) auch einfach aus dem Energiesatz herleiten, indem man die Relation $E = h\nu$ für Photonen benutzt und ihnen die Masse $m = E/c^2 = h\nu/c^2$ zuschreibt:

$$(4.25) \qquad \frac{\Delta\nu_0}{\nu_0} = \frac{\Delta E}{E} = \frac{m\Delta U}{E} = \frac{\Delta U}{c^2} \; .$$

4.3 Lichtablenkung und Perihelverschiebung

Wir kommen nun zu zwei der echten Tests der allgemeinen Relativitätstheorie, zur Lichtablenkung und Perihelverschiebung. Zur Berechnung dieser Effekte müssen wir zunächst die Geodätischen in der Schwarzschild-Metrik finden. Der größeren Allgemeinheit halber gehen wir dabei von einer radialsymmetrischen Metrik der Form

$$(4.26) \qquad ds^2 = e^\nu dt^2 - e^\lambda dr^2 - e^\mu r^2 d\theta^2 - e^\mu r^2 \sin^2\theta \, d\phi^2$$

aus, wobei ν, λ, μ Funktionen von r sind. Da wir auch Nullgeodätische mitberücksichtigen müssen, verwenden wir das Variationsprinzip (1.32):

$$(4.27) \qquad \delta \int K d\lambda = 0, K = e^\nu \dot{t}^2 - e^\lambda \dot{r}^2 - e^\mu r^2 \dot\theta^2 - e^\mu r^2 \sin^2\theta \, \dot\phi^2 .$$

In (4.27) sind t, ϕ zyklische Variable (sie kommen in K nicht explizit vor), und wir erhalten daher

$$(4.28) \qquad \frac{\partial K}{\partial \dot\phi} = 2e^\mu r^2 \sin^2\theta \, \dot\phi = \text{const} = : 2l,$$

$$(4.29) \qquad \frac{\partial K}{\partial \dot{t}} = 2e^\nu \dot{t} = \text{const.} = : 2F$$

Als Bewegungsgleichung für θ ergibt sich dagegen

$$(4.30) \qquad 2e^\mu r^2 \sin\theta \cos\theta \, \dot\phi^2 = 2 \frac{d}{d\lambda} \left(e^\mu r^2 \dot\theta \right).$$

Wenn das Koordinatensystem so gelegt wird, daß die betrachtete Geodäti-
sche die Anfangsbedingungen $\theta = \pi/2$, $\dot{\theta} = 0$ erfüllt, so folgt aus (4.30),
daß die gesamte Bahn in der Ebene $\theta = \pi/2$ liegt. In diesem Fall vereinfacht sich (4.28) zu

$$(4.31) \qquad e^{\mu} r^2 \dot{\phi} = l.$$

Nun hätten wir noch die Bewegungsgleichung für die Radialkoordinate
aufzustellen. Das ist jedoch nicht notwendig, da wir bereits wissen, daß
K = const ein weiteres Integral der Bewegungsgleichungen ist, wobei
K = 0 für Nullgeodätische und K = 1 für die auf ihre Eigenzeit $\lambda = s$ bezogenen zeitartigen Geodätischen ist.

Wir haben daher insgesamt drei Differentialgleichungen erster Ordnung
zu lösen, um alle Geodätischen zu ermitteln:

$$(4.32a,b) \qquad e^{\mu} r^2 \dot{\phi} = l, \quad e^{\nu} \dot{t} = F,$$

$$(4.32c) \qquad e^{\nu} \dot{t}^2 - e^{\lambda} \dot{r}^2 - e^{\mu} r^2 \dot{\phi}^2 = K \quad (K = 0,1).$$

Diese Gleichungen können im Fall der Schwarzschild-Metrik zwar nicht
durch elementare Funktionen gelöst, aber in ihrer exakten Form graphisch
diskutiert werden. Aus (3.66) lesen wir $\exp(\nu) = \exp(-\lambda) = 1 - 2M/r$,
$\mu = 0$ ab. Setzen wir das in (4.32c) ein und eliminieren $\dot{t}$ und $\dot{\phi}$ daraus mit
(4.32a,b), so ergibt sich

$$(4.33a,b) \qquad \dot{t}\,(1 - 2M/r) = F, \qquad r^2 \dot{\phi} = l,$$

$$(4.34) \qquad \frac{\dot{r}^2}{2} - \frac{MK}{r} + \frac{l^2}{2r^2} - \frac{Ml^2}{r^3} = \frac{F^2 - K}{2} \quad .$$

Für $K = 1$ hat (4.34) genau die Form des Energiesatzes für ein im Potential

$$(4.35) \qquad \boxed{\quad V_{\text{eff}} = -\frac{M}{r} + \frac{l^2}{2r^2} - \frac{Ml^2}{r^3} \quad}$$

bewegtes Teilchen mit Masse 1, wobei $\dfrac{F^2 - 1}{2} = E$ die Energie des Teilchens ist. (E ist dimensionslos, da wir sowohl die Teilchenmasse m als
auch c gleich 1 gesetzt haben; für nichtrelativistische Bewegung ist dem-

nach $E \ll mc^2$; siehe dazu Aufgabe 1). Die ersten beiden Terme in (4.35) entsprechen dabei gerade dem klassischen effektiven Potential, die allgemeine Relativitätstheorie liefert nur den Zusatzterm $-Ml^2r^{-3}$. Der Drehimpulssatz (4.33b) stimmt sogar fast völlig mit dem der Newtonschen Theorie überein, wobei die universelle Zeit t (wie auch in (4.34)) durch die Eigenzeit s ersetzt ist. (4.33a) liefert dann den Zusammenhang zwischen t und s.

Für Photonen ($K = 0$) ist das effektive Potential durch

$$(4.36) \qquad V_{\mathrm{eff}} = \frac{l^2}{2r^2} - \frac{Ml^2}{r^3}$$

gegeben. Bemerkenswert ist, daß dabei das klassische Newtonsche Potential $-M/r$ nicht auftritt und Photonen mit $l = 0$ (radiale Bewegung) sogar überhaupt kein Potential verspüren[1].

Zunächst wollen wir (4.35) für verschiedene Werte von l/M graphisch diskutieren, wobei es zweckmäßig ist, alle Radien in Einheiten von $2M$ (Schwarzschild-Radius) zu messen (siehe Fig. 14).

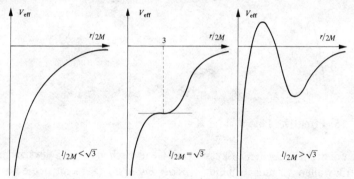

Fig. 14: Effektives Potential für $K = 1$

Der wesentlichste Unterschied zur Newtonschen Theorie besteht dabei darin, daß das Potential für kleine Werte von r sehr stark anziehend ist, so daß Teilchen, die mit einem Drehimpuls $l < 4M$ im Unendlichen frei fallen gelassen werden (Gesamtenergie 0), ungehindert bis $r = 0$ fallen. Auch für größere Werte von l kann die Drehimpulsbarriere (die dann erst allmählich aufzutreten beginnt) durch Wahl einer genügend hohen (posi-

---

[1] Diese Feststellung ist koordinatenabhängig und gilt nur, wenn die Form (3.66) der Schwarzschild-Metrik benutzt wird.

tiven) Energie stets überwunden werden. Für $l > 2\sqrt{3}\,M$ weist V_{eff} ein Maximum und ein Minimum auf, die bei

$$(4.37) \qquad r = \frac{l^2}{2M}\left[\,1 \mp \sqrt{1 - \frac{12M^2}{l^2}}\,\right]$$

liegen.

Bemerkenswert ist ferner, daß dem Schwarzschild-Radius $r = 2M$ in Fig. 14 keine besondere Bedeutung zukommt, das Potential ist dort nicht etwa singulär, und die Teilchen können ungehindert $r = 2M$ durchqueren. Lediglich der Zusammenhang zwischen t und s, (4.33a), wird dabei singulär.

Das effektive Potential (4.36) für Photonen ist in Fig. 15 gezeigt, wobei für $r = 3M$ eine instabile Kreisbahn möglich ist.

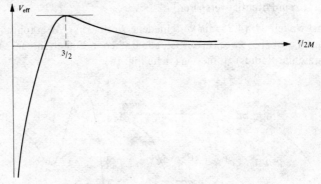

Fig. 15: Effektives Potential für $K = 0$

Nach dieser graphischen Diskussion der Geodätischen in der Schwarzschild-Metrik wollen wir nun auch die *Form der Bahnkurve* berechnen, die für Perihelverschiebung und Lichtablenkung benötigt wird.

Dabei gehen wir zunächst wieder von der allgemeinen Form (4.32) der Geodätengleichungen aus. Wenn wir $\dot{t}$ aus (4.32c) mittels (4.32b) eliminieren, $\dot{r} = \mathrm{d}r/\mathrm{d}\lambda = (\mathrm{d}r/\mathrm{d}\phi)\,\dot{\phi}$ schreiben und schließlich auch $\dot{\phi}$ mittels (4.32a) eliminieren, so erhalten wir

$$(4.38) \qquad \left(\frac{\mathrm{d}r}{\mathrm{d}\phi}\right)^2 = e^{2\mu - \lambda - \nu}\,\frac{F^2 r^4}{l^2} - K\,e^{2\mu - \lambda}\,\frac{r^4}{l^2} - e^{\mu - \lambda}\,r^2.$$

Führen wir die neue Variable $u = r^{-1}$ ein, so vereinfacht sich (4.38) zu

$$(4.39) \qquad (\mathrm{d}u/\mathrm{d}\phi)^2 = e^{2\mu - \lambda - \nu}\,F^2 l^{-2} - K\,e^{2\mu - \lambda}\,l^{-2} - e^{\mu - \lambda}\,u^2 =: W^2(u).$$

Die Gleichung der Bahnkurve in Polarkoordinaten ist daher

(4.40) $\phi = \int \dfrac{du}{W(u)}.$

Setzt man μ, λ, ν für die Standardform (3.66) der Schwarzschildmetrik ein, so führt (4.40) auf ein elliptisches Integral, aus dem man durch Reihenentwicklung die Perihelverschiebung bzw. Lichtablenkung berechnen kann. Es zeigt sich aber, daß sich die Bahnform einfacher ergibt, wenn man *isotrope Koordinaten* ($\mu = \lambda$, $ds^2 = e^\nu dt^2 - e^\mu dx^2$) benutzt, so daß für $K = 1$

(4.41) $W^2(u) = e^\mu (e^{-\nu} F^2 - 1) l^{-2} - u^2$

wird, und ferner eine Reihenentwicklung

(4.42a) $e^{-\nu} = 1 + \alpha_1 Mu + \alpha_2 M^2 u^2 + \ldots$

(4.42b) $e^\mu = 1 + \beta_1 Mu + \beta_2 M^2 u^2 + \ldots$

vornimmt. Für die isotrope Form der Schwarzschildmetrik erhält man durch Vergleich mit (3.69): $\alpha_1 = 2$, $\alpha_2 = 2$, $\beta_1 = 2$, $\beta_2 = 6$. Beim Einsetzen von (4.42) in (4.41) ist zu beachten, daß für die Ellipsenbahnen der Newtonschen Näherung $E = - M/2\mathfrak{A} \ll 1$ ist, wobei $\mathfrak{A}$ die große Halbachse der Bahn angibt. Daher ist $F^2 = 1 + 2E = 1 - M/\mathfrak{A}$. Entwickelt man (4.41) in *erster Ordnung in M*, so ergibt sich die *Newtonsche Näherung*,

(4.43) $W^2(u) = - \dfrac{M}{\mathfrak{A} l^2} + \alpha_1 \dfrac{M}{l^2} u - u^2.$

Geht man noch eine Ordnung weiter, so ist

(4.44) $W^2(u) = A + Bu - Cu^2,$

wobei

(4.45) $\begin{aligned} A &= - M/\mathfrak{A} l^2, \\ B &= M[\alpha_1 - (\alpha_1 + \beta_1) M/\mathfrak{A}]\, l^{-2}, \\ C &= 1 - M^2(\alpha_2 + \beta_1 \alpha_1)\, l^{-2}. \end{aligned}$

Die Bahngleichung (4.40)

$$\phi = \int \frac{du}{\sqrt{A + Bu - Cu^2}} = \frac{1}{\sqrt{C}} \text{ arc sin } \frac{B - 2\,Cu}{\sqrt{B^2 + 4\,AC}}$$

beschreibt nur für $C = 1$ einen Kegelschnitt. Wegen des Faktors $1/\sqrt{C}$ ergibt sich für $C \neq 1$ dagegen statt einer Ellipse eine Rosettenbahn, da zwischen zwei aufeinanderfolgenden Periheldurchgängen (bei denen $u = 1/r$ jeweils den gleichen maximalen Wert annimmt) ϕ um $2\pi/\sqrt{C} = 2\pi + \Delta\phi$ zunimmt, so daß sich das Perihel pro Umlauf um $\Delta\phi$ verschiebt (Fig. 16).

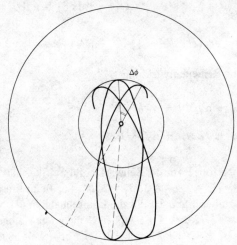

Fig. 16: Zur Perihelverschiebung.

(4.45) ergibt

$$(4.46) \qquad \Delta\phi = \frac{\pi M^2}{l^2} \, (\alpha_2 + \beta_1 \alpha_1).$$

Mittels der Beziehung

$$(4.47) \qquad l^2/M = \mathfrak{A}\,(1 - \epsilon^2)$$

(ϵ ist die numerische Exzentrizität der Kepler-Bahn) kann l aus (4.46) eliminiert werden. Wir erhalten

$$(4.48) \qquad \Delta\phi = \frac{\pi M\,(\alpha_2 + \beta_1 \alpha_1)}{\mathfrak{A}\,(1 - \epsilon^2)}$$

oder, im Fall der Schwarzschild-Metrik,

$$(4.49) \qquad \Delta\phi = \frac{6\pi M}{\mathfrak{A}\,(1 - \epsilon^2)}$$

$\Delta\phi$ ist daher von der Größenordnung des Verhältnisses Schwarzschild-Radius zu Bahnradius.

Bemerkenswert an (4.48) ist, daß α_2 in $\Delta\phi$ eingeht und die Perihelverschiebung daher einen Test der nichtlinearen Terme der Einsteinschen Feldgleichungen liefert. Die lineare Näherung (3.31) ist zur Berechnung dieses Effekts nicht ausreichend.

Üblicherweise wird die Perihelverschiebung nicht pro Umlauf, sondern pro Erdjahrhundert angegeben. Entsprechende experimentelle Daten sind in der untenstehenden Tabelle mit den theoretischen Vorhersagen verglichen. ($\Delta\phi_E$ ... Perihelverschiebung pro Umlauf; N ... Zahl der Umläufe pro Erdjahrhundert; $\Delta\phi_{TH}$ ... theoretische, $\Delta\phi_{EXP}$ ... gemessene Perihelverschiebung pro Erdjahrhundert; $\Delta\phi$ ist in Bogensekunden angegeben; Icarus ist ein 1949 entdeckter Kleinplanet mit bemerkenswert großer Bahnexzentrizität.)

Planet	$\mathfrak{A}\,(10^6\,\text{km})$	ϵ	$\Delta\phi_E$	N	$\Delta\phi_{TH}$	$\Delta\phi_{EXP}$
Merkur	57.91	0.2056	0.1038	415	43.03	43.11 ± 0.45
Venus	108.21	0.0068	0.058	149	8.6	8.4 ± 4.8
Erde	149.60	0.0167	0.038	100	3.8	5.0 ± 1.2
Icarus	161.0	0.827	0.115	89	10.3	9.8 ± 0.8

Die Übereinstimmung zwischen Theorie und Experiment ist daher ausgezeichnet und für den Merkur besser als 1%[1]. Allerdings hat vor allem R. Dicke in den letzten Jahren darauf hingewiesen, daß eine geringe Abplattung der Sonne (Quadrupolmoment) ebenfalls zu einer Perihelverschiebung führen könnte. Genaue Messungen haben jedoch keine beobachtbare Abplattung ergeben, so daß die gute Übereinstimmung zwischen Theorie und Experiment erhalten bleibt.

---

[1]Eine unabhängige Bestimmung der Perihelverschiebung des Merkur wurde von I. I. Shapiro et al., Phys. Rev. Lett. *28*, 1594 (1972), durchgeführt. Das mittels Radarvermessung der Planetenbahnen gewonnene Resultat stimmt innerhalb der Meßgenauigkeit von 1% mit der Vorhersage der Theorie überein.

Wir kommen nun zur *Lichtablenkung*, die einfacher zu berechnen ist, da dazu die lineare Näherung ausreicht. Setzen wir in (4.39) $K = 0$ und vernachlässigen quadratische Terme (proportional zu M^2) in (4.41), so ergeben sich die Koeffizienten A, B, C in (4.44) zu

$$(4.50) \qquad \begin{aligned} A &= F^2 l^{-2}, \\ B &= (\alpha_1 + \beta_1)\, MF^2 l^{-2}, \\ C &= 1. \end{aligned}$$

Mit diesen Werten erhalten wir als Bahnkurve für den Lichtstrahl

$$(4.51) \qquad u = \frac{1}{r} = \frac{1}{2}(\alpha_1 + \beta_1)\, M\, F^2\, l^{-2} - \left(\frac{F}{l}\right) \sin \phi.$$

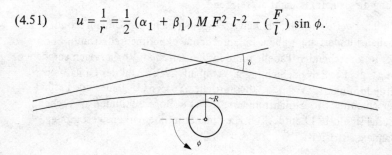

Fig. 17: Zur Lichtablenkung

Daraus liest man unmittelbar ab, daß die *Lichtablenkung* δ (Fig. 17) durch

$$(4.52) \qquad \delta = \frac{(\alpha_1 + \beta_1)\, M}{R}$$

gegeben ist, wobei $R = l/F$ die in Fig. 17 gezeigte Bedeutung hat.

(4.52) zeigt, daß die Newtonsche Näherung zur Berechnung der Lichtablenkung nicht ausreicht, da auch eine Kenntnis von β_1 notwendig ist. Für die Schwarzschild-Metrik ist $\alpha_1 = \beta_1 = 2$, man erhält also als Vorhersage der allgemeinen Relativitätstheorie $\delta = 4M/R = 1{,}75''$ für Licht, das am Sonnenrand vorbeiläuft, während die Newtonsche Näherung nur die Hälfte dieses Wertes liefern würde[1].

Die Lichtablenkung ist leider experimentell nur schwer zu messen, da zur Beobachtung von Sternlicht, das knapp an der Sonne vorbeiläuft, eine

---

[1] Eine derartige Rechnung wurde erstmals von Soldner 1801 durchgeführt (abgedruckt in Ann.Phys. **65**, 593 (1921)). Auch Einstein hatte 1908 diesen unkorrekten Wert vorhergesagt.

Sonnenfinsternis abgewartet werden muß. Die Resultate der klassischen Beobachtungen ergeben daher nur den sehr ungenauen Wert $1,5'' < \delta < 2,2''$.

In den vergangenen Jahren konnte auch die Ablenkung von Radiowellen im Sonnenfeld gemessen werden. Diese Messungen basieren darauf, daß der Quasar 3C275 alljährlich am 8. Oktober von der Sonne verdeckt wird, während 3C273 als Bezugsobjekt für radiointerferometrische Messungen dienen kann[1]. Das Resultat ist $\delta = 1,73'' \pm 0,05''$. Bei Radiowellen besteht die Hauptschwierigkeit darin, die Beugung durch die Sonnenkorona vom relativistischen Effekt zu separieren.

Aufgaben

1. Zeige, daß $\mathfrak{E} = \mathfrak{m} F$ die Gesamtenergie eines Teilchens der Masse $\mathfrak{m}$ ist, das sich auf der durch (4.33) beschriebenen Geodätischen bewegt, wobei F durch (4.33a) definiert ist. Dabei ist $\mathfrak{E}$ als diejenige Energie definiert, die die aus einer vollständigen Zerstrahlung von $\mathfrak{m}$ stammenden Photonen im Unendlichen haben. Wie hängt $\mathfrak{E}$ mit der früher eingeführten Energie E zusammen?

   Anleitung: Die Rechnung kann in einer beliebigen statischen Metrik $\mathrm{d}s^2 = \mathrm{e}^\nu \mathrm{d}t^2 - \gamma_{\alpha\beta}\mathrm{d}x^\alpha \mathrm{d}x^\beta$ durchgeführt werden, wobei $\gamma_{\alpha\beta}$ und ν nur Funktionen der Raumkoordinaten x^α sind. In einem momentan ruhenden lokalen Inertialsystem I, das sich an einer beliebigen Stelle x der Teilchenbahn befindet, hat die Teilchenenergie den Wert

   $$\mathfrak{E}_x = \mathfrak{m}\, \frac{\mathrm{d}\tau}{\mathrm{d}s}\,,$$ wobei τ die Zeit $\mathrm{d}\tau = \mathrm{e}^{\nu/2}\mathrm{d}t$ in I angibt. Wenn die Masse $\mathfrak{m}$ in I zerstrahlt, erleiden die Photonen auf dem Weg ins Unendliche eine Rotverschiebung, so daß als Energie $\mathfrak{E} = \mathrm{e}^{\nu/2}\mathfrak{E}_x = \mathrm{e}^\nu \frac{\mathrm{d}t}{\mathrm{d}s}\mathfrak{m}$ im Unendlichen verbleibt.

2. Ein Satellit kreist auf einer Bahn mit Radius r in der Schwarzschild-Metrik. Berechne die Zeitdilatation, die eine Uhr im Satelliten gegenüber einer im Unendlichen angebrachten Uhr zeigt. Resultat:

(4.53) $$\frac{\Delta t_{\mathrm{sat}}}{\Delta t} = 1 - \frac{3M}{2r}\,.$$

Dieses Resultat werden wir auf p. 118 bei der Diskussion des Hafele-Keating-Experimentes verwenden.

---

[1]Siehe dazu C. M. Will, Physics Today, Oct. 1972, p. 23.

4.4 Entfernungs- und Zeitmessungen im Sonnensystem

Auch Entfernungs- und Zeitmessungen im Sonnensystem können als Tests der allgemeinen Relativitätstheorie herangezogen werden. Diese Messungen wurden in den letzten Jahren durch Fortschritte der Radar- und Lasertechnologie ermöglicht, wobei für die genauesten Messungen die Landung einer Radarsonde auf einem anderen Planeten notwendig ist. Damit sollte es möglich sein, die allgemeine Relativitätstheorie mit einer Präzision von 0.03% zu überprüfen, während der bisher beste Test — die Perihelverschiebung — nur etwa ein Prozent genau ist.

Zwei der zur Entfernungs- und Zeitmessung im Sonnensystem vorgeschlagenen Experimente, das Shapiro-Experiment und das Hafele-Keating-Experiment, wurden bereits ausgeführt. Die anderen Tests sollten innerhalb der nächsten Dekade möglich werden.

a) Radarreflexion an der Venus

Dieses Experiment wurde 1964 von I. Shapiro[1] vorgeschlagen und ist mittlerweile unter seiner Leitung am M.I.T. ausgeführt worden. Es wird dabei ein Radarsignal von der Erde zur Venus gesandt, dort reflektiert und die Laufzeit des Strahles bis zur Rückkehr zur Erde gemessen. Die allgemeine Relativitätstheorie sagt eine Laufzeit voraus, die um 10^{-4} sec größer ist als die von der Newtonschen Theorie vorhergesagte. Diesen Effekt werden wir im Kapitel 10 berechnen. Wir wollen hier nur feststellen, daß das Shapiro-Experiment die beiden Konstanten α_1 und β_1 des Linienelements

$$(4.54)\quad ds^2 = \left(1 - \alpha_1 \frac{M}{r} + \dots\right) dt^2 - \left(1 + \beta_1 \frac{M}{r} + \dots\right) dr^2 - r^2 d\Omega^2$$

testet, also in seinem Aussagewert äquivalent zur Lichtablenkung ist.

Die Laufzeitverzögerung wurde von Shapiro 1968 erstmals gemessen; die Präzision des Experiments wurde seither von ± 20% auf ± 5% gesteigert[1], wobei die Resultate innerhalb der Fehlergrenzen mit den Vorhersagen der Relativitätstheorie übereinstimmen. Da dabei auch die Planetenbahnen sehr genau vermessen werden, wurde die bereits erwähnte, unabhängige Bestimmung der Perihelverschiebung auf 1 % möglich.

---

[1] I. I. Shapiro, Phys. Rev. Lett. *13*, 789 (1964); *20*, 1265 (1968); *26*, 1132 (1971).

b) Radarsonden im Sonnensystem

Die scheinbar beste Möglichkeit zur Messung relativistischer Effekte bieten künstliche Satelliten, die in Sonnennähe mit starker Exzentrizität kreisen und dabei Radarsignale aussenden, die genaue Entfernungsbestimmungen erlauben. Leider stellt sich aber gerade dieser Meßmethode eine (fast) unüberwindliche Schwierigkeit entgegen. Der Druck des Sonnenlichts auf einen Satelliten ist so stark, daß allein seine Schwankungen zu einer Störung der Bewegung um einige Kilometer pro Sonnenumkreisung führen. Der deutsch-amerikanische Helios-Flug, der für 1974 geplant ist, wird zeigen, ob diese Störungen der Bahn mit genügender Genauigkeit kompensiert werden können.

Aussichtsreich ist die Landung einer Sonde auf einer Planetenoberfläche (wegen des großen Verhältnisses Masse zu Oberfläche werden Planetenbahnen durch den Lichtdruck nicht merklich beeinflußt). Dabei können Entfernungen im Sonnensystem mit einer Genauigkeit von etwa 20 m vermessen werden. (Dies ermöglicht die Bestimmung der Perihelverschiebung auf ± 0.1% und des Shapiro-Effekts auf ± 0.03%.)

Ferner erlauben es derartige Messungen, eine mögliche Verletzung der Gleichheit von trägen und schweren Massen der Sonne und der Planeten zu testen, die von manchen Gravitationstheorien vorhergesagt wird. Dieser Effekt wird in Kapitel 10 (p. 325) erörtert.

c) Messung der Erde-Mond-Entfernung

Bei der ersten Mondlandung am 20. Juli 1969 wurde von N. Armstrong und E. Aldrin ein Reflektor für Laserstrahlen auf dem Mond zurückgelassen. Damit soll die Erde-Mond-Entfernung genau bestimmt und etwaige Änderungen festgestellt werden.

Damit werden – in einigen Jahren – zwei neue Tests der allgemeinen Relativitätstheorie möglich sein, die von Krogh und Baierlein diskutiert wurden[1]. Dabei soll die nichtlineare Überlagerung der Gravitationsfelder von Erde und Sonne und die schon erwähnten möglichen Verletzungen der Gleichheit von träger und schwerer Masse überprüft werden.

---

[1] C. Krogh und R. Baierlein, Phys. Rev. *175*, 1576 (1968).

d) Zeitdilatation: Das Hafele-Keating-Experiment

Vor einigen Jahren wurden eine Reihe von Vorschlägen gemacht, Atom-
uhren (Cäsium-Uhren) in einen Erdsatelliten einzubauen und so die Zeitdilatation der speziellen Relativitätstheorie (Uhrenparadoxon) und auch
den Einfluß des Gravitationspotentials auf den Gang von Uhren zu messen[1]. In Aufgabe 2, p. 115, wurde berechnet, daß eine in einem Satelliten um die Erde kreisende Uhr die Zeit

$$t_{sat} = \left(1 - \frac{3M}{2r}\right) t = (1 - 10^{-9})\, t$$

anzeigt (mit $M = 0,45$ cm, $r = 6777$ km), verglichen mit einer im Unendlichen befindlichen Uhr. Die Messung des Effekts erfordert demnach eine
relative Ganggenauigkeit der Uhren von 10^{-11} (damit auf 1% genau gemessen werden kann), die ziemlich leicht erreichbar ist.

Allerdings läßt sich das Experiment nicht ganz so einfach durchführen, da
die Vergleichsuhr auf der Erdoberfläche und nicht im Unendlichen ange-
bracht werden muß, so daß sowohl Gravitationseffekte als auch die durch
die Erddrehung bewirkte Zeitdilatation ihren Gang beeinflussen.

Während die Vorbereitungen für die Satellitenversuche zur Messung von
(4.53) nur langsam vorangingen, stellten J. Hafele und R. Keating fest,
daß die Ganggenauigkeit von Cäsium-Uhren inzwischen so gestiegen war,
daß man den Einfluß von Geschwindigkeit und Schwerefeld bereits in gewöhnlichen Verkehrsflugzeugen messen können sollte.

Im Oktober 1971 flogen sie mit vier Cäsium-Uhren ausgerüstet einmal in
westlicher und einmal in östlicher Richtung um die Erde. Die Theorie sagt
folgende Gangunterschiede zwischen den im Flugzeug befindlichen Uhren
und einer in Washington aufgestellten Normaluhr (in ns) voraus[2]:

Effekt	Ostflug	Westflug
Gravitation	144 ± 14	179 ± 18
Geschwindigkeit	-184 ± 18	96 ± 10
Summe Theorie	-40 ± 23	275 ± 21
Experiment	-59 ± 10	$273 \pm\ \ 7$

---

[1]Siehe z.B. D. Kleppner et al., Astrophys. Space Science *6*, 13 (1970).
[2]J. C. Hafele, R. Keating, Science *177*, 166, 168 (1972).

Der Vergleich mit den ebenfalls oben angegebenen experimentellen Daten zeigt, daß Theorie und Experiment auf etwa 10% genau übereinstimmen, wobei die durch die Erdrotation mögliche Trennung von Gravitations- und Geschwindigkeitseffekten besonders eindrucksvoll ist[1].

4.5 Das Mach'sche Prinzip und der Thirring-Lense Effekt.

Eine der wichtigsten historischen Wurzeln der allgemeinen Relativitätstheorie ist bisher in unseren Überlegungen unberücksichtigt geblieben: *Das Mach'sche Prinzip.* Dieses "Prinzip" findet sich in Ernst Machs Buch "Die Mechanik in ihrer Entwicklung — historisch-kritisch dargestellt" (1897). Es hat Einsteins Denken wesentlich angeregt und beeinflußt.

Mach untersucht darin unter anderem den Begriff des absoluten Raumes, der in Newtons "Prinzipia" mit den Worten "Der absolute Raum bleibt vermöge seiner Natur und ohne Beziehung auf einen äußeren Gegenstand stets gleich und unbeweglich" eingeführt wird. Für die Existenz des absoluten Raumes führt Newton den berühmten *Eimerversuch* an:

"Man hänge z.B. ein Gefäß an einem sehr langen Faden auf, drehe denselben beständig im Kreise herum, bis der Faden durch die Drehung sehr steif wird; hierauf fülle man es mit Wasser und halte es zugleich mit letzterem in Ruhe. Wird es nun durch eine plötzlich wirkende Kraft in entgegengesetzte Kreisbewegung gesetzt und hält diese, während der Faden sich ablöst, längere Zeit an, so wird die Oberfläche des Wassers anfangs eben sein, wie vor der Bewegung des Gefäßes; hierauf, wenn die Kraft allmählich auf das Wasser einwirkt, bewirkt das Gefäß, daß dieses (das Wasser) merklich sich umzudrehen anfängt. Es entfernt sich nach und nach von der Mitte und steigt an den Wänden des Gefäßes in die Höhe, indem es eine hohle Form annimmt. (Diesen Versuch habe ich selbst gemacht.) .... Im Anfang, als die *relative* Bewegung des Wassers im Gefäß am größten war, verursachte dieselbe kein Bestreben, sich von der Achse zu entfernen. Das Wasser suchte nicht, sich dem Umfang zu

---

[1] Die genaueste Messung der speziell-relativistischen Zeitdilatation ist 1968 bei CERN in Zusammenhang mit Messungen an Elementarteilchen erfolgt. Der Zeitdilatationsfaktor betrug dabei 12,1, die Genauigkeit der Messung war 1%. Siehe F. M. Farley et al., Nature *217,* 17 (1968).

nähern, indem es an den Wänden emporstieg, sondern blieb eben, und die *wahre* kreisförmige Bewegung hatte daher noch nicht begonnen." Auf diese Art versucht Newton zu zeigen, daß nicht Relativbewegungen, sondern die Bewegung gegen den absoluten Raum für die Dynamik ausschlaggebend sind. Dieses Argument kritisiert Mach:

"Der Versuch Newtons mit dem rotierenden Wassergefäß lehrt nur, daß die Relativdrehung des Wassers gegen die *Gefäßwände* keine merklichen Zentrifugalkräfte weckt, daß dieselben aber durch die Relativdrehung gegen die Masse der Erde und die übrigen Himmelskörper geweckt werden. Niemand kann sagen, wie der Versuch verlaufen würde, wenn die Gefäßwände immer dicker und massiger, zuletzt mehrere Meilen dick würden."

Diese Bemerkung Machs haben in der Folge zu einer Fülle von Studien Anlaß gegeben. Einstein versuchte Machs Kritik an Newton durch das Prinzip der *allgemeinen Kovarianz* zu berücksichtigen, das er der allgemeinen Relativitätstheorie zugrundelegte: Die Naturgesetze sollen in jedem Bezugssystem (nicht nur Inertialsystem) die gleiche Form annehmen. Damit glaubt Einstein die bevorzugte Rolle der Inertialsysteme – denen gegenüber Beschleunigung in der speziellen Relativitätstheorie absoluten Sinn hat – beseitigt zu haben und alle Trägheitskräfte auf Relativbeschleunigungen von Massen zurückführen zu können.

H. Thirring hat zur Überprüfung der Einsteinschen Ideen 1918 erstmals quantitative Rechnungen auf Grund der allgemeinen Relativitätstheorie angestellt, die er später zusammen mit J. Lense weitergeführt hat[1]. In diesen Arbeiten versuchen Thirring und Lense zu zeigen, daß Rotation tatsächlich auf die Relativbeschleunigung zu umgebenden schweren Massen zurückzuführen ist: Wenn eine schwere Masse rotiert, so führt dies zu einer Mitrotation der Inertialsysteme in ihrer Umgebung.

L. Schiff hat 1960 darauf hingewiesen, daß die durch die Erdrotation in der Erdumgebung hervorgerufene Mitdrehung der Inertialsysteme ausreicht, um durch ein von ihm vorgeschlagenes Kreiselexperiment nachweisbar zu sein[2].

Die zum Thirring-Lense-Effekt führenden kleinen Korrekturen zur Metrik, die durch die Rotation der Erde oder eines anderen Körpers bewirkt werden, können wir in der linearen Näherung berechnen und dann zum

---

[1] H. Thirring, Phys.Z. 19, 39 (1918); 22, 29 (1921); H. Thirring und J. Lense, Phys.Z. 19, 156 (1918).

[2] L. I. Schiff, Proc. Natl. Acad. Sci. US 46, 871 (1960); Phys. Rev. Lett. 4, 215 (1960).

Schwarzschild-Linienelement hinzufügen. Die Feldgleichungen lauten mit $g_{ik} = \eta_{ik} + 2\psi_{ik}$:

$$(4.55) \qquad \Box\, \psi_{km} = - \kappa\, (T_{km} - \frac{1}{2}\, \eta_{km}\, T_l^{\,l}\,),$$

wobei die Nebenbedingung (3.20) automatisch erfüllt ist, wenn wir für T_{ik} einen erhaltenen Energie-Impuls-Tensor einsetzen. Dabei reicht die Näherung (3.25) für T_{ik} nicht aus, da wir auch die Drehung der Massenverteilung, also den Massenstromvektor mitberücksichtigen müssen. Wenn wir uns auf langsam rotierende Massen beschränken, für die überall $|v| \ll c$ gilt, ist

$$(4.56) \qquad T_{ik} = \rho \begin{pmatrix} 1 & v \\ v & 0 \end{pmatrix}$$

eine geeignete Näherung für den Energie-Impuls-Tensor. Dieser Ausdruck für T_{ik} kann allerdings nur näherungsweise richtig sein, da aus der Erhaltung von T_{ik} eine geradlinig gleichförmige Bewegung der Materie folgen würde und nicht die gewünschte Rotation. Diese erhalten wir nur, wenn wir auch Gravitationseffekte bzw. Druckterme in (4.56) mitberücksichtigen, die jedoch verglichen mit dem Hauptterm von der Ordnung $1/c^2$ sind, so daß wir ihren Einfluß auf die Metrik vernachlässigen können.

Wenn die Rotation der Massenverteilung stationär ist ($dv/dt = 0$), können wir in (4.55) $\Box \to -\Delta$ ersetzen, und es folgt für die hier neu hinzukommenden Komponenten $\psi_{0\alpha}(x)$ der Metrik

$$(4.57) \qquad \Delta\, \psi_{0\alpha} = \kappa\, T_{0\alpha}$$

oder ($r = |x|$)

$$(4.58) \qquad \psi_{0\alpha}(x) = - \frac{\kappa}{4\pi} \int \frac{d^3 x'}{|x - x'|}\, T_{0\alpha}(x') =$$

$$= - \frac{2G}{r} \int d^3 x'\, T_{0\alpha}(x') - \frac{2G}{r^3} \int d^3 x'\, x^\beta\, x'^\beta\, T_{0\alpha}(x') + \dots$$

Dabei ist $P_\alpha = \int d^3 x'\, T_{0\alpha}(x')$ der Gesamtimpuls der Massenverteilung, deren Schwerpunkt wir als im Ursprung des Koordinatensystems ruhend ansetzen. Dann ist $P_\alpha = 0$ und daher

$$(4.59) \qquad \psi_{0\alpha}(x) = - \frac{2G}{r^3}\, x^\beta \int d^3 x'\, \rho\, x'^\beta\, v_\alpha(x').$$

Für eine starr rotierende kugelförmige Massenverteilung ist

(4.60) $-v_\alpha(x') = v^\alpha(x') = \epsilon^{\alpha\mu\nu}\,\omega^\mu\,x'^\nu$

(ω^ν = Vektor der Winkelgeschwindigkeit), und wir erhalten

(4.61) $\psi_{0\alpha}(x) = \dfrac{2G}{r^3}\,\epsilon^{\alpha\mu\nu}\omega^\mu\,x^\beta\int d^3x'\,\rho\,x'^\beta\,x'^\nu.$

Für sphärisch symmetrische $\rho(x) = \rho(r)$ gilt

(4.62) $\int d^3x'\,\rho\,x'^\beta\,x'^\mu = \dfrac{1}{2}\,I\,\delta^{\beta\mu},$

wobei

(4.63) $I = \dfrac{2}{3}\int d^3x'\,\rho(r')r'^2$

das Trägheitsmoment der Masse ist. Damit wird (4.61)

(4.64) $\psi_{0\alpha}(x) = \dfrac{2G}{r^3}\,\epsilon^{\alpha\mu\nu}\omega^\mu x^\beta\,\dfrac{1}{2}\,\delta^{\beta\nu}I = \dfrac{GI}{r^3}\,\epsilon^{\alpha\beta\nu}\omega^\beta\,x^\nu.$

Diese Zusatzterme haben wir zur Schwarzschildmetrik zu addieren, die dann im Außenraum einer rotierenden Masse die Gestalt

(4.65)
$$ds^2 = \left(1 - \frac{2M}{r}\right)dt^2 - \left(1 - \frac{2M}{r}\right)^{-1}dr^2 - r^2 d\Omega^2 +$$
$$+\, 4GI r^{-3}\,\epsilon^{\alpha\beta\gamma}\,dx^\alpha\,\omega^\beta\,x^\gamma\,dt$$

annimmt. Der Term $\propto dx^\alpha dt$ zeigt an, daß das Gravitationsfeld zwar *stationär*, aber nicht statisch ist.

Im folgenden haben wir die Wirkung der zu ω^γ proportionalen Zusatzterme auf die Bewegung von Probekörpern zu berechnen, um zu gegebenenfalls beobachtbaren Effekten zu gelangen. Ein möglicher Weg wäre das Studium der Geodätischen zum Linienelement (4.65) (Übungsaufgabe). Wir werden hier ein etwas direkteres Verfahren einschlagen.

Da wir uns für die Effekte der nichtdiagonalen Terme in (4.65) interessieren (die M/r-Terme haben wir ja bereits analysiert), genügt es, die Metrik

(4.66) $ds^2 = dt^2 - 2k_\alpha(x^\beta)dx^\alpha dt - dx^2$

als Beispiel eines stationären Linienelements zu betrachten. Dabei ist $k = (k^\alpha) = (-k_\alpha)$ ein beliebiges Vektorfeld mit $|k| \ll 1$, das wir später wie in (4.65) als

$$(4.67) \qquad k_\alpha = -k^\alpha = -\frac{2GI}{r^3}\, \epsilon^{\alpha\beta\gamma}\, \omega^\beta\, x^\gamma$$

wählen werden. Wir machen nun eine Koordinatentransformation, die den Term $k_\alpha\, \mathrm{d}x^\alpha \mathrm{d}t$ in (4.66) in der Umgebung eines Punktes $x^\alpha = X^\alpha$ lokal wegtransformiert. Wir setzen diese Transformation auf ein lokales Inertialsystem in der Form

$$(4.68) \qquad \begin{aligned} t &= \tau + u(y^\beta), \\ x^\alpha &= X^\alpha + y^\alpha + v^\alpha(y^\beta)\tau \end{aligned}$$

an, wobei die Quadrate der kleinen Größen u, v^α und k_α vernachlässigt werden können. Setzen wir (4.68) in (4.66) ein, so wird

$$(4.69) \qquad \begin{aligned} \mathrm{d}s^2 &= \mathrm{d}t^2 - 2k_\alpha\, \mathrm{d}x^\alpha \mathrm{d}t - \mathrm{d}x^2 = \\ &= \mathrm{d}\tau^2 + 2(u_{,\alpha} - k_\alpha - v_\alpha)\, \mathrm{d}y^\alpha \mathrm{d}\tau - \mathrm{d}y^2 - 2v_{\alpha,\beta}\, \mathrm{d}y^\alpha \mathrm{d}y^\beta\, \tau. \end{aligned}$$

Die Metrik nimmt daher lokal die gewünschte Form $\mathrm{d}s^2 = \mathrm{d}\tau^2 - \mathrm{d}y^2$ an, wenn wir

$$(4.70) \qquad k_\alpha = u_{,\alpha} - v_\alpha,$$

$$(4.71) \qquad 0 = v_{\alpha,\beta} + v_{\beta,\alpha}$$

setzen. Aus (4.71) folgt, daß $v^\alpha(y)$ durch

$$(4.72) \qquad v^\alpha = -v_\alpha = -\epsilon^{\alpha\beta\gamma}\, \Omega^\beta\, y^\gamma$$

gegeben ist, wenn wir von einer reinen Translationsgeschwindigkeit $v^\alpha = \text{const}$ absehen. $\Omega = (\Omega^\alpha)$ ist dabei die Winkelgeschwindigkeit der Drehung des y-Systems (lokalen Inertialsystems) in bezug auf das x-System (in dem die Metrik ihre stationäre Form annimmt und das durch ein starres Gerüst festgelegt werden kann). Ω kann aus (4.72) zu $\Omega = -\frac{1}{2}\,\text{rot}\, v$ berechnet werden, oder mit (4.70):

$$(4.73) \qquad \Omega = \frac{1}{2}\,\text{rot}\, k.$$

Wie wir den Effekt statischer Massenverteilungen, der sich in linearer Näherung als

$$(4.74) \qquad ds^2 = (1 + 2U)dt^2 - (1 - 2U)dx^2$$

manifestiert, durch Angabe eines Beschleunigungsvektors $g = -$ grad U in der gewohnten Newtonschen Formulierung näherungsweise ersetzen können, so können wir die Effekte der linearisierten stationären Metrik

$$(4.75) \qquad ds^2 = (1 + 2U)dt^2 - (1 - 2U)dx^2 - 2k_\alpha dx^\alpha dt$$

durch Angabe von zwei Vektoren, nämlich $g = -$ grad U (Gravitationsbeschleunigung) und $\Omega = \frac{1}{2}$ rot k (Rotation des lokalen Inertialsystems), in Newtonscher Näherung ersetzen.

Die Rotation des lokalen Inertialsystems gegen das Inertialsystem im Unendlichen folgt im Falle der kugelförmigen rotierenden Masse aus (4.67) und (4.73) zu

$$(4.76) \qquad \boxed{\Omega = \frac{GI}{r^3} \frac{3(\omega x)x - \omega r^2}{r^2}} \quad .$$

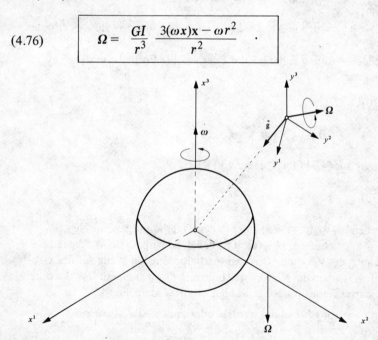

Fig. 18: Zum Thirring-Lense-Effekt

Das Rotationsfeld Ω, das den *Thirring-Lense*-Effekt beschreibt, hat daher genau die Form eines Dipolfeldes, während es bekanntlich bei ruhenden Massenverteilungen nur Monopol- und Quadrupolfelder für g gibt.

Die geometrische Interpretation von Ω (und g) ist in Fig. 18 gezeigt.

Der Thirring-Lense-Effekt kann mit Hilfe von Kreiselexperimenten gemessen werden, die derzeit in Vorbereitung sind[1].

Bei diesen Experimenten wird ein Kreisel in einem Satelliten auf eine polare Umlaufbahn um die Erde gebracht (Fig. 19).

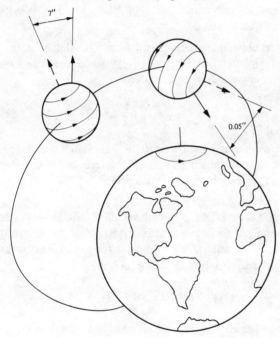

Fig. 19: Thirring-Lense-Effekt und geodätische Präzession

Dabei nimmt man an, daß der Satellit in seinem lokalen Inertialsystem frei fällt und die Kreiselachse eine konstante Richtung in bezug auf dieses lokale Inertialsystem beibehält. Wegen der Drehung Ω des Inertialsystems gegenüber dem Fixsternhimmel ergibt sich dann auch eine Drehung der

---

[1]Siehe dazu: C.W.F. Everitt, W.F. Fairbank, W.O. Hamilton, „General Relativity Experiments Using Low Temperature Techniques", in Carmeli (1970).

Kreiselachse um den gleichen Betrag, die jährlich 0,05″ ausmacht, wie in Fig. 19 angedeutet ist. In der Figur ist ferner die *geodätische Präzession* eingetragen, die durch die Bewegung des Kreisels auf der Umlaufbahn um die Erde zustandekommt und zu einer Drehung der Kreiselachse um 7″ pro Jahr gegenüber dem Fixsternhimmel führt. Die Berechnung dieses Effektes soll in einer Übungsaufgabe erfolgen.

Abschließend wollen wir noch auf eine Problematik hinweisen, die wir hier unberücksichtigt gelassen haben: Für ausgedehnte Körper — und das sind Kreisel stets — ist die Herleitung der Bewegungsgleichung im Gravitationsfeld eine überaus komplizierte Aufgabe, über die eine ausführliche Spezialliteratur existiert[1].

Wir haben hier einfach angenommen, daß die Kreiselachse stets den Achsenrichtungen des lokalen Inertialsystems folgt. Diese Annahme kann man aus den Bewegungsgleichungen beweisen[2].

Aufgaben

1. Berechne den numerischen Wert (0,05″) der durch den Thirring-Lense-Effekt bewirkten jährlichen Drehung der Kreiselachse für einen Satelliten, der an der Erdoberfläche entlangstreift.

2. Berechne die geodätische Präzession.
   Anleitung: Dieser Effekt kommt durch die Kreiselbewegung auf der Umlaufbahn um die Erde zustande und ist bereits bei nichtrotierender Erde vorhanden. Seien μ^i die Komponenten eines Einheitsvektors in Richtung der Kreiselachse, so ist nach (2.66)

$$(4.77) \qquad \frac{d\mu^i}{ds} + \Gamma^i{}_{kl}\,\mu^k\,v^l = 0$$

die Bewegungsgleichung (Parallelverschiebung) dieser Vektorkomponenten beim Umlauf des Satelliten. Für eine Kreisbewegung in einer beliebigen radialsymmetrischen Metrik (4.26) nimmt die Eins-Komponente von (4.77) die Gestalt

$$(4.78) \qquad \frac{d^2\mu^1}{ds^2} + \mu^1[e^{-\lambda}(v^2)^2 - (v^0)^2\,\frac{v'^2}{4}\,e^{\nu-\lambda}] = 0$$

[1] Vgl. W.G. Dixon, Proc.Roy.Soc. **A314**, 499 (1970).

[2] A. Papapetrou, Proc.Roy.Soc. **A209**, 248 (1951). A. Papapetrou, E. Corinaldesi, Proc.Roy.Soc. **A209**, 259 (1951).

an. Mit der Anfangsbedingung $\mu(0) = (0,1,0,0)$ folgt aus (4.78)

(4.79) $\qquad \mu^1 = \cos ws,$

wobei

(4.80) $\qquad w = e^{-\lambda/2} \dfrac{d\phi}{ds} \sqrt{1 - \dfrac{M}{r}\left(1 - \dfrac{2M}{r}\right)^{-1}}$.

Setzt man dies in die Bewegungsgleichung für μ^2 ein, so ergibt sich

(4.81) $\qquad \mu^2 = e^{\lambda/2} \left[r - M\left(1 - \dfrac{2M}{r}\right)^{-1} \right]^{-1/2} \sin ws$.

Nach einmaligem Durchlaufen einer Kreisbahn ist $\Delta\phi = 2\pi$, und daher

$$ws = e^{-\lambda/2} \frac{\Delta\phi}{\Delta s} \Delta s \sqrt{1 - \frac{M}{r}\left(1 - \frac{2M}{r}\right)^{-1}} =$$

(4.82)

$$= e^{-\lambda/2} \sqrt{1 - \frac{M}{r}\left(1 - \frac{2M}{r}\right)^{-1}}\, 2\pi \quad .$$

Da $ws \neq 2\pi$, ist μ^2 nach einer Umkreisung nicht wieder auf seinen Anfangswert $\mu^2 = 0$ zurückgegangen, die Richtung der Kreiselachse also nicht parallel zur Ausgangsrichtung. Dies ist die geodätische Präzession, deren numerischer Wert im Text angegeben ist.

3. Ein Teilchen wird aus dem Unendlichen gegen einen rotierenden Stern geschossen, wobei der Geschwindigkeitsvektor anfänglich in einer durch die Drehachse gelegten Ebene liegt. Zeige, daß die Winkelgeschwindigkeit des Teilchens (um die Drehachse des Sternes) *nicht* konstant gleich Null bleibt, das Teilchen also abgelenkt wird. Zeige, daß diese Winkelgeschwindigkeit in jedem Bahnpunkt nur von der dort vorhandenen Metrik abhängt und wieder verschwindet, wenn das Teilchen ins Unendliche gelangt. Die Bewegung erfolgt dort wieder in einer Ebene durch die Drehachse, die aber gegen die Anfangsebene verdreht ist. *Anleitung*: Verwende das Wirkungsprinzip für die geodätische Bewegung.

5. KOSMOLOGIE

Die relativistische Kosmologie bildet seit nunmehr 50 Jahren eines der faszinierendsten, aber durch die Schwierigkeiten ihrer experimentellen Verifizierung auch frustrierendsten Kapitel der allgemeinen Relativitätstheorie.

Die erste Arbeit zur relativistischen Kosmologie ist A. Einsteins *„Kosmologische Betrachtungen zur allgemeinen Relativitätstheorie"*[1] . Das in dieser Arbeit hergeleitete „Einstein-Universum" eröffnete eine neue Denkmöglichkeit, das endliche, aber unbegrenzte Universum. 1917 war das Postulat eines statischen, zeitlich unveränderlichen Universums die Grundforderung an das kosmologische Modell. Einstein mußte sogar die früher postulierten Feldgleichungen (3.102) durch die Einführung der kosmologischen Konstante Λ (p. 143) verallgemeinern, um ein statisches Universum als Lösung zu erhalten. Erst 1929 wurde durch E. Hubble[2] gezeigt, daß unser Universum nicht statisch ist, sondern eine Expansion aufweist, die sich in einer Rotverschiebung der Spektrallinien entfernter Galaxien zeigt. Das Hubblesche Expansionsgesetz ist einer der Grundpfeiler der relativistischen Kosmologie und wird im Abschnitt 5.2 (p. 131) diskutiert.

Kosmologische Modelle, die eine Expansion aufweisen, hat A. Friedmann[3] bereits 1922 aufgestellt (Friedmann-Modelle). Diese Modelle, nichtstatische Lösungen der Einstein-Gleichungen, unterscheiden sich durch räumliche Krümmung und Annahmen über die kosmologische Konstante Λ und sollen in den Abschnitten 5.5 bis 5.8 genauer diskutiert werden. Leider läßt das Beobachtungsmaterial auch heute noch keine experimentelle Entscheidung zwischen den verschiedenen Friedmannschen Weltmodellen zu.

Gemeinsam ist aber (fast) allen *Friedmann-Modellen,* daß das Universum vor etwa 10 Milliarden Jahren in einer gewaltigen Explosion, dem *Urknall,* entstanden sein soll. Das Studium des *frühen Universums*, also der Vorgänge kurz nach dem Urknall, hat sich in den letzten Jahren als eine der interessantesten und fruchtbarsten Teilgebiete der relativistischen Kosmo-

---

[1] A. Einstein, Sitzungsberichte der Preußischen Akademie der Wissenschaften 1917, p. 142 - 152.

[2] E. Hubble, Proc. U.S.Nat.Acad.Sci. **15**, 168 (1929).

[3] A. Friedmann, Zeitschr.Phys. **10**, 377 (1922); **21**, 326 (1924).

logie erwiesen. Der Anstoß dazu war die 1965 durch Penzias und Wilson entdeckte *„kosmische Hintergrundstrahlung"*, eine isotrope Wärmestrahlung von etwa 2.7°K, die das Universum erfüllt. Die Konsequenzen dieser Entdeckung sollen im Abschnitt 5.9 beschrieben werden.

5.1 Das kosmologische Prinzip

In der Kosmologie versucht man, das Weltall als Ganzes zu beschreiben und sich nicht auf abgeschlossene Teilbereiche (Labor, Erde, Sonnensystem etc.) zu beschränken wie in der übrigen Physik. Dabei ergibt sich eine wesentliche Vereinfachung. Die nichtgravischen Kräfte – elektromagnetische, schwache und starke Wechselwirkungen – spielen bei Erscheinungen, die über den Maßstab einer Galaxis hinausgehen, keine Rolle, da sie teils kurzreichweitig sind oder sich – wegen der Ladungsneutralität – kompensieren.

Zur Bestimmung der Dynamik des Weltalls im großen sind daher nur die Feldgleichungen der Gravitation zu lösen, wenn wir von Umwandlungsprozessen von Elementarteilchen absehen, die in der Frühzeit des Universums von Bedeutung waren.

Aber selbst für den Energie-Impuls-Tensor der Materie, der in der Einsteinschen Gleichung einzusetzen ist, können wir stark vereinfachende Annahmen machen. Wir können nämlich ähnlich wie in der kinetischen Gastheorie vorgehen und die Materie durch ein Gas ersetzen, in dem die Galaxien die Rolle der Atome, die Haufen von Galaxien diejenige der Moleküle haben: Mittelt man über Regionen, die groß gegenüber dem Abstand von Galaxien sind, so ist die „Mikrostruktur" (= Galaxien) vernachlässigbar, und ein Gas einheitlicher Dichte resultiert. Es zeigt sich, daß diese Dichte im ganzen unserer Beobachtung zugänglichen Weltall etwa konstant ist (homogenes Weltall) und nicht von der Richtung abhängt, in der wir beobachten (isotropes Weltall). Die beste experimentelle Evidenz dafür ist die Isotropie der kosmischen Hintergrundstrahlung, auf die wir noch zurückkommen.

Eine weitreichende Verallgemeinerung dieser experimentellen Tatsache wird im *kosmologischen Prinzip* formuliert: Die Erde hat keinen privilegierten Platz im Weltall; das Weltall bietet von jeder Stelle aus den gleichen Anblick.

Diese Formulierung ist nicht sehr präzise, es wird in ihr Homogenität, aber nicht die Isotropie des Weltalls gefordert, die den kosmologischen Modellen üblicherweise zugrundegelegt wird. Aus Isotropie folgt Homogenität, aber nicht umgekehrt (p. 56).

Die isotropen, homogenen Modelle des Universums wurden erstmals durch Friedmann untersucht (Friedmann-Modelle), während die anisotropen, aber homogenen Modelle erst später klassifiziert wurden (neun Typen nach den möglichen Strukturen ihrer Symmetriegruppen, die schon früher abstrakt von Bianchi gefunden worden waren)[1].

Für Vergleiche mit dem Experiment sind die Friedmann-Modelle am bedeutendsten. Im nächsten Abschnitt sollen daher zunächst die mit ihnen eng verwandten Newtonschen Modelle der Kosmologie diskutiert werden.

5.2 Newtonsche Kosmologie

In den folgenden Übungsaufgaben sollen die wesentlichsten Resultate der Newtonschen Kosmologie erarbeitet werden.

Aufgaben

1. *Olberssches Paradoxon*[2]. Die erste Annahme, die man der Kosmologie zugrundelegen könnte, ist die eines unendlich ausgedehnten, homogenen und statisch mit Sternen erfüllten Universums. Zeige, daß diese Annahme zu einem unendlich hellen Nachthimmel führt (Olbersches Paradoxon), wenn man die Absorption des Lichtes durch Sterne unberücksichtigt läßt.

2. *Kinematik: Die Rotverschiebungs-Entfernungsrelation* (Hubble-Gesetz). Da auch die Fragen der Energieversorgung und Stabilität des oben angenommenen Universums unlösbar erscheinen, betrachten wir ein dynamisches, d. h. expandierendes (oder kollabierendes) Universum. Zeige, daß der Ansatz ($H(t)$ ist eine beliebige Funktion der Zeit)

(5.1) $v(t) = H(t)\, x(t)$

für die Geschwindigkeit v eines Teilchens (Stern), das sich in Entfernung x von einem beliebig herausgegriffenen Koordinatensprung (Erde) befindet, das kosmologische Prinzip erfüllt.

---

[1] Siehe z.B. G. F. R. Ellis, M. A. H. Mac Callum, Comm. Math. Phys. *12*, 108 (1969); *20*, 57 (1971).

[2] Dazu wird gewöhnlich H. Olbers, Bode's Jahrbuch 111 (1826) zitiert. Dieser Artikel von Olbers hat allerdings nicht allzuviel mit der Formulierung des Paradoxons zu tun. Siehe dazu Jaki (1969) und S. L. Jaki, Am. J. Phys. *35*, 200 (67). Eine sehr lesenswerte kritische Analyse wurde auch von E.R.Harrison, Physics Today, Feb. 1974, p. 30, gegeben.

Anleitung: Der Ursprung $x = 0$ ist bei der „Explosion" (5.1) nicht ausgezeichnet, da der Ansatz $x(t) = y(t) + a(t)$, wobei $a(t)$ die Koordinate eines beliebig herausgegriffenen Sterns ist, zu dem Bewegungsgesetz $v'(t) =$ $= H(t)\, y(t)$ führt. $v'(t)$ ist die Geschwindigkeit in bezug auf den Stern $a(t)$, der nun als neuer Ursprung des Koordinatensystems fungiert.

Das *Expansionsgesetz* (5.1) wird im Universum tatsächlich beobachtet (siehe Fig. 33, p. 167). Die Rotverschiebung der Spektrallinien entfernter Galaxien zeigt, daß sich diese mit einer ihrem Abstand D proportionalen Geschwindigkeit v von uns entfernen[1] $(D = |x|)$

(5.2)
$$v = H_0 D,$$

wobei die *Hubble-Konstante* H_0 die Dimension einer inversen Zeit hat:

(5.3)
$$H_0^{-1} = 2.10^{10} \text{ Jahre} = 6.10^{17}\text{s}.$$

Dieser Wert[2] für H_0 ist wegen der Schwierigkeiten der Entfernungsbestimmung mit sehr großen Unsicherheiten behaftet. Vielfach wird auch $H_0^{-1} = 1,3 \cdot 10^{10}$ Jahre angegeben[3], während der ursprüngliche Hubblesche Wert nur $H_0^{-1} = 2 \cdot 10^9$ war[4].

3. Die *Bewegung* der Sterne der Newtonschen Kosmologie wird beschrieben durch $x(t)$. Wir setzen

(5.4)
$$x(t) = \Re(t)\, x_0,$$

wobei x_0 die Lage des Sterns zur Zeit t_0 ist und $\Re(t_0) = 1$. Zeige, daß

(5.5)
$$\frac{d\Re}{dt} = H(t)\, \Re(t).$$

4. *Kontinuitätsgleichung.* Die Verteilung der Sterne wird durch eine homogene Massendichte $\rho(t)$ genähert, die wegen des kosmologischen Prinzips nur von t abhängen kann. Zeige, daß aus der Kontinuitätsgleichung

---

[1]Der Index Null bei H_0 soll andeuten, daß der Wert dieser Größe zur jetzigen Zeit $t = t_0$ gemeint ist.

[2]J. V. Peach, Int. Astr. Union Symp., Nr. 44, Uppsala 1970; A. R. Sandage, Mayall Symp. Tuscon, Mai 1971.

[3]Die Schwierigkeiten der Messung H_0 sind in E. M. Burbidge, „Optical Observations Relevant to Cosmology", in R. Sachs (1971) ausführlich diskutiert. Dort ist der Wert $H_0 = 12,9\, {}^{+3,7}_{-2,9} \cdot 10^9$ Jahre angegeben.

[4]Zur Geschichte der Rotverschiebungs-Entfernungsrelation siehe z. B. Weinberg (1972), p. 435 ff., oder J. D. Fernie, Publ. Astron. Soc. Pac. *81*, 707 (1969).

(5.6) $\dfrac{\partial \rho}{\partial t} + \mathrm{div}(\rho v) = 0$

die Gleichung

(5.7) $\rho(t) = \rho_0 / \mathfrak{R}^3(t)$

folgt, wobei $\rho_0 = \rho(t_0)$ ist.

5. *Dynamik.* In der hydrodynamischen Bewegungsgleichung

(5.8) $\dfrac{\mathrm{d}v}{\mathrm{d}t} + \dfrac{1}{\rho} \,\mathrm{grad}\, p - F = 0$

kann der Druck p gegenüber der Gravitationskraft F vernachlässigt werden, zumindest in der heutigen Entwicklungsphase des Universums. Zeige, daß durch Einsetzen von (5.1) und (5.4) die Relation

(5.9) $v\left(\dfrac{\mathrm{d}H}{\mathrm{d}t} + H^2\right) = F$

folgt und nach Divergenzbildung, wegen der Feldgleichung der Newtonschen Graviation

(5.10) $\mathrm{div}\, F = -4\pi\rho G:$

(5.11) $\mathfrak{R}^2\, \dfrac{\mathrm{d}^2\mathfrak{R}}{\mathrm{d}t^2} + \dfrac{4\pi G}{3}\rho(t_0) = 0.$

Da stets $\dfrac{\mathrm{d}^2\mathfrak{R}}{\mathrm{d}t^2} < 0$, ist ein statisches Universum ($\mathfrak{R} = \mathrm{const}$) unmöglich.

6. *Die kosmologische Konstante.* Ändert man den Kraftansatz (5.10) durch Einführung der „kosmologischen Konstanten" Λ (deren physikalische Deutung später klar wird) willkürlich ab:

(5.12) $\mathrm{div}\, F = -4\pi G \left(\rho - \dfrac{\Lambda}{4\pi G}\right),$

so erhält man anstelle von (5.11)

(5.13) $\mathfrak{R}^2\, \dfrac{\mathrm{d}^2\mathfrak{R}}{\mathrm{d}t^2} + \dfrac{4\pi G}{3}\rho_0 - \dfrac{1}{3}\Lambda\,\mathfrak{R}^3 = 0.$

Für $G\rho_0 = \Lambda/4\pi$ ist ein statisches Universum möglich, das wir in der relativistischen Kosmologie als Einstein-Universum kennenlernen werden.

7. *Integration der Bewegungsgleichung. Energiesatz.* Die Gleichung (5.13) gestattet das Energieintegral

$$(5.14) \qquad \left(\frac{d\mathfrak{R}}{dt}\right)^2 - \frac{C}{\mathfrak{R}} + k - \frac{1}{3} \Lambda \mathfrak{R}^2 = 0,$$

wobei $C = 8\pi\rho_0 G/3$ und k eine Integrationskonstante ist ($-k$ = Energiedichte). Diskutiere die Lösungen von (5.14) für $k \gtreqless 0$ graphisch. (Siehe dazu Abschn. 5.6).

8. *Welche Gebilde folgen der kosmischen Expansion?*[1] Expandiert das Sonnensystem, die Galaxis nach (5.2)? Zur Beantwortung dieser Frage zeige, daß der Energiesatz (5.14) für einen Probekörper als

$$(5.14a) \qquad \frac{mv^2}{2} + V(t,x) = \text{const}$$

geschrieben werden kann, wobei

$$V(t,x) = -\frac{4\pi m G}{3} \rho(t) x^2 - \frac{1}{3} m\Lambda x^2$$

und m die Masse des betrachteten Teilchens ist. Die kosmologische Expansion kann daher auf ein Oszillatorpotential mit negativer Kraftkonstante zurückgeführt werden, zu dem andere Potentiale $U(x)$ hinzugefügt werden können, wie etwa das Gravitationspotential $U = -G\,\mathfrak{M}/r$ unserer Galaxis. Das resultierende Gesamtpotential ist in Fig. 20 gezeigt.

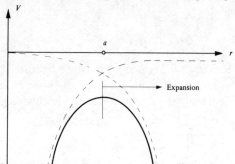

Fig. 20: Überlagerung von kosmischem und lokalem Potential

Die Expansion erfolgt ab $r = a$. Wie groß ist a für das Sonnensystem bzw. die Galaxis?

---

[1] Nach der allgemeinen Relativitätstheorie wurde diese Frage behandelt in A. Einstein, E. Straus, Rev.Mod.Phys. **17**, 120 (1945).

9. *Kritik der Newtonschen Kosmologie.* Ist das Teilchen, das das Zentrum der Explosion in der Newtonschen Kosmologie bildet, wirklich durch keinerlei Experimente feststellbar, oder ist es bloß kinematisch nicht ausgezeichnet? (Betrachte geladene Teilchen.)

5.3 Relativistische Hydrodynamik

Zum Aufbau der relativistischen Kosmologie benötigen wir zunächst eine geeignete Theorie der Materie, die das Universum erfüllt. Die Theorie, die dabei üblicherweise verwendet wird, ist die relativistische Hydrodynamik, die im folgenden entwickelt werden soll.

Als Ausgangspunkt der relativistischen Hydrodynamik kann die kinetische Theorie dienen[1], wobei die Bewegungsgleichungen dann aus der Boltzmann-Gleichung hergeleitet werden. Einfacher ist es jedoch, direkt vom Energie-Impuls-Tensor der Flüssigkeit auszugehen, aus dessen Erhaltung sich dann die Bewegungsgesetze ergeben, wobei Zusatzannahmen (Zustandsgleichung; Ansätze für Reibungs- und Wärmeleitungsterme bei nichtidealen Flüssigkeiten) die fehlenden Relationen liefern.

Für eine *ideale Flüssigkeit* hat der Energie-Impuls-Tensor die Form[1]

$$(5.15) \qquad T_{ik} = \begin{pmatrix} \rho & 0 & 0 & 0 \\ 0 & p & 0 & 0 \\ 0 & 0 & p & 0 \\ 0 & 0 & 0 & p \end{pmatrix},$$

wobei ρ die totale Energiedichte und p den Druck bedeutet. (5.15) ist nur im Ruhsystem der Flüssigkeit gültig. In einem beliebigen anderen Koordinatensystem, in dem sich die Flüssigkeit mit der Geschwindigkeit u^i bewegt, ist

$$(5.16) \qquad T_{ik} = (\rho + p)\, u_i u_k - p\, g_{ik}.$$

Für $u_i = (1,0)$ und $g_{ik} = \eta_{ik}$ reduziert sich (5.16) auf den vorigen Ausdruck und ist daher die geeignete Verallgemeinerung von (5.15). Denn zur Konstruktion von T_{ik} stehen nur $u_i u_k$ und g_{ik} zur Verfügung, und die Koeffizienten sind so gewählt, daß (5.16) im Ruhsystem in (5.15) übergeht.

---

[1] Siehe z.B. J. Ehlers, „General Relativity and Kinetic Theory" in R. Sachs (1971).

Der Erhaltungssatz $T_{ik;}{}^k = 0$ führt für (5.16) auf die Gleichungen

(5.17) $[(\rho + p)u^k]_{;k} u_i + (\rho + p)u_{i;k} u^k - p_{,i} = 0.$

Definieren wir die *konvektive Ableitung* eines beliebigen Tensors durch

(5.18) $\dot{T}{}^{\cdots}_{\cdots} := T{}^{\cdots}_{\cdots;k} u^k,$

so läßt sich (5.17) in die Form

(5.19) $\dot{u}_i = \dfrac{p_{,i}}{\rho + p} - \dfrac{[(\rho + p)u^k]_{;k} u_i}{\rho + p}$

bringen. Diese Gleichung hat fast die Form der Euler-Gleichung für eine ideale Flüssigkeit. Es handelt sich bei (5.19) allerdings um 4 Gleichungen (die Euler-Gleichungen sind 3 Relationen), und es stört ferner der Term $\propto [(\rho + p)u^k]_{;k}$ in (5.19).

Daß dieser Term nicht etwa wegen einer Kontinuitätsgleichung verschwindet, sieht man durch Multiplikation von (5.19) mit u^i. Wegen $u_i u^i = 1$, $\dot{u}_i u^i = 0$ ergibt sich

(5.20) $\dot{p} = [(\rho + p)u^k]_{;k} \neq 0$

oder

(5.21) $\dot{\rho} + (\rho + p)u^k_{;k} = 0.$

Die Herleitung von (5.21) ist der erste Schritt einer systematischen Zerlegung vierdimensionaler Gleichungen in Raum- und Zeitteil (die uns schließlich auch auf die Euler-Gleichungen führen wird). Diese Zerlegung ist möglich, wenn ein zeitartiges Vektorfeld $u^i(u^i u_i = 1)$ in der Raum-Zeit gegeben ist (Beobachterfeld). Dazu definieren wir den Tensor

(5.22) $h_{ik} = g_{ik} - u_i u_k,$

der die Relationen

(5.23) $h_{ik} u^k = 0$

(5.24) $h_{ik} h^k{}_l = h_{il}$

(5.25) $h_i{}^i = h_{ik} h^{ik} = 3$

erfüllt.

h_{ik} ist ein *Projektionsoperator* auf den 3dimensionalen Unterraum senkrecht zu u^i. So läßt sich z.B. das Linienelement $ds^2 = g_{ik} dx^i dx^k$ in den Zeitteil $d\tau^2$ und den Raumteil $d\sigma^2$ aufspalten, wobei

$$(5.26) \qquad ds^2 = d\tau^2 - d\sigma^2,$$

$$(5.27) \qquad d\tau^2 = (u_i \, dx^i)^2,$$

$$(5.28) \qquad d\sigma^2 = -h_{ik} \, dx^i \, dx^k.$$

Dabei ist $d\tau$ die Eigenzeit eines Teilchens (Beobachters), das sich mit der Geschwindigkeit u_i bewegt, und $d\sigma$ mißt die räumlichen Abstände im lokalen Ruhsystem des Teilchens. Ähnlich kann der Tensor T_{ik} in die Anteile

$$(5.29) \qquad E = T_{ik} u^i u^k,$$

$$(5.30) \qquad q_i = -T_{lm} u^m h^l{}_i,$$

$$(5.31) \qquad \pi_{ik} = T_{lm} h^l{}_i h^m{}_k$$

aufgespalten werden, deren Bedeutung in einem System mit $g_{ik} = \eta_{ik}$, $u_i = (1,0)$ (mit u^i mitbewegtes, lokales Inertialsystem) klar wird (Energiedichte, Energiestrom, Spannungstensor).

Ebenso kann die Vektorgleichung (5.19) durch Multiplikation mit u^i in ihren Zeitanteil (5.21) und mit $h^i{}_l$ in ihren Raumteil

$$(5.32) \qquad \dot{u}_i h^i{}_l = \frac{p_{,i} h^i{}_l}{\rho + p}$$

zerlegt werden. (5.32) ist die gewünschte *Euler-Gleichung*, wie man durch Übergang zum mitbewegten Inertialsystem $u_i = (1,0)$ sofort sieht.

Nun bleibt nur noch (5.21) zu deuten. Es handelt sich dabei um keine Kontinuitätsgleichung der Form $(\rho u^k)_{;k} = 0$, da (5.21) nur als

$$(5.33) \qquad (\rho u^k)_{;k} + p u^k{}_{;k} = 0$$

umgeschrieben werden kann. Es ist ja charakteristisch für die relativistische Theorie, daß die Erhaltung der Massendichte ρ nicht unbedingt gelten muß.

Die *Kontinuitätsgleichung* ist keine Konsequenz von (5.17), sondern zusätzlich zu postulieren[1]. Sie lautet

(5.34)
$$(n\,u^k)_{;k} = 0,$$

wobei $n(x)$ wegen (5.33) nicht mit der Massendichte $\rho(x)$ identisch sein kann. Man kann aber für $n(x)$ die *Baryonendichte* benutzen, da die Baryonenzahl auch unter extremen Bedingungen konstant ist. Wir definieren daher

$$n(x) = \lim_{\Delta V \to 0} \frac{\mathfrak{m}}{\Delta V} N(\Delta V),$$

wobei $\mathfrak{m}$ die Masse eines Nukleons und N die Zahl der Baryonen im Volumen ΔV ist.

Diese Kontinuitätsgleichung kann für normale Materie dienen, während für ein Elektronengas z.B. die Leptonenzahl zu verwenden ist. Für Photonen (Mesonen) dagegen existiert keine Kontinuitätsgleichung, da sie beliebig erzeugt und vernichtet werden können.

Der Zusammenhang zwischen n, p und ρ folgt aus der Zustandsgleichung

(5.35) $p = p(\rho)$

und der Definition des Druckes

(5.36) $p = -\dfrac{\mathrm{d}\,(\text{Energie pro Baryon})}{\mathrm{d}\,(\text{Volumen pro Baryon})} = \dfrac{\mathrm{d}(\rho/n)}{\mathrm{d}(1/n)} = n\,\dfrac{\mathrm{d}\rho}{\mathrm{d}n} - \rho$

oder

(5.37) $p + \rho = n\,\dfrac{\mathrm{d}\rho}{\mathrm{d}n} = : n\mu,$

wobei μ das chemische Potential ist. Wenn die Zustandsgleichung $p(\rho)$ bekannt ist, so kann (5.37) integriert werden

(5.38) $\displaystyle\int \frac{\mathrm{d}\rho}{p+\rho} = \int \frac{\mathrm{d}n}{n}$.

Damit ist auch $n(\rho)$ bekannt.

Die Massendichte ρ unterscheidet sich von der Baryonendichte n durch die *spezifische innere Energie* ϵ

---

[1]Sie wäre aus der kinetischen Theorie herzuleiten.

(5.39) $\rho = n(1 + \epsilon)$,

ϵ ist negativ, wenn $\rho < n$, wenn also Energie bei der Bildung des Zustandes ρ abgegeben wird (z.B. Bindungsenergie bei Bildung von Atomkernen); ϵ ist positiv, wenn Energie (Kompressionsarbeit) aufgewendet werden muß, um den Zustand mit Dichte ρ herzustellen. (Für nicht wechselwirkende Baryonen wäre $n = \rho$.)

Spezifische Entropie $\int$ und *Temperatur T* werden durch die Forderung definiert, daß T der integrierende Nenner der Gleichung

$$(5.40) \qquad \mathrm{d}\int = \frac{1}{T} \left(\mathrm{d}\epsilon + p\,\mathrm{d}\,\frac{1}{n} \right)$$

ist, da $v = 1/n$ das spezifische Volumen ist. Die Konstanz der Entropie entlang der Stromlinien einer idealen Flüssigkeit folgt direkt aus (5.20):

$$
(5.41) \quad
\begin{aligned}
\dot{p} &= ((\rho + p)\,u^k)_{;k} = [(n + \epsilon n + p)\,u^k]_{;k} = \\
&= n\epsilon_{,k}\,u^k + p u^k{}_{;k} + \dot{p} = n\dot{\epsilon} + p u^k{}_{;k} + \dot{p}.
\end{aligned}
$$

Division durch n liefert mit $\dot{n} + n u^k{}_{;k} = 0$

$$(5.42) \qquad T\dot{\int} = \dot{\epsilon} + p \left(\frac{1}{n} \right)^{\cdot} = 0.$$

Damit ist auch die letzte aus der Energie-Impuls-Erhaltung folgende Gleichung gedeutet: Im Falle einer idealen Flüssigkeit zeigt sie, daß keine Energie in Wärme übergeht und die Entropie konstant bleibt.

Aufgaben

1. In den Überlegungen des vorigen Abschnittes wäre strenggenommen $p = p(\rho, v)$ zu setzen ($v = 1/n$ ist das spezifische Volumen) bzw. $p = p(\rho, T)$. Welche Änderungen treten dadurch in den Gleichungen (5.36 - 42) auf? Unter welchen Bedingungen kann man die Näherung $p = p(\rho)$ verwenden?

2. Zeige, daß für eine nichtideale Flüssigkeit

$$(5.16a) \qquad T_{ik} = \rho u_i u_k + (q_i u_k + q_k u_i) + p h_{ik} + \pi_{ik}$$

gilt. Dabei hat q_i (5.30) die Bedeutung eines Energieflusses relativ zu u^i, und π^{ik} (5.31) ist der anisotrope Teil der Druckverteilung. Zerlege die Bewegungsgleichungen $T^{ik}{}_{;k} = 0$ wie zuvor in Raum- und Zeitteil[1].

5.4 Kinematik von Geschwindigkeitsfeldern[1]

In der klassischen Hydrodynamik teilt man die Strömungen von Flüssigkeiten und Gasen nach Kompressibilität, Rotationsfreiheit etc. ein. Diese Einteilung wollen wir auch hier herleiten, wobei jeweils auf dreidimensionale Unterräume zu projizieren ist, um die Analogie zur klassischen Physik herzustellen. Wir unterscheiden die einzelnen Flüssigkeitsteilchen (Stromlinien) durch Lagrange-Parameter a^μ ($\mu = 1,2,3$). Die Stromlinien sind dann durch

$$(5.43) \qquad x^i = x^i(a^\mu, s)$$

gegeben, wobei s die Eigenzeit entlang der jeweiligen Stromlinie angibt. Die Geschwindigkeit u^i wird durch

$$(5.44) \qquad u^i = \frac{\partial x^i}{\partial s}, \qquad g_{ik} u^i u^k = 1$$

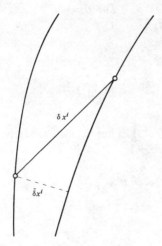

Fig. 21: Abstand von Stromlinien

---

gegeben. Aus dem „Verbindungsvektor" δx^i zweier benachbarter Stromlinien (Fig. 21)

$$(5.45) \qquad \delta x^i = \delta a^\mu \, \frac{\partial x^i}{\partial a^\mu}$$

erhalten wir durch Anwendung des Projektionsoperators h_{ik} den Raumteil

$$(5.46) \qquad \bar{\delta x}^i := h^i{}_k \, \delta x^k.$$

Die Kinematik des Geschwindigkeitsfeldes der Strömung wird durch die zeitliche Änderung von $\bar{\delta x}^i$ bestimmt. Die Relativgeschwindigkeit δv^i benachbarter Teilchen (Galaxien) ist der räumliche Teil der Zeitableitung von $\bar{\delta x}^i$:

$$
\begin{aligned}
\bar{\delta v}^i &:= h^i{}_k \, \frac{D}{Ds} \, \bar{\delta x}^k = h^i{}_k \, \frac{D}{Ds} \, h^k{}_l \, \delta x^l = \\
&= h^i{}_k \, \delta x^l \frac{Dh^k{}_l}{Ds} + h^i{}_k \, h^k{}_l \, \frac{D\delta x^l}{Ds}.
\end{aligned}
$$
(5.47)

Es ist aber

$$\frac{Dh^k{}_l}{Ds} = \frac{D\delta^k{}_l}{Ds} - \frac{Du^k u_l}{Ds} = -u_l \, \frac{Du^k}{Ds} - u^k \, \frac{Du_l}{Ds}$$

und daher

$$(5.48) \qquad \bar{\delta v}^i = h^i{}_l \, \frac{D\delta x^l}{Ds} - h^i{}_k \, u_l \, \delta x^l \, \frac{Du^k}{Ds}.$$

Der zweite Term von (5.48) ist nur bei nichtgeodätischen Bewegungen von Bedeutung. Mit

$$(5.49) \qquad \frac{D\delta x^l}{Ds} =: \delta u^l = u^l{}_{;m} \, \delta x^m$$

folgt weiter

$$
\begin{aligned}
\bar{\delta v}^i &= h^i{}_l \, u^l{}_{;m} \, \delta x^m - h^i{}_k \, u_l \, \delta x^l \, u^k{}_{;m} \, u^m = \\
&= h^i{}_l \, u^l{}_{;m} \, \bar{\delta x}^m = v^i{}_m \, \bar{\delta x}^m.
\end{aligned}
$$
(5.50)

Dabei ist

(5.51) $\quad v^i{}_m := h^i{}_k\, h^n{}_m\, u^k{}_{;n} = u^i{}_{;m} - \dot{u}^i\, u_m$

der räumlich projizierte Teil des Geschwindigkeitsgradientenfeldes, der in üblicher Weise in seine irreduziblen Bestandteile zerlegt werden kann:

(5.52) $\quad v_{im} = \omega_{im} + \sigma_{im} + \dfrac{1}{3}\, h_{im}\theta\,,$

wobei

(5.53) $\quad \omega_{im} := (v_{im} - v_{mi})/2,$

(5.54) $\quad \sigma_{im} := (v_{im} + v_{mi})/2 - \theta h_{ik}/3,$

$$\theta := v^i{}_i$$

die *Rotation, Scherung und Dilatation* des Geschwindigkeitsfeldes angeben. Die Terminologie entspricht genau derjenigen der klassischen Hydrodynamik, wie in den Übungsaufgaben gezeigt wird.

Die Volumdilatation θ gibt die Veränderung des mittleren Abstandes $\mathfrak{R}$ zweier Teilchen (Galaxien) (gemittelt über alle Richtungen) an:

(5.55) $\quad \dfrac{\dot{\mathfrak{R}}}{\mathfrak{R}} = \dfrac{1}{3}\,\theta\,,$

während die Skalare

(5.56) $\quad \omega^2 := \dfrac{1}{2}\,\omega^{im}\omega_{im}\,,$

(5.57) $\quad \sigma^2 := \dfrac{1}{2}\,\sigma^{im}\sigma_{im}$

die Größe von Rotation und Scherung beschreiben.

Aufgaben

1. Der Abstand zweier benachbarter Galaxien sei durch $\delta x^i = \mathfrak{R} n^i$, $n^i n_i = -1$ gegeben. Zeige, daß

(5.58) $\quad \dfrac{\dot{\mathfrak{R}}}{\mathfrak{R}} = \sigma_{ab}\, n^a n^b + \dfrac{1}{3}\,\theta$

und daß nach Mittelung über alle Richtungen n^a wegen $\sigma_{ab} h^{ab} = 0$

$$(5.59) \qquad \frac{\dot{\mathfrak{R}}}{\mathfrak{R}} = \frac{1}{3} \theta \quad \text{(Mittel)}$$

folgt; θ ist daher die Volumsexpansion.

2. Zeige, daß

$$(5.60) \qquad h_a{}^b \dot{n}_b = [\omega_a{}^b + \sigma_a{}^b - \sigma_{cd} n^c n^d h_a{}^b] n_b.$$

(5.60) gibt die Richtungsänderung des Abstandes n^a in bezug auf *Fermi-verschobene Einheitsrichtungen* e^a, $h_a{}^b \dot{e}_b = 0$, an, die $e^a e_a = -1$, $e^a u_a = 0$ erfüllen.

3. Zeige, daß

$$(5.61) \qquad \omega^a := \frac{1}{2} \epsilon^{abcd} u_b \omega_{cd}$$

der Wirbelvektor ist und

$$\omega^2 = -\omega^a \omega_a$$

gilt.

5.5 Friedmann-Universum I: Kosmische Hintergrundstrahlung und thermische Entwicklung

Im Abschnitt 5.3 haben wir uns mit der relativistischen Hydrodynamik beschäftigt und die Bewegungsgleichung einer Flüssigkeit in einer gegebenen Metrik g_{ik} untersucht. Diese Bewegungsgleichungen sind nun durch die Einsteinschen Feldgleichungen zu ergänzen, die die Rückwirkung der Flüssigkeit auf die Raumstruktur angeben.

Das entstehende gekoppelte Gleichungssystem ist allerdings nur unter sehr vereinfachenden Annahmen lösbar. Es lassen sich aber doch, ausgehend von der für einen beliebigen Vektor u^i gültigen Gleichung (2.69)

$$(2.69) \qquad u_{a;d;c} - u_{a;c;d} = R_{abcd} u^b,$$

einige allgemeine Aussagen machen, die einen gewissen Einblick in komplexe Weltmodelle erlauben.

Kontrahiert man (2.69) mit $g^{ad}u^c$, ergibt sich

$$(5.62) \qquad (u^a{}_{;a})^{\cdot} - (u^a{}_{;c})_{;a}\, u^c = R_{cd}\, u^d u^c$$

oder, mit (5.51),

$$(5.63) \qquad \dot\theta + \frac{1}{3}\,\theta^2 - \dot u^a{}_{;a} + 2(\sigma^2 - \omega^2) = R_{cd}\, u^c u^d.$$

Die Einsteinschen Feldgleichungen (3.2) können nun benutzt werden, um (5.63) weiter zu vereinfachen. Dabei setzt man üblicherweise nicht einfach den Energie-Impuls-Tensor (5.16) auf der rechten Seite der Feldgleichung ein, sondern berücksichtigt auch noch eine mögliche Energie-Impuls-Dichte des Vakuums[1], die durch die *kosmologische Konstante* Λ ausgedrückt wird. Die Begründung für die mögliche Existenz eines derartigen Termes ist kurz folgende: Mechanik und Feldtheorie bestimmen nur Energieunterschiede, aber nicht den Absolutwert der Energiedichte eines Systems. Die ausschließlich in der Gravitationstheorie benötigten Absolutwerte erhält man nur, wenn man dem Vakuum, also dem leeren Raum, willkürlich eine Energiedichte zuschreibt, die man meist zu Null wählt.

Die Quantenfeldtheorie zeigt aber, daß Fluktuationen (Erzeugung und Wiedervernichtung virtueller Teilchenpaare) zu einem nichtverschwindenden Energie-Impuls-Tensor T_{ik}^V des Vakuums führen könnten. Wegen der Lorentzvarianz des Vakuums kann der Energie-Impuls-Tensor T_{ik}^V des Vakuums nur die Form

$$(5.64) \qquad T_{ik}^V = \frac{\Lambda}{\kappa}\, g_{ik}$$

haben, wobei die Konstante Λ/κ die Energiedichte des Vakuums angibt. (5.64) ist offensichtlich ein erhaltener Tensor, der zur Energiedichte T_{ik} der Materie hinzugefügt werden kann. Allerdings liegen heute noch keine theoretischen Ansätze zur Berechnung von Λ/κ vor. Experimentell ergeben sich Schranken daraus, daß die Energiedichte des Vakuums die beobachtete mittlere Massendichte des Universums ($\rho = 10^{-30}\,\mathrm{g/cm^3}$) nicht wesentlich überschreiten kann. Daher ist der Λ-Term in den erweiterten Einsteinschen Feldgleichungen

$$(5.65) \qquad R_{ik} - \frac{1}{2}\, g_{ik} R = -\kappa \left(T_{ik} + \frac{\Lambda}{\kappa}\, g_{ik} \right),$$

$$(5.65a) \qquad R_{ik} = -\kappa \left(T_{ik} - \frac{1}{2}\, g_{ik}\, T - \frac{\Lambda}{\kappa}\, g_{ik} \right)$$

---

[1] Siehe z. B. Henley u. Thirring (1975).

auch nur in der Kosmologie zu berücksichtigen, während er sonst gegen den Energie-Impuls-Tensor T_{ik} der Materie vernachlässigt werden kann.

Einsetzen von (5.16) und (5.65a) in (5.63) liefert die *Raychaudhuri-Gleichung*

(5.66)
$$\dot{\theta} + \frac{1}{3}\theta^2 - \dot{u}^a_{;a} + 2(\sigma^2 - \omega^2) + \frac{\kappa}{2}(\rho + 3p) - \Lambda = 0$$

oder, mit (5.55),

(5.67)
$$\frac{3\ddot{\Re}}{\Re} = 2(\omega^2 - \sigma^2) + \dot{u}^a_{;a} - \frac{\kappa}{2}(\rho + 3p) + \Lambda.$$

Eine weitere Relation können wir aus (2.69) durch Multiplikation mit $g^{ak}h^{cd}$ gewinnen:

(5.68)
$$h^k_b(\omega^{bc}_{;c} - \sigma^{bc}_{;c} + \frac{2}{3}\theta^{;b}) + (\omega^k_b + \sigma^k_b)\dot{u}^b = 0.$$

(5.67) und (5.68) enthalten noch nicht die vollständige Dynamik der Feldgleichungen, die aber durch weitere Multiplikation mit Projektionsoperatoren und durch Berücksichtigung der Erhaltungssätze systematisch in ähnliche Form gebracht werden kann[1]. Die entstehenden Gleichungen sind allerdings zu komplex, um ohne vereinfachende Annahmen gelöst werden zu können. Wir konzentrieren uns daher auf die *Friedmann-Modelle*, die um jeden Punkt räumlich isotrop sind, d.h., für die

(5.69)
$$h_a^b \rho_{,a} = h_a^b p_{,b} = h_a^b u_{,b} = 0$$

gilt und ferner

(5.70)
$$\sigma_{ab} = \omega_{ab} = 0.$$

(5.69) und (5.70) sind direkt physikalisch einsichtig und folgen daraus, daß der einzige rotationsinvariante Vektor der Nullvektor ist und nur der Tensor h_{ik} die erforderliche Rotationssymmetrie aufweist. (5.69) und (5.32) implizieren

(5.71)
$$\dot{u}_i = 0.$$

---

[1] Systematisch ist dies bei G.F.R. Ellis, in R. Sachs (1971) durchgeführt.

Damit vereinfacht sich (5.67) zu

$$(5.72) \qquad \frac{3\ddot{\mathfrak{R}}}{\mathfrak{R}} = \Lambda - \frac{\kappa}{2}(\rho + 3p),$$

während aus (5.68, 70) die Homogenität der Expansion $h^a{}_b \theta^{,b} = 0$ resultiert. Das Friedmann-Universum expandiert folglich in jedem Punkt gleich schnell.

(5.72) enthält die Dynamik der Friedmann-Modelle, wobei das zeitliche Verhalten von ρ und p aus (5.21) folgt. Wegen (5.71) ist $u^i{}_{;i} = v^i{}_i = \theta = 3\dot{\mathfrak{R}}/\mathfrak{R}$ und daher

$$(5.73) \qquad \dot{\rho} + 3(\rho + p)\frac{\dot{\mathfrak{R}}}{\mathfrak{R}} = 0$$

oder

$$(5.74) \qquad (\rho\mathfrak{R}^3)^{\cdot} + p(\mathfrak{R}^3)^{\cdot} = 0,$$

während der Erhaltungssatz (5.34) zu

$$(5.75) \qquad (n\mathfrak{R}^3)^{\cdot} = 0, \qquad n \propto 1/\mathfrak{R}^3$$

führt. Für das heutige Universum ist $p/c^2 \ll \rho$ (der Druck kann gegen die Massendichte vernachlässigt werden) und daher

$$(5.76) \qquad n \approx \rho \approx \mathfrak{M}/\mathfrak{R}^3,$$

wobei $\mathfrak{M}$ eine Konstante ist. In dieser Näherung wird (5.72) mit der Newtonschen Gleichung (5.13) identisch.

Für ein von *elektromagnetischer Strahlung* (oder von Neutrinos oder anderen masselosen Teilchen) erfülltes Universum ist dagegen

$$(5.77) \qquad p = \rho/3,$$

und folglich wird (5.73)

$$(5.78) \qquad \dot{\rho} + 4\rho\,\frac{\dot{\mathfrak{R}}}{\mathfrak{R}} = 0, \qquad \rho \propto 1/\mathfrak{R}^4.$$

Bei der Expansion des Friedmann-Universums verringert sich daher die Energiedichte der elektromagnetischen Strahlung schneller als die Materiedichte. Der Grund dafür ist, daß die Photonendichte (wie die Baryonendichte n) wie $1/\mathfrak{R}^3$ abnimmt, die Photonen aber außerdem rotverschoben werden und ihre Wellenlänge $\lambda \propto \mathfrak{R}$ ist.

Auch das *thermische Verhalten* von Materie und (schwarzer) Strahlung kann man aus (5.73) herleiten. Für schwarze *Strahlung* ist die Energiedichte $\rho \propto T^4$, und wegen $\rho \propto 1/\mathfrak{R}^4$ gilt

(5.79) $T \propto 1/\mathfrak{R}$.

Ist ein expandierendes Universum von Strahlung erfüllt, so kühlt es bei der Expansion umgekehrt zu seiner Ausdehnung ab.

Für *Materie* (ideales Gas) gilt dagegen

(5.80) $p = \alpha n^\gamma, \qquad T = \beta \dfrac{p}{n} = \beta p v,$

wobei α, β, γ Konstante sind. Aus (5.80) folgt $T \propto n^{\gamma-1}$ und mit (5.75)

(5.81) $T \propto \dfrac{1}{\mathfrak{R}^{3(\gamma-1)}}$.

Für ein einatomiges Gas ($\gamma = 5/3$) ist

(5.82) $T \propto 1/\mathfrak{R}^2$.

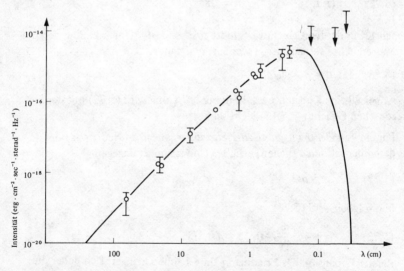

Fig. 22: Spektrum der kosmischen Hintergrundstrahlung[2].

[2]Die Meßdaten stammen aus einer großen Anzahl von Experimenten, die etwa bei Weinberg (1972) zusammengefaßt sind.

Die Kenntnis des thermischen Verhaltens der Strahlung und der Materie ermöglicht es, die thermische Geschichte des Universums nachzuzeichnen. Allerdings ist in (5.79) bzw. (5.82) noch ein unbekannter Proportionalitätsfaktor enthalten, der experimentell zu bestimmen ist.

Dies ist 1965 Penzias und Wilson durch die (zufällige) Entdeckung der *kosmischen Hintergrundstrahlung* gelungen[1]. Sie zeigten, daß eine isotrope elektromagnetische Strahlung das Weltall erfüllt, die sich später als (annähernd) schwarze Strahlung mit einer Temperatur von $2 \cdot 7°K$ herausstellte. Ihr Spektrum ist in Fig. 22 gezeigt.

Bereits zuvor hatten R. Dicke und seine Mitarbeiter[1] in Princeton an einer Antennenanlage gearbeitet, um gerade die Strahlung zu messen, die nach dem Gesetz (5.79) von einem frühen, sehr heißen Zustand des Universums übriggeblieben sein könnte[2].

Es wurde sehr bald klar, daß es Penzias und Wilson tatsächlich geglückt war, diese kosmische Hintergrundstrahlung zu messen. Von besonderer Bedeutung für diese Interpretation der Strahlung ist vor allem der hohe Grad ihrer Isotropie. Bei einer Winkelauflösung von $1°$ wurden Energieschwankungen gemessen, die einer Temperaturvariation $\Delta T/T < 2 \cdot 10^{-3}$ entsprechen. Die Strahlung kann demnach nicht von diskreten Quellen herrühren. Auch würden Radiogalaxien, die bei diesen Wellenlängen zunächst als Quellen in Betracht kämen, nur 1% der gemessenen Intensität der Strahlung liefern.

Diese Tatsachen weisen auf einen kosmischen Ursprung der Strahlung hin[3]. Wir wollen hier nicht weiter auf die experimentellen Aspekte der Strahlung eingehen, sondern uns der daraus folgenden thermischen Geschichte des Universums zuwenden.

In Fig. 23 ist die Temperatur der Strahlung als Funktion von $\Re$ nach (5.79) aufgetragen.

---

[1] A.A. Penzias, R.H. Wilson, Astrophys.Journ. **142**, 419 (1965).
R.H. Dicke, P.J.E. Peebles, P.G. Roll, D.T. Wilkinson, Astrophys.Journ. **142**, 414 (1965).

[2] Die kosmische Hintergrundstrahlung wurde von R. A. Alpher und R. Herman, Nature *162*, 774 (1948), Phys. Rev. *75*, 1089 (1949) vorhergesagt. Sie schätzten ihre Temperatur auf 5 °K.

[3] Andere Erklärungen wurden z. B. von D. Layzer, R. Hiverly, Ap. J. *179*, 361 (1973) versucht.

Wenn wir die Geschichte des Universums zurückverfolgen, so wird die
Strahlung nach $T \propto 1/\Re$ immer heißer, aber auch die Materie ($T \propto 1/\Re^2$).
Bei etwa 3000°K ist schließlich die Materie ionisiert und wird damit un-
durchdringlich für Strahlung. Streuung von Strahlung und Materie führt
bei allen höheren Temperaturen zu thermischem Gleichgewicht von

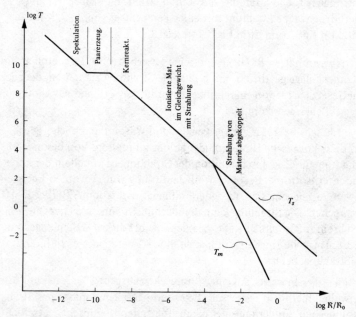

Fig. 23: Thermische Geschichte des Universums

Strahlung und Materie, während nichtionisierte Materie transparent für
Strahlung ist und bei $T < 3000°K$ die in Fig. 23 gezeigte Entkopplung
von Strahlung und Materie eintritt, die dann unabhängigen Gesetzen (5.79)
bzw. (5.82) gehorchen. Für $T > 3000°K$ wird das thermische Verhalten
dagegen durch die Strahlung dominiert (das Verhältnis der Zahl der Photonen zu Atomen ist etwa $10^8 : 1$), so daß für $T > 3000$ °K die Temperatur $\propto 1/\Re$ ist.

Die der Strahlung derzeit entsprechende Massendichte ist

$$(5.83) \qquad \rho_{s_0} = a\,T^4 = 4,5 \cdot 10^{-34} \text{g/cm}^3,$$

$(a = 8,4 \cdot 10^{-36} \text{ g/cm}^{-3} \cdot {}^{\circ}\text{K}^{-4})$, während die Materie derzeit eine Dichte von etwa

(5.84) $\rho_{m_0} \approx 10^{-30} \text{ g/cm}^3$

aufweist. Strahlungsdichte und Strahlungsdruck können somit in der jetzigen Phase des Universums vernachlässigt werden. Da aber $\rho_m \propto \mathfrak{R}^{-3}$, während $\rho_s \propto \mathfrak{R}^{-4}$, wird $\rho_m = \rho_s$ für $\mathfrak{R} = 10^{-3}\mathfrak{R}_0$, also etwa zur Zeit der Entkopplung von Materie und Strahlung. Für noch kleinere Radien dominiert die Strahlung. Für $\mathfrak{R} = 10^{-7}\mathfrak{R}_0$ erreicht T den Wert $3 \cdot 10^7$ °K, wo Kernreaktionen einsetzen. Diese wichtige Phase in der Entwicklung des Kosmos soll im Kapitel 5.9 besprochen werden.

Die Isotropie der kosmischen Hintergrundstrahlung ergibt überdies die besten Limiten für die Werte von σ und ω. Während aus direkten Beobachtungen von Galaxien nur[1] $\omega_0 \leqslant \frac{1}{3}\theta_0, \sigma_0 \leqslant \frac{1}{4}\theta_0$ folgt, läßt die Isotropie der Hintergrundstrahlung auf $\omega_0 < 10^{-3}\theta_0, \sigma_0 < 10^{-3}\theta_0$ schließen[2].

5.6 Friedmann-Universum II: Raumkrümmung und Nebelzählung

Die Überlegungen des vorigen Abschnittes haben es uns ermöglicht, einige Aussagen über die Dynamik und das thermische Verhalten eines Friedmann-Universums zu machen. Wir wollen nun die Einsteinschen Feldgleichungen für die isotropen homogenen Weltmodelle exakt lösen.

Dazu müssen wir zunächst das Koordinatensystem festlegen. Es erweist sich als günstig, in einem mitbewegten Koordinatensystem zu arbeiten und die Lagrange-Parameter a^μ als räumliche Koordinaten $x^\mu = a^\mu$ zu benutzen. Die Eigenzeit s entlang der Weltlinien kann als Zeitkoordinate $x^0 = t = s$ dienen. Die Stromlinien werden dadurch selbst zu Koordinatenlinien.

In diesem Koordinatensystem ist $u^i = (1,0)$, und aus $u_i u^i = 1$ folgt

(5.85) $u^i u_i = g_{ik} u^i u^k = g_{00} = 1.$

---

[1] J. Kristian, R.K. Sachs, Astrophys. J. **143**, 379 (1966).
[2] K.S. Thorne, Astrophys. J. **148**, 51 (1967).

Aus der Rotationsfreiheit der Friedmann-Universen

(5.86) $\omega_{ik} = 0 = u_{i,k} - u_{k,i} = g_{i0,k} - g_{k0,i} = 0$

folgt für $i, k = \mu, \nu$ (räumliche Indizes, $\phi(x)$ ist eine beliebige Funktion)

(5.87) $g_{0\mu,\nu} = g_{0\nu,\mu} \rightarrow g_{0\mu} = \phi(x)_{,\mu}$.

Für $i = 0$, $k = \mu$ ergibt (5.86) dagegen $g_{0\mu,0} = 0$, so daß $\phi = \phi(x^\alpha)$. Durch die Koordinatentransformation

(5.88) $\begin{aligned} x^\mu &\rightarrow x^\mu, \\ x^0 &\rightarrow x^0 + \phi(x^\mu) \end{aligned}$

erreicht man $g_{0\mu} = 0$, wobei $u^i = (1,0)$ erhalten bleibt. Das Linienelement ist damit auf

(5.89) $\mathrm{d}s^2 = \mathrm{d}t^2 + g_{\alpha\beta}(x)\,\mathrm{d}x^\alpha \mathrm{d}x^\beta$

eingeschränkt.

Man kann ferner zeigen, daß die Bedingung $\sigma_{ik} = 0$ (5.89) weiter festlegt:

(5.90) $\mathrm{d}s^2 = \mathrm{d}t^2 + \mathfrak{R}^2(t, x^\rho)\gamma_{\mu\nu}(x^\rho)\mathrm{d}x^\mu \mathrm{d}x^\nu$

(siehe Übungsaufgabe), und die Feldgleichungen erlauben dann, $\gamma_{\mu\nu}$ und $\mathfrak{R}^2$ zu berechnen[1].

Einfacher ist es allerdings, direkt die den Friedmann-Modellen zugrunde-liegende *Isotropieforderung* zu verwenden. Aus ihr folgt, daß der Raum für $t = $ const von konstanter Krümmung sein muß. Sein Linienelement ist daher nach (2.102)

(5.91) $\mathrm{d}\sigma^2 = \mathfrak{R}^2 \left[\dfrac{\mathrm{d}r^2}{1 - kr^2} + r^2\mathrm{d}\theta^2 + r^2\sin^2\theta\,\mathrm{d}\phi^2 \right]$,

wobei $k = \pm 1,0$. Setzt man dies in (5.89) ein, so ergibt sich das *Robertson-Walker-Linienelement*

(5.92) $$\mathrm{d}s^2 = \mathrm{d}t^2 - \mathfrak{R}^2(t) \left[\frac{\mathrm{d}r^2}{1 - kr^2} + r^2\mathrm{d}\theta^2 + r^2\sin^2\theta\,\mathrm{d}\phi^2 \right].$$

[1] Dieser Weg ist bei F.G.R. Ellis in R. Sachs (1971) eingeschlagen.

Dabei kann $\mathfrak{R}$ von t abhängen, d.h., der isotrope Raum kann im Laufe der Zeit expandieren oder kontrahieren.

Zunächst wollen wir die geometrische Bedeutung des Robertson-Walker-Linienelements untersuchen.

Für $k = 0$ ist (5.91) offenbar das Linienelement eines unendlich ausgedehnten Euklidischen Raumes[1]. Die Schnitte $\theta = \pi/2$ sind Ebenen.

Für $k = 1$ liegt eine Hyperkugel vor, also eine dreidimensionale Kugel, die in einem vierdimensionalen Euklidischen Raum eingebettet werden kann (Übungsaufgabe). In $r = 1$ tritt eine Koordinatensingularität auf, die analog zu der Situation auf der Kugeloberfläche ist: Fig. 24 zeigt zwei mögliche Koordinatensysteme auf der Kugel. In b) ist die Koordinate r ($0 \leqslant r \leqslant 1$) so gewählt, daß der Umfang eines Kreises $r =$ const gerade $2\pi \mathfrak{R} r$ wird, während in a) Polarkoordinaten auf der Kugel gewählt sind. Das Linienelement wird wegen $r = \sin \alpha$

$$(5.93a) \qquad ds^2 = \mathfrak{R}^2(\sin^2\alpha d\phi^2 + d\alpha^2) =$$

$$(5.93b) \qquad = \mathfrak{R}^2 \left(\frac{dr^2}{1 - r^2} + r^2 d\phi^2 \right).$$

Auch in b) tritt die Singularität in $r = 1$ auf, die sich nun klar als Koordinatensingularität erweist und in (5.93a) nicht vorhanden ist.

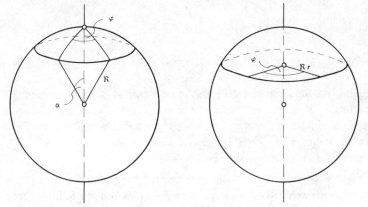

Fig. 24: Koordinatensysteme auf der Kugel

---

[1]Wir sehen hier von allen topologischen Fragen ab. Im Prinzip kann auch der Euklidische Raum durch Periodizitätsforderungen (Beispiel: Normierungsvolumen der Quantenmechanik!) endlich gemacht werden. Ebenso sind in den Fällen $k = \pm 1$ andere topologische Zusammenhänge möglich.

Der Vergleich von (5.93b) mit (5.91) zeigt, daß die Schnitte $\theta = \pi/2$ für $k = 1$ Kugeln mit Radius $\Re$ sind, die den Schnittebenen des Modelles mit $k = 0$ entsprechen. Diese Tatsache läßt vermuten, daß der Raum mit $k = 1$ *endliches Volumen* hat, und tatsächlich ist sein Gesamtvolumen durch

$$(5.94) \qquad V = \int\limits_0^1 dr \int\limits_0^{2\pi} d\phi \int\limits_0^{\pi} d\theta \; \frac{\Re^3}{\sqrt{1-r^2}} \; r^2 \sin\theta = 2\pi^2 \, \Re^3$$

gegeben. (5.91) ist daher für $k = 1$ das Linienelement eines endlich ausgedehnten, aber doch unbegrenzten Weltalls. Die Erkenntnis dieser Möglichkeit war eine der wesentlichsten Leistungen der allgemeinen Relativitätstheorie.

Das endliche Volumen des Weltalls kann auch noch anders veranschaulicht werden. Schreiben wir das Linienelement (5.91) durch Einführung der Koordinate $r = \sin\alpha$, $0 \leqslant \alpha \leqslant \pi$, in eine Form analog zu (5.93a) um:

$$(5.95) \qquad d\sigma^2 = \Re^2[d\alpha^2 + \sin^2\alpha(d\theta^2 + \sin^2\theta\, d\phi^2)],$$

so ist der Radius a einer Kugelschale um den Punkt $\alpha = 0$ durch

$$a = \Re \int\limits_0^{\alpha} d\alpha = \Re\alpha \text{ gegeben, während die Oberfläche } A \text{ der Kugelschale}$$

durch

$$(5.96) \qquad A = 4\pi\Re^2\sin^2\alpha = 4\pi\Re^2\sin^2\left(\frac{a}{\Re}\right)$$

gegeben ist. Bei zunehmendem Abstand a nimmt A zunächst bis zum maximalen Wert $A = 4\pi\Re^2$ zu (für $a = \pi/2 \cdot \Re$), der wesentlich kleiner ist als die Oberfläche einer Kugel ($A = \pi^3\Re^2$) mit gleichem Radius im Euklidischen Raum. Für $a > \pi\Re/2$ nimmt A wieder ab, um schließlich für $a = \pi\Re$ auf $A = 0$ abzusinken.

Für $k = -1$ tritt keine Koordinatensingularität auf, und r erstreckt sich über den Bereich $0 \leqslant r < \infty$. Die Fläche A einer Kugel mit Radius a kann auch hier zur Veranschaulichung der Geometrie herangezogen werden. Die Substitution $r = \sinh\alpha$ bringt (5.91) für $k = -1$ auf eine Form analog zu (5.95)

$$(5.97) \qquad d\sigma^2 = \Re^2[d\alpha^2 + \sinh^2\alpha(d\theta^2 + \sin^2\theta\, d\phi^2)].$$

Wieder ist $a = \Re\alpha$, aber

(5.98) $A = 4\pi\Re^2\sinh^2\left(\dfrac{a}{\Re}\right)$.

In Fig. 25 ist A für $k = \pm 1.0$ aufgetragen.

Die Abhängigkeit der Kugelfläche von der Entfernung kann im Prinzip zur empirischen Bestimmung der Konstanten k herangezogen werden. Dazu muß – bei Annahme gleichmäßiger Verteilung und Helligkeit der Galaxien – die Zahl der Galaxien als Funktion der scheinbaren Helligkeit ermittelt werden. Da der die Erde von einer Galaxis erreichende Strahlungsfluß $S \propto R^{-2}$ ist und im Euklidischen Raum eine Anzahl von Galaxien $N \propto R^3$ mit Strahlungsfluß größer als S (Entfernung $< R$) zu erwarten ist, lassen Abweichungen von $N \propto S^{-3/2}$ auf $k \neq 0$ schließen.

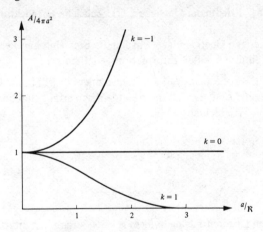

Fig. 25: Kugelfläche als Funktion des Radius für $k = \pm 1.0$

Die Fülle der notwendigen Korrekturen (Expansion des Universums und dadurch bedingte Rotverschiebung, Evolutionseffekte etc.) hat jedoch bisher die Bestimmung von k auf diesem Weg verhindert, obwohl das Beobachtungsmaterial, besonders über Radiogalaxien, umfangreich ist[1].

---

[1] Eine kritische Analyse der Daten und Literaturangaben sind in K. Brecher, G. Burbidge, P.A. Strittmatter, Comm. on Astrophysics and Space Physics **3**, 99 (1971) enthalten.

A u f g a b e n

1. Zeige, daß aus $\omega_{ik} = \sigma_{ik} = 0$ die Form (5.90) des Linienelementes folgt.

2. Im Euklidischen R_4 mit Linienelement

$$d\sigma^2 = \sum_{i=1}^{4} dx_i^2$$

sei eine Hyperkugel durch $\Sigma\, x_i^2 = \Re^2$ gegeben. Zeige, daß ihr Linienelement durch (5.95) bestimmt ist.

Anleitung: Setze $x_4 = \Re\cos\alpha$, $x_3 = \Re\sin\alpha\cos\phi$, $x_2 = \Re\sin\alpha \cdot$
$\cdot \sin\phi\cos\theta$, $x_1 = \Re\sin\alpha\sin\theta\sin\phi$.

5.7 Friedmann-Universum III: Zeitliche Entwicklung

In den bisherigen Überlegungen wurden die Einsteinschen Feldgleichungen noch nicht in ihrem vollen Informationsgehalt ausgenutzt.

Setzt man das Robertson-Walker-Linienelement (5.92) in die Feldgleichungen ein, so zeigt sich, daß die meisten identisch erfüllt sind und nur zwei Gleichungen übrigbleiben[1]:

$$(5.99) \qquad \kappa\rho + \Lambda = 3\,\frac{k + \dot{\Re}^2}{\Re^2}\ ,$$

$$(5.100) \qquad \kappa p - \Lambda = -\,\frac{2\,\Re\ddot{\Re} + \dot{\Re}^2 + k}{\Re^2}\ .$$

Diese beiden Differentialgleichungen reichen zusammen mit der Zustandsgleichung aus, um $p(t)$, $\rho(t)$, $\Re(t)$ zu bestimmen.

Multipliziert man (5.100) mit 3 und addiert das Resultat zu (5.99), so ergibt sich

$$(5.101) \qquad \kappa(3p + \rho) = 2\Lambda - \frac{6\ddot{\Re}}{\Re}\ .$$

(5.101) stimmt mit der auf Friedmann-Modelle spezialisierten Raychaudhuri-Gleichung (5.72) und, für $p = 0$, auch mit der Newtonschen Gleichung (5.13) überein, wenn man den Erhaltungssatz $\rho\Re^3 = $ const berücksichtigt.

---

[1] Die Details dieser Rechnung sind im Kapitel 7 angegeben.

Auch den (allerdings durch Druckterme modifizierten) Erhaltungssatz können wir aus (5.99, 100) ableiten. Multiplizieren wir (5.99) mit $\mathfrak{R}^3$ und bilden die Zeitableitung, so wird

$$(5.102) \qquad \kappa(\rho\mathfrak{R}^3)^{\cdot} = -\Lambda(\mathfrak{R}^3)^{\cdot} + 3\,k\dot{\mathfrak{R}} + 3\dot{\mathfrak{R}}^3 + 6\,\ddot{\mathfrak{R}}\,\dot{\mathfrak{R}}\,\mathfrak{R} \quad .$$

Multiplizieren von (5.100) mit $3\mathfrak{R}^2\dot{\mathfrak{R}}$ und Addition der entstehenden Gleichung zu (5.102) liefert dann

$$(5.103) \qquad \mathrm{d}(\rho\mathfrak{R}^3) + p\,\mathrm{d}(\mathfrak{R}^3) = 0,$$

also (5.74).

Man könnte nun vermuten, daß die Feldgleichungen im Falle der Friedmann-Universen keine über die Raychaudhuri-Gleichung und den Erhaltungssatz $T_{ik}{}^{;k} = 0$ hinausgehende Information liefern.

Dies ist unrichtig, da die Konstante k in (5.99, 100) enthalten ist und in den beiden Konsequenzen, die wir bisher aus den Gleichungen gezogen haben, k eliminiert wurde. Die Gleichungen müssen daher noch eine weitere Aussage enthalten, die eine Verknüpfung von Raumkrümmung k und zeitliche Entwicklung des Universums bringt. Um dies einzusehen, schreiben wir (5.99) in der Form

$$(5.104) \qquad \dot{\mathfrak{R}}^2 - \frac{\kappa\rho\mathfrak{R}^2}{3} + k - \frac{1}{3}\Lambda\mathfrak{R}^2 = 0.$$

Dies ist (unter Berücksichtigung von $\rho\mathfrak{R}^3 = \mathrm{const}$) genau (5.14), also der Energiesatz der Newtonschen Kosmologie.

Die Raumstruktur wird durch $\mathfrak{R}(t)$ und k bestimmt, wobei die Konstante k, die in der Newtonschen Kosmologie die Rolle der Energiedichte spielte, nun für den Raumtypus ausschlaggebend ist: Für $k = 1$ (negative Energiedichte) liegt ein räumlich geschlossenes, endliches Universum vor, für $k = 0$ ein unendliches, Euklidisches und für $k = -1$ ein negativ gekrümmtes, hyperbolisches Universum unendlicher Ausdehnung (positive Energiedichte im Newtonschen Fall).

$\mathfrak{R}(t)$ ist der Krümmungsradius des Raumes, wie wir für $k = 1$ im vorigen Abschnitt gezeigt haben, und hat damit unmittelbar geometrische Bedeutung. Dies gilt auch für $k = -1$, während für $k = 0$ $\mathfrak{R}(t)$ nur rein kinematische Bedeutung hat und wie in der Newtonschen Kosmologie willkürlich auf $\Re\,(t_0) = 1$ normiert werden kann[1].

Die Lösungen von (5.99, 100) lassen sich für $p = 0$ oder $p = \rho/3$ einfach diskutieren. Im ersteren Fall (inkohärente Materie) ist nach (5.76) $\rho = \mathfrak{M}/\Re^3$. Diese Näherung ist für das jetzige Universum zulässig, in dem der Strahlungsdruck gegen ρ vernachlässigt werden kann.

Die Näherung $p = \rho/3$ ist dagegen für das frühe, strahlungsdominierte Universum zu verwenden. Nach (5.78) ist dann $\rho = K/\Re^4$, wobei K eine Konstante ist. (5.99) wird dann

$$(5.105) \quad \dot{\Re}^2 = \frac{\kappa\mathfrak{M}}{3\Re} + \frac{1}{3}\,\Lambda\Re^2 - k =: F(\Re), \qquad p = 0,$$

$$(5.106) \quad \dot{\Re}^2 = \frac{\kappa K}{3\Re^2} + \frac{1}{3}\,\Lambda\Re^2 - k, \qquad\qquad p = \rho/3.$$

Falls Materie und Strahlung nicht in Wechselwirkung stehen (so daß die entsprechenden Energie-Impuls-Tensoren separat erhalten sind), können wir die beiden obigen Möglichkeiten kombinieren und erhalten

$$(5.107) \quad \boxed{\dot{\Re}^2 = \frac{\kappa K}{3\Re^2} + \frac{\kappa\mathfrak{M}}{3\Re} - k + \frac{1}{3}\,\Lambda\Re^2.}$$

Das Universum heißt strahlungsdominiert, falls der erste Term der rechten Seite der *Friedmann-Gleichung* (5.107) überwiegt; materiedominiert, wenn der $\mathfrak{M}$-Term vorherrscht; krümmungsdominiert, wenn k der größte Term ist; und schließlich dominiert bei Überwiegen des letzten Ausdrucks in (5.107) die Vakuumenergie.

Für kleine $\Re$ wird im allgemeinen ein strahlungsdominiertes Universum vorliegen. Wir können dann nähern

$$(5.108) \quad \dot{\Re}^2 = \frac{\kappa K}{3\Re^2} \rightarrow \Re = \left(\frac{4\kappa K}{3}\right)^{1/4} t^{1/2},$$

während ein materiedominiertes Universum für kleine $\Re$ ein Verhalten $\Re \propto t^{2/3}$ zeigt.

---

[1] Der Unterschied in der Normierung ($k = \pm 1{,}0$ in der relativistischen Kosmologie, während k in der Newtonschen Kosmologie kontinuierlich variiert) ist darauf zurückzuführen, daß $\Re(t_0)$ für $k = \pm 1$ nicht mehr willkürlich auf 1 normiert werden kann, da es unmittelbare physikalische Bedeutung hat.

Für große $\mathfrak{R}$ wird dagegen stets der Λ-Term dominieren, da die Vakuumenergie proportional zum Volumen des Universums ist.

(5.107) läßt sich für $\Lambda \neq 0$ durch elliptische Funktionen lösen, während für $\Lambda = 0$ elementare Funktionen ausreichen. Die wesentlichen Eigenschaften von $\mathfrak{R}(t)$ lassen sich jedoch auch für $\Lambda \neq 0$ aus (5.107) leicht ablesen.

Zunächst suchen wir nach *statischen Lösungen* von (5.105). Für diese ist $\dot{\mathfrak{R}} = \ddot{\mathfrak{R}} = 0$ und (5.101) bzw. (5.105) ergeben dann

(5.109) $\quad \kappa\rho = 2\Lambda$,

(5.110) $\quad \dfrac{\kappa\mathfrak{M}}{3\mathfrak{R}} + \dfrac{1}{3}\Lambda\mathfrak{R}^2 = k$.

Aus (5.109) folgt $\Lambda > 0$, und (5.110) hat daher nur für $k = 1$ eine Lösung:

(5.111) $\quad \mathfrak{R}^2 = \dfrac{3}{\kappa\rho + \Lambda} = \dfrac{2}{\kappa\rho}$.

(5.109) drückt die Gleichgewichtsbedingung für das Universum aus: Die Anziehungskraft von ρ (es bewirkt $\ddot{\mathfrak{R}} < 0$) muß die abstoßende Wirkung der (positiven) kosmologischen Konstante genau kompensieren.

Allerdings ist dieses *geschlossene statische Einstein-Universum* unstabil. Vergrößert man nämlich $\mathfrak{R}$ virtuell, so nimmt ρ wegen $\rho\mathfrak{R}^3 = $ const ab, während Λ konstant bleibt. Die Abstoßung durch Λ dominiert damit und führt zur weiteren Vergrößerung von $\mathfrak{R}$.

Die nichtstatischen Lösungen von (5.107) werden durch das Verhalten von $F(\mathfrak{R})$ bestimmt. Für $\Lambda < 0$ ist $\mathfrak{R}^2 = F(\mathfrak{R})$ für genügend große $\mathfrak{R}$ stets negativ. Es gibt dann einen maximalen Radius $\mathfrak{A}$ des Universums, der durch $F(\mathfrak{A}) = 0$ bestimmt ist. $\mathfrak{R}(t)$ hat in diesen Fällen das in Fig. 26 gezeigte Verhalten, k spielt keine wesentliche Rolle[1].

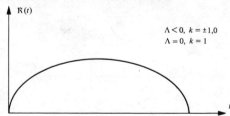

$R(t)$

$\Lambda < 0,\ k = \pm 1, 0$
$\Lambda = 0,\ k = 1$

t

Fig. 26: Lösungstyp der Friedmann-Gleichung für $\Lambda < 0$ und $\Lambda = 0,\ k = 1$

---

[1]Der Grund dafür ist, daß $\Lambda < 0$ eine dem Volumen des Universums proportionale Anziehung bewirkt, die stets zur Rekontraktion des Universums führt.

Für $\Lambda > 0$ ist eine Reihe von Fällen zu unterscheiden, die an dem Verhalten von $F(\mathfrak{R})$ (Fig. 27) abgelesen werden können.

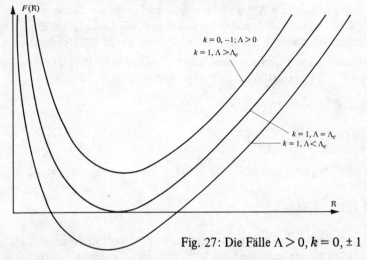

Fig. 27: Die Fälle $\Lambda > 0$, $k = 0, \pm 1$

Während für $k = -1.0$ $F(\mathfrak{R})$ für alle Werte von $\mathfrak{R}$ positiv ist und daher ein von $\mathfrak{R} = 0$ bis $\mathfrak{R} = \infty$ beständig expandierendes[1] Universum vorliegt, gibt es für das endliche Universum $k = 1$ einen kritischen Wert $\Lambda = \Lambda_c$, für den $F(\mathfrak{R}_c) = \mathrm{d}F/\mathrm{d}\mathfrak{R}_c = 0$ ist. Dieser Wert entspricht gerade dem statischen Einstein-Kosmos (da $\dot{\mathfrak{R}}^2 = F(\mathfrak{R})$ und $\ddot{\mathfrak{R}} = \frac{1}{2}\,\mathrm{d}F/\mathrm{d}\mathfrak{R}$ für ein statisches Universum beide gleich Null sein müssen). Für $\Lambda > \Lambda_c$ liegt wieder ein unbeschränkt expandierendes Universum vor, während für $\Lambda = \Lambda_c$ außer dem statischen Einstein-Kosmos noch zwei expandierende (oder auch kontrahierende) Lösungen möglich sind, die sich der statischen Lösung von unten bzw. oben asymptotisch nähern (Fig. 28, 29, 30).

Fig. 28: Lösungen für $\Lambda = \Lambda_c = 4(\kappa M)^{-2}$, $k = 1$

---

[1]Die zeitgespiegelten (kontrahierenden) Lösungen von (5.107) sind auch möglich.

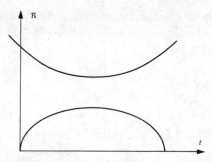

Fig. 29: Lösungen für $k = 1, 0 < \Lambda < \Lambda_c$

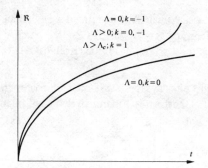

Fig. 30: Weitere Lösungen der Friedmann-Gleichung

Ein theoretisch wichtiger Fall ist $\Lambda = \Lambda_c(1 + \epsilon)$, wobei $\epsilon \ll 1$. Die Lösung der Friedmann-Gleichung hat dann die in Fig. 31 gezeigte Form (Lemaitre-Universum).

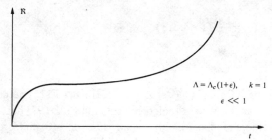

Fig. 31: Lemaitre-Universum

Durch Wahl eines sehr kleinen ϵ kann die Expansion des Universums in einem Punkt fast gestoppt werden, wodurch die Zeitskala für die Expansion des Universums gedehnt wird.

Für $\Lambda = 0$ läßt sich die Friedmann-Gleichung (5.105), wie erwähnt, durch elementare Funktionen lösen. Am einfachsten ist der Fall $k = 0$ (Einstein-De Sitter-Universum):

$$(5.112) \quad \dot{\Re}^2 = \frac{\kappa \mathfrak{M}}{3 \Re} , \qquad \Re = \left(\frac{3 \kappa \mathfrak{M}}{4} \right)^{1/3} t^{2/3} .$$

Das flache, unendlich ausgedehnte Universum expandiert für alle t.

Für $k = 1, \Lambda = 0$ wird (5.105) gelöst durch

$$(5.113) \quad t = \frac{\mathfrak{A}}{2} \operatorname{arc\,cos} (1 - 2\Re/\mathfrak{A}) - \sqrt{\mathfrak{A}\Re - \Re^2} ,$$

wobei $\mathfrak{A} = \kappa \mathfrak{M}/3$ die maximale Ausdehnung des endlichen Universums angibt. Diese Ausdehnung $\Re = \mathfrak{A}$ wird zur Zeit $t_m = \pi\mathfrak{A}/2$ erreicht, während $t = 0$ den Ursprung und $t = 2t_m$ das Ende (Kollaps) des Universums angibt.

Die Kurve (5.113) ist eine Zykloide, wie man am besten in einer Parameterdarstellung sieht. Transformiert man nämlich das Linienelement (5.92) durch die Substitution

$$(5.114) \quad \mathrm{d}t = \Re(t)\mathrm{d}\tau = : a(\tau)\mathrm{d}\tau$$

auf die Form

$$(5.115) \quad \mathrm{d}s^2 = a^2(\tau) (\mathrm{d}\tau^2 - \mathrm{d}\sigma^2)$$

(die für $k = \pm 1,0$ gilt), so folgt für $k = 1$

$$(5.116) \quad a(\tau) = \frac{\mathfrak{A}}{2} (1 - \cos \tau),$$

$$(5.117) \quad t = \frac{\mathfrak{A}}{2} (\tau - \sin \tau),$$

also die bekannte Darstellung der Zykloide. Die in (5.115) hergeleitete Form des Robertson-Walker-Linienelements mit (5.95, 97) hat den Vorteil, daß Weltlinien radialer Lichtstrahlen ($\mathrm{d}\theta = \mathrm{d}\phi = 0$) einfach durch $\mathrm{d}\tau = \pm \mathrm{d}\alpha$ bestimmt sind und der Lichtkegel im τ-α-Diagramm die gewohnte Form annimmt, was die Behandlung von Kausalitätsproblemen erleichtert (siehe Abschnitt 5.9).

Für $k = -1$ läßt sich die Lösung der Friedmann-Gleichung in den beiden Formen

$$(5.118) \quad t = \sqrt{\Re(\mathfrak{A}+\Re)} - \frac{\mathfrak{A}}{2} \; \text{ar cosh} \left(1 + \frac{2\Re}{\mathfrak{A}}\right)$$

oder

$$(5.119) \quad a(\tau) = \frac{\mathfrak{A}}{2}(\cosh \tau - 1),$$

$$(5.120) \quad t = \frac{\mathfrak{A}}{2}(\sinh \tau - \tau)$$

angeben. Das Universum expandiert für alle t, wie es auch die Analogie einer Newtonschen Kosmologie mit positiver Energiedichte fordert.

Um die Feldgleichungen schließlich auf eine für den *Vergleich mit dem Experiment* geeignete Form zu bringen, führen wir die Hubble-Konstante H_0 (siehe (5.5)) und den (dimensionslosen) Akzelerationsparameter[1] q_0 ein:

$$(5.121) \quad H_0 = \frac{\dot{\Re}_0}{\Re_0}, \qquad -q_0 = \frac{\ddot{\Re}_0 \; \Re_0}{\dot{\Re}_0^2}.$$

q_0 gibt an, ob die Kurve $\Re(t)$ nach oben ($q_0 < 0$) oder unten ($q_0 > 0$) gekrümmt ist. Für $q_0 > 0$ verlangsamt sich die Expansion, was für $\Lambda < 0$ stets zutrifft.

Die physikalische Bedeutung von H_0 ist in Fig. 32 gezeigt.

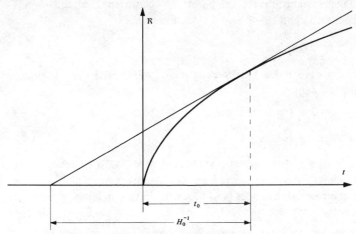

Fig. 32: Physikalische Bedeutung von H_0

---

[1] Sowohl H als auch q sind Funktionen der Zeit, der Index 0 zeigt an, daß sie zum gegenwärtigen Zeitpunkt betrachtet werden.

Die Figur zeigt, daß $T_0 = H_0^{-1}$ für $\Lambda \leqslant 0$ ($q_0 > 0$) stets größer als das Alter t_0 des Universums ist.

Auch die Dichte ρ_0 des Universums kann durch einen dimensionslosen Parameter σ_0 ausgedrückt werden:

(5.122) $\sigma_0 = \kappa \rho_0 / 6 H_0^2$.

Ein analoger Parameter wäre auch für den Druck p_0 einzuführen, doch können wir wegen $p_0 \ll \rho_0$ in guter Näherung $p_0 = 0$ setzen.

Nach einfachen algebraischen Umformungen erhalten wir aus (5.99) bzw. (5.100) die Gleichungen

(5.123) $\sigma_0 - q_0 = \Lambda / 3 H_0^2$,

(5.124) $3\sigma_0 - q_0 - 1 = k / H_0^2 \Re_0^2$.

Der in (5.3) für H_0 gegebene Wert führt mit $\rho_0 = 10^{-30}$ g/cm^3 auf $\sigma_0 = 0{,}1$. Dieser Wert von ρ_0 bzw. σ_0 entspricht etwa der in Form von Galaxien sichtbaren mittleren Massendichte im Universum.

Allerdings könnte unsichtbare Materie in verschiedenster Form (intergalaktisches Gas, Gravitationswellen, junge bzw. sehr alte Galaxien, schwarze Löcher, Neutrinos etc.) zu ρ_0 bzw. σ_0 beitragen[1]. Daher kann mit einiger Sicherheit für σ_0 nun die Angabe

(5.125) $0{,}1 \lesssim \sigma_0 \lesssim 1$

gemacht werden. Die Bestimmung von q_0 soll im nächsten Abschnitt erörtert werden.

Auch das dort gegebene Resultat

(5.126) $q_0 = 1 \pm 0{,}4$

ist mit großen Unsicherheitsfaktoren behaftet. Leider ist daher weder eine Bestimmung von Λ noch von k aus den Meßdaten möglich. Die Frage, ob wir in einem offenen oder geschlossenen Universum leben, bleibt unbeantwortet.

In manchen Analysen der kosmologischen Daten ist willkürlich $\Lambda = 0$ gesetzt, da der Begriff einer Energiedichte des Vakuums oft als unbefriedi-

---

[1]Diese Möglichkeiten sind in R. A. Sunyaev, Ya. B. Zeldovich, Comm. Astroph. and Space Phys. *1*, 5, 159 (1969) ausführlich diskutiert.

gend angesehen wird. Dann reduziert sich (5.123) auf $\sigma_0 = q_0$. Der Vergleich von (5.126) mit (5.125) ergibt hier das Problem der *fehlenden Massendichte*, da experimentell $\sigma_0 < q_0$, zumindest für sichtbare Materie ist. Mit $\sigma_0 = q_0$ wird (5.124)

$$(5.127) \qquad k = (2q_0 - 1)H_0^2 \Re_0^{\,2},$$

so daß $k = 1$ für $q_0 > 1/2$ oder $\sigma_0 > 1/2$ resultiert. Es fehlt also Massendichte, um $\sigma_0 > 1/2$ und damit ein geschlossenes Universum zu erreichen, das oft als erkenntnistheoretisch befriedigender angesehen wird als das offene, unendliche Weltall ($k = 0, -1$).

Ein weiteres Argument, das oft herangezogen wird, um eine Entscheidung zwischen Weltmodellen herbeizuführen, ist das *Alter des Universums* t_0. Die Diskussion hat gezeigt, daß für $\Lambda \leqslant 0$, $t_0 < T_0 = H_0^{-1}$ ist. Für den früher angegebenen Wert $T_0 = 10^{10}$ Jahre wird unter der Annahme $\Lambda = 0$, $q_0 = 1$, $t_0 = 6 \cdot 10^9$ Jahre, wie man aus (5.113) ersieht. Dieser Wert für t_0 ist unvereinbar mit dem Alter der Galaxis (etwa 10^{10} Jahre).

Der Wert $H_0^{-1} = T_0 = 2 \cdot 10^{10}$ Jahre erhöht aber die zur Verfügung stehende Zeitspanne (etwa $t_0 = 1,2 \cdot 10^{10}$ Jahre für $\Lambda = 0$, $q_0 = 1$) so weit, daß keine Altersprobleme auftreten.

Aufgaben

1. Aus (3.58) und (5.99) ist zu sehen, daß in einigen der gemischten Komponenten $G_i{}^k$ keine zweiten Zeitableitungen vorkommen. Man überlege sich allgemein, daß $G_0{}^k$ keine zweiten Ableitungen nach x^0 enthält, und diskutiere die Konsequenzen dieser Tatsache für das Anfangswertproblem der Feldgleichungen!
   Hinweis: Vergleiche mit der Maxwell-Theorie, wo zwei der Feldgleichungen — nämlich div $\mathbf{E} = \rho$, div $\mathbf{B} = 0$ bzw. tensoriell: $\partial^k F_{0k} = j_0$, $\partial^k F_{0k}^* = 0$ — keine Zeitableitungen enthalten. Das bedeutet, daß (i) die Anfangswerte $\mathbf{E}(\mathbf{x}, t = 0)$, $\mathbf{B}(\mathbf{x}, t = 0)$ nicht beliebig vorgegeben werden können und daß (ii) die restlichen Feldgleichungen die Zeitentwicklung so bestimmen müssen, daß obige zeitunabhängige Bedingungen auch weiter gültig bleiben, wenn sie für $t = 0$ gültig waren.

2. Löse die Friedmann-Gleichungen (5.104) für $\rho \equiv 0$, $\Lambda > 0$ (d.h., es sei nur Vakuum-Energie vorhanden). Zeige, daß die Raum-Zeit für

$k = 0, \pm 1$ jeweils ein Raum konstanter Krümmung ist. Das bedeutet, daß die Raum-Zeit-Geometrie für alle drei Fälle $k = \pm 1,0$ bei gleichem Λ die gleiche ist, ihre hohe Symmetrie es aber ermöglicht, auf drei verschiedene Arten raumartige Schnitte durchzulegen, die konstante Krümmung haben. Wegen weiterer Diskussion dieser *de-Sitter-Modelle* siehe z. B.: Tolman (1934), Schrödinger (1956), Heckmann & Schücking in Witten (1962).

5.8 Friedmann-Universum IV: Die Rotverschiebungs-Entfernungsrelation

In diesem Abschnitt kommen wir zum wichtigsten experimentellen Test der Friedmann-Modelle, zur Rotverschiebungs-Entfernungsrelation, aus der im Prinzip q_0 und damit (falls $\Lambda = 0$) die räumliche Krümmung des Universums bestimmt werden kann.

Die Rotverschiebungs-Entfernungsrelation kann unter sehr allgemeinen Bedingungen hergeleitet werden. Der größeren Übersichtlichkeit halber geben wir hier die einfachste Ableitung an.

Der Beobachter (Erde) sei in $r = 0$ plaziert, das Licht einer entfernten Galaxis bewegt sich radial auf ihn zu, wobei wir die Näherung der geometrischen Optik verwenden. Aus $ds^2 = 0$ folgt

$$(5.128) \qquad dt = - \, \mathfrak{R}\,(t)dr(1 - kr^2)^{-1/2}$$

oder, wenn das Licht zur Zeit $t = -\tau$ emittiert und zur Zeit $t = 0$ empfangen wird,

$$(5.129) \qquad \int_{-\tau}^{0} \frac{dt}{\mathfrak{R}(t)} = \int_{0}^{r} \frac{dr}{\sqrt{1 - kr^2}} = r + 0(r^3),$$

wobei wir den Term $0(r^3)$ vernachlässigen können, da bestenfalls quadratische Effekte in r meßbar sind.

Um die Rotverschiebung herzuleiten, betrachten wir außer der Lichtwelle, die bei $t = 0$ eintrifft, noch die nächste Welle, die bei $t = 1/\nu_E$ in $r = 0$ anlangt, wobei ν_E die Empfangsfrequenz ist. Sie wurde zur Zeit $t = -\tau + \frac{1}{\nu}$ ausgesandt. Da Empfänger und Sender in 0 bzw. r festgehalten werden, gilt

$$(5.130) \qquad \int_{-\tau + \frac{1}{\nu}}^{1/\nu_E} \frac{dt}{\mathfrak{R}(t)} = \int_{0}^{r} \frac{dr}{\sqrt{1 - kr^2}} = \int_{-\tau}^{0} \frac{dt}{\mathfrak{R}(t)}$$

oder, da $1/\nu$ im Limes der geometrischen Optik klein ist,

$$(5.131) \quad 1 + z := \frac{\lambda_E}{\lambda} = \frac{\nu}{\nu_E} = \frac{\Re(0)}{\Re(-\tau)}$$

Das Verhältnis der Wellenlängen bei Empfang und Aussendung verhält sich daher so wie die Weltradien $\Re$ zu den entsprechenden Zeiten. Wegen der Expansion des Universums tritt also eine *Rotverschiebung* ein, die üblicherweise durch die Größe $z = \Delta\lambda/\lambda$ ausgedrückt wird. (5.131) ist eine exakte Relation, deren Zusammenhang mit dem thermischen Verhalten von Strahlung bei Expansion offensichtlich ist.

Unsere nächste Aufgabe ist es nun, das Verhältnis (5.131) durch bekannte Größen auszudrücken. Die Taylorentwicklung $[\Re(0) = \Re_0]$

$$(5.132) \quad \Re(-\tau) \approx \Re_0 - \tau\dot{\Re}_0 + \frac{\tau^2}{2}\ddot{\Re}_0 = \Re_0 \left(1 - \tau H_0 - \frac{\tau^2}{2} H_0^2 q_0 \right)$$

führt zu

$$(5.133) \quad 1 + z \approx 1 + \tau H_0 + \tau^2 \left(\frac{q_0}{2} + 1\right) H_0^2,$$

während (5.129) den Zusammenhang zwischen r und τ angibt:

$$(5.134) \quad r = \int_{-\tau}^{0} \frac{dt}{\Re(t)} \approx \int_{-\tau}^{0} \frac{dt}{\Re_0 - t\dot{\Re}_0} \approx \frac{1}{\Re_0} \left(\tau + \frac{\tau^2}{2} H_0 \right)$$

Eingesetzt in (5.133) folgt mit $r\Re_0 = D$ die Rotverschiebungs-Entfernungsrelation

$$(5.135) \quad \boxed{z \approx H_0 D/c + \frac{D^2 H_0^2}{2c^2} (1 + q_0).}$$

In (5.135) ist D die derzeitige Entfernung der betrachteten Galaxis von uns (also nicht die Entfernung zur Zeit der Lichtaussendung). Die Rotverschiebungs-Entfernungsrelation (5.135) enthält einen linearen Term $\propto H_0$ (wodurch die Deutung von H_0 als Hubble-Konstante verifiziert ist) und einen nichtlinearen Term $\propto D^2$, der von q_0 abhängt. (5.135) ist allerdings nicht direkt experimentell verifizierbar, da D nicht selbst bestimmt werden kann, sondern nur die scheinbare Helligkeit l einer Galaxis. Dabei hängt l mit der absoluten Leuchtkraft L einer Galaxis durch

$$(5.136) \quad l = \frac{L}{4\pi D^2(1 + z)^2}$$

zusammen, wobei die Frage der Einheiten von L im weiteren nicht von Bedeutung sein wird. (5.136) folgt daraus, daß die Lichtstrahlen, die von der Quelle ausgehen, zum Zeitpunkt des Empfanges eine Kugel mit Fläche $4\pi D^2$ bilden[1], die von der Quelle ausgehenden Photonen rotverschoben sind (Energie pro Photon um $(1 + z)^{-1}$ verringert) und wegen der Expansion ferner das Zeitintervall zwischen dem Eintreffen der einzelnen Photonen um $1 + z$ verlängert wird. Die in der Astronomie übliche Helligkeitseinheit ist die Größenklasse m, die mit der scheinbaren Helligkeit l nach

$$(5.137) \qquad m = \text{const} - 2{,}5 \log l$$

zusammenhängt, so daß

$$(5.138) \qquad m = \text{const} - 2{,}5 \log L + 5 \log (1 + z) + 5 \log D.$$

Elimination von D aus (5.135) und (5.138) ergibt

$$m = \text{const} - 2{,}5 \log \frac{LH_0^2}{c^2} + 5 \log (1 + z) + 5 \log z \left[1 - \frac{z}{2}(1 + q_0)\right]$$

oder, für kleine z

$$(5.139) \qquad \boxed{m \approx \text{const} - 2{,}5 \log \frac{LH_0^2}{c^2} + 5 \log z + 1{,}086 (1 - q_0)z,}$$

wobei $1{,}086 = 2{,}5/\ln 10$.

Kennt man L, so kann man aus einem $m - \log z$-Diagramm (Fig. 33) die Hubble-Konstante H_0 und (aus der Abweichung der Kurve von der Geraden) q_0 ablesen. Dabei wird angenommen, daß L eine Konstante unabhängig von z ist. Aus der Unkenntnis von L resultiert die große Unsicherheit in der Bestimmung der Hubble-Konstante H_0. Fig. 33 zeigt das von Sandage[2] angegebene Diagramm. Die Auswertung liefert die schon zitierten Werte

$$(5.140) \qquad H_0^{-1} = 6 \cdot 10^{17} \text{ s}, \qquad q_0 = 1 \pm 0{,}4.$$

---

[1] Für $k \neq 0$ ist dies nicht streng richtig. Die Oberfläche einer Kugel mit Radius D weicht aber von $4\pi D^2$ nur um einen Term der Ordnung D^4 ab, der vernachlässigt werden kann.

[2] Nach A. Sandage, Astrophys. J. *178*, 1 (1972).

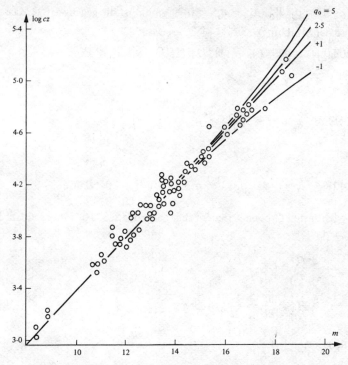

Fig. 33 Die Rotverschiebungs-Entfernungsrelation. Als Ordinate ist $\log cz$, als Abszisse m für die jeweils hellste Galaxis von 84 Haufen aufgetragen.

5.9 Das frühe Universum

Die Untersuchung der Vorgänge nach dem Urknall hat sich in den letzten Jahren als eine der fruchtbarsten Arbeitsrichtungen der Kosmologie erwiesen, deren wichtigste Resultate und Probleme wir hier kurz skizzieren wollen[1].

Gehen wir von einem Friedmann-Modell aus, so vereinfacht sich für $\Re \lesssim 10^{-3}\Re_0$ die Friedmann-Gleichung (5.107) beträchtlich, da das Universum dann strahlungsdominiert ist. Nach (5.108) gilt dann wegen

---

[1] Eine detaillierte Übersicht über die hier behandelten Probleme wurde von W. Kundt, Springer Tracts in Mod. Physics *58*, 1 (1971) gegeben.

$K = \rho_s \mathfrak{R}^4 = \rho_{s_0} \mathfrak{R}_0^4$ ($\rho_{s_0} = 4{,}5 \cdot 10^{-34}$ g/cm^3 ist die gegenwärtige Massendichte der Strahlung)

$$(5.108\text{a}) \qquad \mathfrak{R} = (4\kappa\,\rho_{s_0}\,\mathfrak{R}_0^4/3)^{1/4}\,t^{1/2}$$

oder

$$(5.141) \qquad \frac{\mathfrak{R}}{\mathfrak{R}_0} = (4\kappa\,\rho_{s_0}/3)^{1/4}\,t^{1/2} = :\left(\frac{t}{t_s}\right)^{1/2},$$

wobei

$$(5.142) \qquad t_s = (4\kappa\,\rho_{s_0}/3)^{-1/2} = 3{,}1 \cdot 10^{19}\text{s} = 10^{12} \text{ Jahre.}$$

Die wichtigsten Größen verhalten sich daher für $\mathfrak{R} \leqslant 10^{-3}\mathfrak{R}_0$ ($t \leqslant 10^6$ Jahre) wie folgt:

$$\frac{\mathfrak{R}}{\mathfrak{R}_0} = \left(\frac{t}{t_s}\right)^{1/2},$$

$$H = \frac{\dot{\mathfrak{R}}}{\mathfrak{R}} = \frac{1}{2t},$$

$$(5.143) \qquad \frac{T}{T_0} = \left(\frac{t_s}{t}\right)^{1/2},$$

$$t \leqslant 10^6 \text{ Jahre.}$$

$$\frac{\rho}{\rho_{s_0}} = \left(\frac{t_s}{t}\right)^{2},$$

Diese Relationen gestatten es, verschiedene Epochen in der Entwicklung des Universums zu unterscheiden, die in Tabelle 5.1 angegeben sind.

Die erste Spalte der Tabelle gibt das Weltalter an, die zweite Spalte den jeweiligen Radius $\mathfrak{R}$, den der heute sichtbare Teil des Universums ($\mathfrak{R}_0 \approx 10^{10}$ Lichtjahre) hatte. Die dritte und vierte Spalte enthalten die Temperatur und mittlere Dichte des Universums, und in der fünften Spalte ist schließlich der *Welthorizont* angegeben, d.h. die Entfernung $\mathfrak{D}$, auf die eine kausale Verbindung im Universum möglich war (für Abstände $D > \mathfrak{D}$ überschreitet die Expansionsgeschwindigkeit die Lichtgeschwindigkeit, siehe unten).

Die wichtigste Tabelleneintragung ist zunächst die Temperatur, da sie die physikalischen Vorgänge im Verlauf der Expansion am meisten beeinflußt.

Tabelle 5.1

EPOCHEN DER KOSMOLOGIE

Zeit	$\mathfrak{R}$(cm)	T(°K)	ρ(g/cm³)	$\mathfrak{D}$(cm)	Wesentliche physikalische Vorgänge
10^{10} Jahre	10^{28} cm	2,7	10^{-30}	10^{28}	
					Entstehung der Sterne, Galaxien, Materie dominiert
10^{6} Jahre	10^{25} cm	$3 \cdot 10^{3}$	10^{-21}	10^{24}	Entkopplung von Strahlung und Materie
					Zeitalter der Strahlung
$2 \cdot 10^{3}$ s	10^{20} cm	$3 \cdot 10^{8}$	10^{-2}	10^{14}	
					Kernreaktionen, Entstehung der leichten Elemente
2 s	$3 \cdot 10^{18}$ cm	10^{10}	10^{8}	10^{11}	
					Leptonenpaare in der thermischen Strahlung
10^{-4} s	$3 \cdot 10^{16}$ cm	10^{12}	10^{16}	10^{6}	
					Baryonen und Antibaryonen in der thermischen Strahlung
0		∞	∞	0	? ? ?

Wenn die thermische Energie kT die zweifache Ruhenergie mc^2 eines Elementarteilchens überschreitet, so sind *Teilchen-Antiteilchenpaare* in der thermischen Strahlung enthalten. Für $T > 10^{10}\,°\mathrm{K}$ ($kT \approx 1\,\mathrm{MeV}$) treten zunächst Elektron-Positronpaare auf, dann andere Leptonen, Mesonen und für $T > 10^{13}\,°\mathrm{K}$ schließlich Baryon-Antibaryonpaare.

Kurz ($t < 10^{-4}\,\mathrm{s}$) nach dem Urknall war das Universum demnach von einem Materie-Antimateriegemisch erfüllt, das im thermischen Gleichgewicht von Erzeugung und Vernichtung alle Arten von Elementarteilchen enthielt. Bei der allmählichen Abkühlung unter $T = 10^{13}\,°\mathrm{K}$ kam es zur Vernichtung von Hadronenpaaren, wobei die Dichte der Materie unter die von Kernmaterie sank.

Hier ergibt sich eine Problematik, die derzeit Gegenstand intensiver Untersuchungen ist: Da für $t < 10^{-4}$ s Antimaterie einen wesentlichen Bestandteil des Universums gebildet haben soll, ist es denkbar, daß ein Teil davon im Verlauf der weiteren Geschichte des Universums nicht vernichtet wurde und auch heute noch Antimaterie einen wesentlichen Teil des Kosmos erfüllt. Auch experimentell gibt es dafür Anhaltspunkte, die aus der Ähnlichkeit des beobachteten Gammaspektrums mit dem aus der Materie-Antimaterievernichtung erwarteten folgen[1].

Omnès[2] hat diese Überlegungen in spekulativer Weise weitergeführt. Er nimmt an, daß die Strahlung, die das Universum anfänglich erfüllte, gleiche Teile Materie und Antimaterie enthielt und in der ersten, allerdichtesten Phase des Universums eine Separation von Materie und Antimaterie stattgefunden hat, die eine vollständige wechselseitige Zerstrahlung verhinderte. Das Universum sollte demnach zu gleichen Teilen aus Materie und Antimaterie bestehen.

Noch weitergehende Spekulationen[3] versuchen, auch den Entstehungsprozeß von Materie und Antimaterie auf Erzeugungsprozesse in der Frühphase des Universums ($t < 10^{-20}\,\mathrm{s}$) zurückzuführen.

Nach diesen Spekulationen über die allererste Entwicklungsphase des Universums wollen wir nochmals anhand der Tabelle die Geschichte des Kosmos in ihrer natürlichen Reihenfolge durchlaufen. Für $t \geqslant 10^{-4}\,\mathrm{s}$ sinkt die Temperatur unter $10^{12}\,°\mathrm{K}$ ab, Baryonen und Antibaryonen vernichten

---

[1] Siehe F.W. Stecker, D.L. Morgan, J. Bredekamp, Phys.Rev.Lett. **27**, 1469 (1971).

[2] R. Omnès, Phys.Rev.Lett. **23**, 48 (1969), Physics Reports **3C**, Nr. 1 (1972).

[3] R. Sexl, H. Urbantke, Acta Phys.Austr. **26**, 339 (1967), Phys.Rev. **179**, 1247 (1969); L. Parker, Phys.Rev. **183**, 1057 (1969).

einander (zumindest teilweise). Leptonenpaare bleiben bis zu $t = 2$ s in der Strahlung erhalten.

Für $t < 2 \cdot 10^3$ s finden Kernreaktionen statt, da die Temperaturen $3 \cdot 10^8$ °K überschreiten.

Numerische Rechnungen zeigen, daß in der zur Verfügung stehenden Zeitspanne allerdings nur die leichten Elemente erzeugt werden können[1] (Fig. 34).

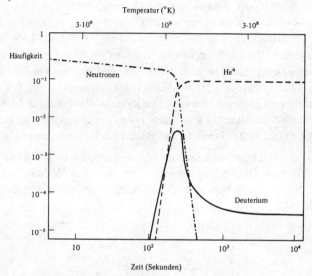

Fig. 34: Häufigkeit chemischer Elemente als Funktion der Zeit[2]

Die Entstehung der schwereren Elemente dürfte dagegen in verschiedenen Phasen der Sternentwicklung (Nova-Ausbrüche etc.) viel später in der Geschichte des Universums stattgefunden haben.

In der folgenden Epoche dominiert die Strahlung weiter, bis schließlich für $t = 10^6$ Jahre Strahlung und Materie etwa gleiche Dichte erreichen. Zugleich fällt die Temperatur auf $T = 3 \cdot 10^3$ °K ab, so daß in der Folge

[1] Gl. (5.67) zeigt allerdings, daß der zeitliche Verlauf der Expansion wesentlich durch σ und ω beeinflußt wird. Falls das frühe Universum nicht durch ein Friedmann-Modell beschrieben werden kann, ändern sich daher die hier gemachten Voraussagen.

[2] Fig. 34 ist aus P.J. Peebles, Phys.Rev.Lett. **16**, 410 (1966) entnommen. Es ist dies die erste quantitative Untersuchung über He-Entstehung im frühen Universum. Die Figur zeigt, daß etwa 20%–30% Helium entstanden sein sollten. Zur Überprüfung dieser Vorhersage siehe z. B. M. Hacks, Sky and Telescope **44**, 164, 233 (1972).

Wasserstoff nicht mehr ionisiert ist und das Universum für die Photonen der thermischen Strahlung praktisch transparent ist. Entkopplung von Strahlung und Materie tritt ein, und beide folgen von da an unabhängigen Gesetzen der Temperaturentwicklung, so daß im weiteren auch die Materieverteilung keinen Einfluß mehr auf die Strahlung haben kann.

Hier ergibt sich ein wesentliches Problem, das überraschenderweise aus der fast vollkommenen Isotropie der kosmischen Hintergrundstrahlung resultiert. Tabelle 5.1 zeigt nämlich, daß der heute sichtbare Teil des Universums, aus dem auch die Hintergrundstrahlung stammt, zur Zeit der Freisetzung der Strahlung einen Radius von etwa 10^{25} cm hatte. Licht kann aber in der vom Urknall bis zur Freisetzung der Strahlung zur Verfügung stehenden Zeit nur die Strecke $ct \approx 10^{24}$ cm zurückgelegt haben. Zum Zeitpunkt der Entstehung der Strahlung hatte daher ein großer Teil des heute sichtbaren Universums noch keine kausale Verbindung, so daß es unverständlich ist, wieso die aus diesen Teilen des Universums stammende Strahlung mit so großer Präzision das gleiche Spektrum aufweist.

Um dies näher zu begründen, müssen wir zunächst den Begriff des *Welthorizonts* erläutern. Dazu gehen wir von einem einfachen Modell (5.115 - 117) aus. Für die von einem beliebigen Punkt radial ausgehenden Weltlinien ($d\theta = d\phi = 0$) gilt

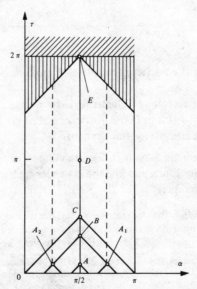

Fig. 35: Zur Definition von Horizonten

(5.144)
$$ds^2 = a^2(\tau)(d\tau^2 - d\alpha^2),$$

$$a(\tau) = \frac{\mathfrak{A}}{2}(1 - \cos \tau), \quad 0 \leqslant \tau \leqslant 2\pi, \quad 0 \leqslant \alpha < \pi.$$

In Fig. 35 ist das Weltmodell durch die (τ, α)-Ebene repräsentiert, in der Lichtstrahlen wie in der speziellen Relativitätstheorie Gerade von $\pm 45°$ Neigung sind. In der Figur ist die Weltlinie (Geodätische) eines Teilchens, das in $\alpha = \pi/2$ ruht, eingezeichnet. Ferner sind strichliert die Weltlinien anderer Galaxien eingetragen. In Punkt A sind von der betrachteten Weltlinie aus erst einige wenige andere Galaxien sichtbar geworden, während die meisten wegen der endlichen Ausbreitungsgeschwindigkeit des Lichtes für einen Beobachter in $\alpha = \pi/2$ unentdeckbar bleiben. Große Teile des Universums sind dann noch nicht kausal verbunden, da die Expansionsgeschwindigkeit des Universums, global gesehen, ein Vielfaches der Lichtgeschwindigkeit beträgt. Wenn wir diesen Zeitpunkt mit dem der Freisetzung der kosmischen Hintergrundstrahlung identifizieren, so zeigt sich, daß in B Strahlung von Ereignissen A_1 und A_2 empfangen wird, die zur Zeit der Freisetzung der Strahlung in keiner kausalen Relation standen. Es muß daher als ungeheurer Zufall erscheinen, daß die Strahlungstemperatur aus Richtung A_1 die gleiche ist wie die aus Richtung A_2. Dies ist das oben erwähnte Phänomen, über das es derzeit eine Fülle von Spekulationen und Erklärungsversuchen gibt. Da aber die Literatur über dieses Gebiet noch sehr in Fluß ist (die Spekulationen handeln von sehr starken Abweichungen des Universums von einem Friedmann-Universum zu frühen Zeiten wie Mixmastermodell oder chaotisches Universum[1]), wollen wir hier lieber die weiteren Kausalrelationen in dem Moduluniversum verfolgen.

In C wird das ganze Universum überschaubar, zu einem späteren Zeitpunkt D werden verschiedene Galaxien sogar aus beiden Richtungen sichtbar (Licht umkreist das Universum). In E kollabiert schließlich das Universum, so daß das hier betrachtete Teilchen (Beobachter) niemals Kenntnisse von *Ereignissen* haben kann, die in den beiden schraffierten Regionen stattfinden. Ein derartiges Phänomen nennt man „*Ereignishorizont*". Weitere Literatur über verschiedene Horizonttypen und ihr Auftreten in Weltmodellen enthält ein ausgezeichneter Überblicksartikel von W. Rindler[2].

---

[1] C.W. Misner, Phys.Rev. 186, 1319 (1969) (Mixmastermodell), P.J.E. Peebles, Comments Astrophys. Space Phys. IV, 53 (1972).

[2] W. Rindler, Monthly Not.Roy.Astr.Soc. 116, 662 (1965).

6. GRAVITATIONSWELLEN

Im Abschnitt 3.2 haben wir gesehen, daß die linearisierten Feldgleichungen der Gravitation bei geeigneter Koordinatenwahl entkoppelt werden können. Jede der Komponenten ψ_{ik} genügt dann in materiefreien Gebieten der Wellengleichung

$$\square \, \phi = 0,$$

genau wie im elektromagnetischen Fall. Diese Gleichung hat Lösungen, die man bei der Maxwellschen Theorie als Strahlung bezeichnet. Die Spezifizierung strahlungsartiger Lösungen erfolgt dabei in mehrfacher Art:

1) durch das Verhalten der Feldstärken im Unendlichen ($1/r$ statt $1/r^2$ wie bei statischen Feldern),
2) durch die Existenz einer Energieströmung,
3) durch den Zusammenhang des Strahlungsfeldes mit seinen Quellen (Energieverlust im „Antennensystem").

Welche Lösungen der Vakuumgleichungen $\square \psi_{ik} = 0$ bzw. $G_{ik} = 0$ entsprechen nun der Gravitationsstrahlung? Die obigen Kriterien 1) und 2) lassen sich nicht ohne weiteres übertragen, da für das Gravitationsfeld kein klarer Feldstärke- und Energiebegriff zur Verfügung stehen. Das hängt direkt mit dem Äquivalenzprinzip und der Nichtlinearität der Gravitationstheorie zusammen. Beim dritten Punkt besteht vor allem die technische Schwierigkeit, Lösungen der Feldgleichungen zu finden, die durch Randbedingungen an der „Antenne" bestimmt sind, oder einen Sender für Gravitationswellen tatsächlich zu bauen und den Energieverlust zu messen. Auch bei elektromagnetischen Wellen erfolgte erst 1941 eine vollständige Lösung des Randwertproblems an einer realistischen Antenne, deren Energieverlust diskutierbar wird.

Es existieren zwar Lösungen von $G_{ik} = 0$, die aber für die Nahzone eines realistischen Senders nicht in Frage kommen und keinen Hinweis auf den Erzeugungsmechanismus geben.

In einigen Fällen können wir aber dennoch Analogien zum elektromagnetischen Strahlungsbegriff erwarten:

1) in der linearisierten Theorie,
2) beim Studium der Wellenfronten (Charakteristiken), und

3) bei der Untersuchung des Riemann-Tensors der Lösungen von
$G_{ik} = 0$ (aus $R^j{}_{ikm} = 0$ folgt $G_{ik} = 0$, aber für mehr als drei Dimensionen nicht umgekehrt), der in vieler Hinsicht dem elektromagnetischen Feldtensor ähnlich ist.

6.1 Linearisierte Theorie

a) Vakuumfelder und ebene Wellen

Setzen wir wie im Abschnitt 3.2[1]

$$(6.1) \qquad g_{ik} = \eta_{ik} + 2\psi_{ik}, \qquad |\psi_{ik}| \ll 1,$$

so lauten die Feldgleichungen

$$(6.2) \qquad \Box\phi_{ik} = -\kappa\, T_{ik},$$

wobei

$$(6.3) \qquad \phi_{ik} = \psi_{ik} - \frac{1}{2}\,\eta_{ik}\,\psi.$$

Sie sind zusammen mit der Nebenbedingung

$$(6.4) \qquad \phi_i{}^k{}_{,k} = 0$$

zu lösen. Diese Nebenbedingung legt die Eichung bis auf Lösungen von

$$(6.5) \qquad \Box\, \Lambda_i = 0$$

fest, d.h. nur Eichtransformationen

$$(6.6) \qquad \phi_{ik} = \bar{\phi}_{ik} + \Lambda_{i,k} + \Lambda_{k,i} - \eta_{ik}\Lambda^j{}_{,j},$$

die (6.5) erfüllen, ändern die Gestalt (6.2) der Feldgleichungen nicht. In materiefreien Gebieten gilt für ϕ_{ik} die Wellengleichung

$$(6.7) \qquad \Box\, \phi_{ik} = 0 = \Box\, \psi_{ik}.$$

---

[1]Indexbewegung mit η_{ik}.

Schwache Gravitationsfelder breiten sich also im Vakuum mit Lichtgeschwindigkeit aus.

Wir betrachten eine ebene Welle, die in der positiven x-Richtung läuft:

(6.8) $\quad \phi_{ik} = \phi_{ik}(t - x).$

Ableitungen nach dem Argument seien mit einem Punkt bezeichnet. Die Nebenbedingung (6.4) verlangt $\dot{\phi}_i^{\ 0} - \dot{\phi}_i^{\ 1} = 0$, also bis auf unwesentliche Konstanten:

$$\phi_0^{\ 0} = \phi_0^{\ 1} = \phi_1^{\ 0} = \phi_1^{\ 1}, \ \phi_2^{\ 0} = \phi_2^{\ 1}, \ \phi_3^{\ 0} = \phi_3^{\ 1},$$

so daß ϕ_{ik} nur mehr $10 - 4 = 6$ unabhängige Komponenten hat. Dabei sind aber noch Eichtransformationen (6.6) mit

$$\Lambda_j = \Lambda_j (t - x)$$

möglich, weil (6.5) dabei erfüllt ist und der Charakter einer ebenen Welle in der x-Richtung nicht zerstört wird. Da 4 willkürliche Funktionen Λ_j zur Verfügung stehen, muß es möglich sein, weitere 4 Komponenten der ϕ_{ik} zu eliminieren. Einsetzen in (6.6) zeigt, daß folgende Bedingungen erfüllbar sind:

$$\phi_2^{\ 0} = \bar{\phi}_2^{\ 0} + \dot{\Lambda}_2 = 0, \ \phi_3^{\ 0} = \bar{\phi}_3^{\ 0} + \dot{\Lambda}_3 = 0,$$

(6.9) $\qquad \phi_1^{\ 0} = \bar{\phi}_1^{\ 0} - (\dot{\Lambda}^0 + \dot{\Lambda}^1) = 0,$

$$\phi_i^{\ i} = \bar{\phi}_i^{\ i} - 2(\dot{\Lambda}^0 - \dot{\Lambda}^1) = 0.$$

Mit $\phi_i^{\ i} = \psi_i^{\ i} = 0$ ist dann auch $\phi_{ik} = \psi_{ik}$ erreicht, und die Matrix ψ_{ik} vereinfacht sich zu

(6.10) $\qquad \psi_{ik} = \left\{ \begin{array}{cccc} 0 & 0 & 0 & 0 \\ 0 & 0 & 0 & 0 \\ 0 & 0 & \psi_{22} & \psi_{23} \\ 0 & 0 & \psi_{23} & \psi_{33} \end{array} \right\},$

wobei wegen $\psi_i^{\ i} = 0$ noch

(6.11) $\quad \psi_{22} + \psi_{33} = 0$

gilt. Wir bemerken, daß $\psi_{22} - \psi_{33}$ und ψ_{23} von der Eichung (6.9) nicht berührt werden. Als Anfangsbedingungen benötigen wir für $t = 0$ vier Größen: $\psi_{23}, \dot{\psi}_{23}, \psi_{22} - \psi_{33}, \dot{\psi}_{22} - \dot{\psi}_{33}$.

Die Polarisationsfreiheitsgrade einer ebenen Gravitationswelle sind also durch eine spurlose symmetrische 2 × 2-Matrix charakterisiert, das Linienelement der Welle ist durch

$$(6.12) \quad ds^2 = dt^2 - dx^2 - (1 - 2\psi_{22})dy^2 - (1 + 2\psi_{22})dz^2 +$$

$$+ 4\psi_{23}dy\,dz$$

gegeben.

b) Teilchen im Feld der Welle

Wir untersuchen nun das Verhalten von Probeteilchen im Feld der ebenen[1] Gravitationswelle. Dabei studieren wir zuerst freie Teilchen, für die die Geodätengleichung

$$(6.13) \quad \ddot{z}^i + \Gamma^i_{jk}\dot{z}^j\dot{z}^k = 0$$

gilt, wobei $z^i(s)$ die Weltlinie des Teilchens ist. Mit der Anfangsbedingung $\dot{z}^\alpha(0) = 0$ folgt aus (6.13) $z^\alpha(s) = $ const. Das Teilchen ruht daher an einem festen Koordinatenpunkt. Die Relativabstände zweier Teilchen ändern sich im Feld der Welle aber dennoch, da der metrische Tensor $g_{ik} = \eta_{ik} + 2\psi_{ik}$ zeitabhängig ist. So folgt aus (6.12) für den Simultanabstand $d\sigma$ zweier Nachbarteilchen

$$(6.14) \quad d\sigma = [dx^2 + (1 - 2\psi_{22})dy^2 + (1 + 2\psi_{22})dz^2 - 4\psi_{23}dy\,dz]^{1/2}.$$

Abstände auf Parallelen zur x-Achse bleiben demnach ungeändert. Das zeigt, daß die Welle *transversal polarisiert* ist.

Um die Polarisationszustände[2] genauer zu analysieren, betrachten wir einen Ring von freien Teilchen (Staub) vom Radius 1, der in der y, z-Ebene liegt und dann durch die einfallende Welle deformiert wird (s. Fig. 36). Der Abstand eines solchen Teilchens von einem im Zentrum ($y = z = 0$)

---

[1] Die Grundlage allgemeinerer Rechnungen ist die aus (2.78) herzuleitende „Deviationsgleichung" (vgl. Pirani, in: Deser & Ford (1964)).

[2] Geht man von der Deviationsgleichung aus, so werden sie durch die Transversalkomponenten $R_{0\alpha0\beta}$ $(\alpha,\beta = 2, 3)$ des Riemann-Tensors beschrieben.

befindlichen,sowie auch alle Winkel zwischen Radien sind dann aus der Metrik der (y, z)-Ebene

$$(6.15) \qquad \mathrm{d}l^2 = (\delta_{\alpha\beta} - 2\psi_{\alpha\beta})\mathrm{d}x^\alpha \mathrm{d}x^\beta \qquad (\alpha, \beta = 2,3)$$

zu entnehmen. Sie ist in jedem Augenblick euklidisch, wobei aber nur vor dem Eintreffen der Welle die x^α die Bedeutung Cartesischer Orthogonalkoordinaten haben. Um die Gestalt des deformierten Ringes und die relative Teilchenbewegung zu späteren Zeiten zu untersuchen, führen wir in jedem Augenblick durch

$$(6.16) \qquad x^\alpha = M^\alpha{}_{\beta'}(t)\, x^{\beta'}, \; \mathrm{d}l^2 = \delta_{\alpha\beta}\, \mathrm{d}x^{\alpha'}\mathrm{d}x^{\beta'}$$

wieder ein Cartesisches Orthogonalsystem ein, das wir uns durch eine starre Platte in der (y, z)-Ebene realisiert denken. Die inneren Kräfte der Platte seien also im Idealfall so viel stärker als die Gravitationskräfte, daß keine Relativbewegung der Teilchen in der Platte auftritt. Für die Koordinaten der Plattenteilchen ist dann $x^{\alpha'} = $ const, während die x^α variieren, weil für sie nicht (6.13), sondern eine um die inneren Kräfte ergänzte Gleichung gilt. Für die Staubteilchen hingegen ist $x^\alpha = $ const, und wir interessieren uns für ihre $x^{\alpha'}$. Vor Eintreffen der Welle soll $x^\alpha = x^{\alpha'}$ sein, $M^\alpha{}_\beta$ wird also nachher von $\delta^\alpha{}_\beta$ nur um eine symmetrische Matrix $m^\alpha{}_\beta$ der Größenordnung $\psi^\alpha{}_\beta$ abweichen, wenn wir willkürlich hinzufügbare Rotationen (antisymmetrischer Beitrag) ausscheiden. ($\psi_{\alpha\beta}$ selbst gibt in dieser Größenordnung keinen Beitrag zu einer Rotation, da sich aus $\psi_{\alpha\beta}$ in linearer, drehinvarianter Weise kein antisymmetrischer Tensor konstruieren läßt). Der Ansatz $M^\alpha{}_\beta = \delta^\alpha{}_\beta + m^\alpha{}_\beta$ gibt in (6.15, 16) eingesetzt $m^\alpha{}_\beta = \psi^\alpha{}_\beta$.

Die Schwingung der Staubteilchen gegenüber der Platte ist nun aus

$$(6.17) \qquad x^{\alpha'}(t) = x^\alpha - \psi_{\alpha\beta}(t)\, x^\beta$$

zu entnehmen, die konstanten x^α geben die Anfangslagen vor Eintreffen der Welle an. Die Resultate sind für verschiedene Polarisationszustände in Fig. 36 gezeigt und mögen als Übungsaufgabe mittels (6.17) verifiziert werden.

Die Probeteilchen bilden ursprünglich einen Kreis, der durch die Welle zu einer Ellipse mit zeitlich veränderlicher Gestalt und Achsrichtung, aber konstanter Fläche deformiert wird („Polarisationsellipse"). Setzt man

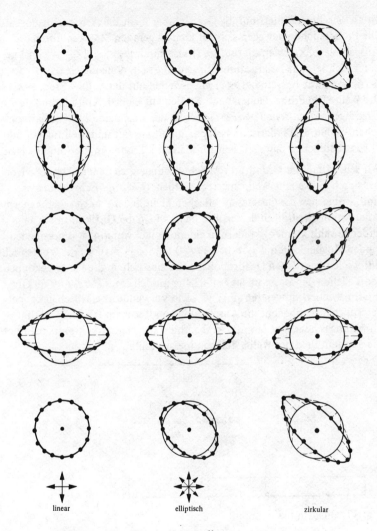

Fig. 36: Polarisation von Gravitationswellen.
(Nach Thorne & Price, Ap.J. **155**, 163 (1969))

$$\psi_{22}(t) = A(t) \cos 2\Omega(t),$$
$$\psi_{23}(t) = A(t) \sin 2\Omega(t),$$

so sind die Halbachsenlängen $1 \pm A(t)$, der Verdrehungswinkel $\Omega(t)$. *Linearpolarisation* (a) ist durch $\psi_{22}/\psi_{23} = $ const charakterisiert. Die Po-

larisationsellipse ändert nur die Gestalt, aber nicht die Achsenrichtung.
Die Probeteilchen bewegen sich auf kleinen geraden Strecken durch die
Ausgangslage. *Zirkularpolarisation* (b) ist durch $\psi_{22}^2 + \psi_{23}^2 = $ const gekennzeichnet. Die Polarisationsellipse dreht sich, ohne die Gestalt zu ändern, und zwar bei rein harmonischen Wellen mit der *halben* Frequenz
der Welle. Die Probeteilchen bewegen sich auf kleinen Kreisen um ihre Anfangslagen. *Elliptische Polarisation* (c) ist der allgemeine Fall bei harmonischen Wellen. Die Polarisationsellipse ändert Gestalt und Stellung periodisch.
Die Probeteilchen bewegen sich auf kleinen Ellipsen um die Anfangslagen.

Wir sehen, daß der Grundtyp von Schwingungen, zu denen elastische Körper durch eine ebene Welle angeregt werden, *Quadrupolschwingungen*
sind, wobei sich die Querschnittsflächen nicht ändern. (Zwei unabhängige
Polarisationsrichtungen dürfen also nicht wie in der Optik normal zueinander gewählt werden, sondern in einem Winkel von $\pi/4$, was gerade den
beiden Möglichkeiten $\psi_{22} \neq 0$, $\psi_{23} = 0$ bzw. $\psi_{22} = 0$, $\psi_{23} \neq 0$ entspricht).
Wir wollen jetzt einen Quadrupol aus vier elastisch an die Platte gekoppel-
ten Teilchen der Masse m als einfachstes Modell eines *Detektors* für Gravitationswellen verwenden (Fig. 37). Die Verwendung elastisch gekoppel-
ter Teilchen ermöglicht die Ausnützung von Resonanzeffekten. Ist die
Kopplung schwach gedämpft, so absorbiert der Detektor irreversibel Energie aus dem Feld der Welle, die man messen kann.

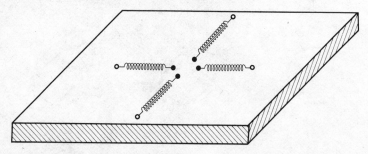

Fig. 37: Quadrupolantenne

Zur Abschätzung dieser Energie gehen wir in der Näherung nichtrelativistischer Teilchenbewegung folgendermaßen vor[1]. Für ein freies Teilchen
auf der y-Achse ist die Relativbewegung um die Ausgangslage für eine
periodische Welle der Form $\psi_{22} = Ae^{i\omega t}$, $\psi_{23} = 0$ nach (6.17) durch
$\Delta y' = yAe^{i\omega t}$ gegeben, was einer Scheinkraft $K = -m\omega^2 yAe^{i\omega t}$ entspricht. Bei elastisch-gedämpfter Bindung ist die Bewegungsgleichung

---
[1]Nach R. P. Feynman, unveröffentlicht.

(6.18) $\qquad m((\Delta y')^{\cdot\cdot} + \gamma(\Delta y') + \omega_0^2 \Delta y') = K,$

wobei eine ungedämpfte Schwingung

$$\Delta y' = y A \frac{\omega^2}{\omega_0^2 - \omega^2 + i\gamma\omega} e^{i\omega t}$$

entsteht. Die aus der Strahlung absorbierte mittlere Leistung entspricht der Arbeit der Kraft K während einer Periode, dividiert durch die Periodenlänge. Für den gesamten Quadrupol ergibt das

$$(6.19) \quad 4\frac{1}{T}\int\limits_0^T (\mathrm{Re}\, K)\,\mathrm{Re}\,(\Delta y')^{\cdot}\,dt = 2A^2 y^2 \frac{\gamma\omega^6 m}{(\omega^2 - \omega_0^2)^2 + \gamma^2 \omega^2}.$$

Um daraus den Absorptionsquerschnitt zu berechnen, benötigen wir noch den Energiestrom der Welle.

c) Energiedichte und Energiestrom

Um Energiedichte und Energiestrom des Strahlungsfeldes herzuleiten, gehen wir von der Lagrange-Formulierung der Einsteinschen Theorie aus. Linearisieren wir (3.89, 76, 75), ergibt sich

$$(6.20) \quad \mathfrak{L} = \frac{1}{\kappa}\left(\frac{1}{2}\,\psi^{ik,j}\psi_{ik,j} - \psi^{ik,j}\psi_{jk,i} - \frac{1}{2}\,\psi_{,i}\psi^{,i} + \psi^{ik}{}_{,k}\psi_{,i}\right) - T_{ik}\psi^{ik}.$$

Für ein freies Feld, das sich in x-Richtung ausbreitet, verbleiben nur die $\psi^{\alpha\beta}$ ($\alpha, \beta = 2,3$), wenn die Eichung (6.9) benutzt wird, um nur die tatsächlichen Freiheitsgrade auftreten zu lassen. Aus der damit vereinfachten Lagrange-Funktion

$$(6.21) \quad \mathfrak{L} = \frac{1}{2\kappa}\,\psi^{\alpha\beta,j}\psi_{\alpha\beta,j} = \frac{1}{\kappa}(\psi_{22}{}^{,j}\psi_{22,j} + \psi_{23}{}^{,j}\psi_{23,j})$$

berechnen wir nach den üblichen Regeln den kanonischen Energie-Impulstensor des Feldes:

$$(6.22) \quad t_i{}^k = \frac{2}{\kappa}(\psi_{22,i}\psi_{22}{}^{,k} + \psi_{23,i}\psi_{23}{}^{,k}) - \delta_i{}^k \mathfrak{L}.$$

Daraus erhalten wir für die Energiedichte

(6.23) $\mathfrak{E} = t_0{}^0 = \dfrac{2}{\kappa}\left[\dfrac{1}{4}\,(\dot{\psi}_{22} - \dot{\psi}_{33})^2 + \dot{\psi}_{23}{}^2\right].$

Für den Energiestrom $t_0{}^\alpha$ ergibt sich bei der in x-Richtung fortschreitenden Welle nur eine x-Komponente

(6.24) $t_0{}^1 = \mathfrak{E}.$

Energiedichte und Energiestrom stimmen überein, da wir die Phasenge-
schwindigkeit der Welle $c = 1$ gesetzt haben.

Damit können wir den Absorptionsquerschnitt des oben betrachteten
Gravitationswellendetektors berechnen. Für die linear polarisierte Welle
$\psi_{22} = A e^{i\omega t}$, $\psi_{23} = 0$ ist die mittlere Energiedichte $\overline{\mathfrak{E}} = A^2\omega^2/\kappa$. Teilen
wir den Ausdruck (6.19) für die vom Detektor absorbierte Leistung durch
$\overline{\mathfrak{E}}$, so ergibt sich der *Absorptionsquerschnitt*

$$\sigma = \frac{2\kappa}{c}\,y^2 m\omega\,\frac{\gamma\omega^3}{(\omega^2 - \omega_0^2)^2 + \gamma^2\omega^2}$$

oder

(6.25) $\sigma = 4\pi^2\,y^2\,\dfrac{2M}{\lambda}\,\dfrac{\gamma\omega^3}{(\omega^2 - \omega_0^2)^2 + \gamma^2\omega^2},$

wobei $2M = 8mG/c^2$ der Schwarzschild-Radius des Detektorsystems ist.
Zur Vorgangsweise in diesem Unterabschnitt ist folgendes zu bemerken:
Da aufgrund des Äquivalenzprinzips der Begriff der Gravitationsfeldstärke
nicht eindeutig definierbar ist, kann auch das Konzept einer lokalen Energiedichte des Gravitationsfeldes nur in speziellen Situationen einen approximativen Sinn haben, im Gegensatz zum Fall des Elektromagnetismus.
Eine solche Situation ist dann gegeben, wenn sich die Metrik als eine „Hintergrundmetrik" (hier flach) interpretieren läßt, der Störungen überlagert
sind, deren Wellenlänge λ klein gegen die Krümmungsradien R des Hin-
tergrundes ist. Durch Entwickeln nach dem kleinen Parameter λ/R kann
man aus den Einsteingleichungen zeigen, daß die Störung in niedrigster
Näherung einer Wellengleichung über dem Hintergrund genügt, während in
nächster Näherung der nach den üblichen Regeln formal gebildete Energie-
Impulstensor der Störung (bzw. sein Zeitmittel) als Quelle für die Hintergrundmetrik fungiert. Dies wurde von R. Isaacson gezeigt[1].

---

[1] R. Isaacson, Phys. Rev. *166*, 1263 und 1272 (1968).

d) Ausstrahlung

Um die Ausstrahlung von Gravitationswellen durch ein System von Massen zu untersuchen, betrachten wir retardierte Lösungen von (6.2),

$$(6.26) \qquad \phi_{ik}(x_0, t) = -\kappa \int_{\text{Quelle}} T_{ik}\left(x, t - \frac{r}{c}\right) \frac{\mathrm{d}^3 x}{4\pi r},$$

wobei $r = |x - x_0|$ und x_0 der Ortsvektor des Aufpunktes ist. (6.26) erfüllt wegen der Energie-Impulserhaltung auch (6.4). Bei Vernachlässigung von Retardierungseffekten in der Quelle erhalten wir in großer Entfernung

$$(6.27) \qquad \phi_{ik}(x_0, t) = -\frac{\kappa}{4\pi r_0} \int T_{ik}^{\text{ret}} \mathrm{d}^3 x,$$

wobei $T_{ik}^{\text{ret}} = T_{ik}(x, t - r_0/c)$ und $r_0 = |x_0|$ ist. Die Ersetzung von r/c durch r_0/c beim retardierten Zeitargument entspricht genau einer Multipolentwicklung, wobei wir nur den ersten Term (hier Quadrupol, in der Elektrodynamik Dipol) beibehalten. Diese Näherung ist gültig, wenn die Wellenlänge der Strahlung viel größer als die Lineardimensionen der Quelle ist.

Das aus $T^{ik}{}_{,k} = 0$ folgende Laue-Theorem (3.34)

$$(6.28) \qquad \int \mathrm{d}^3 x \, T_{\alpha\beta} = \frac{1}{2} \frac{\partial^2}{\partial t^2} \int \mathrm{d}^3 x \, T_{00} \, x^\alpha x^\beta$$

erlaubt es nun, alle Komponenten $\phi_{\alpha\beta}$ durch $T_{00} = \rho$ (Massendichte) auszudrücken (Punkt = Zeitableitung):

$$(6.29) \qquad \phi_{\alpha\beta} = -\frac{\kappa}{8\pi r_0} \int \mathrm{d}^3 x \, x_\alpha x_\beta \ddot{\rho}_{\text{ret}}.$$

Die $\phi^{0\alpha}$ ergeben sich dann aus (6.4).

Bei der Berechnung der (etwa in x-Richtung) abgestrahlten Energie können wir das Feld in großer Entfernung und in kleinen Transversalbereichen als ebene Welle ansehen. Für diesen Fall kennen wir bereits den Energiestrom (6.23, 24), der sich sofort zu

$$(6.30) \qquad t_0{}^1 = \frac{2}{\kappa} \left(\frac{\kappa}{8\pi r_0}\right)^2 \left[\frac{1}{4}\left(\dddot{Q}_{22}^{\text{ret}} - \dddot{Q}_{33}^{\text{ret}}\right)^2 + (\dddot{Q}_{23}^{\text{ret}})^2\right]$$

ergibt, wobei

(6.31)
$$Q_{\alpha\beta} = \int d^3x \left(x_\alpha x_\beta - \frac{1}{3} \delta_{\alpha\beta} r^2 \right) \rho$$

der *Quadrupoltensor* der Quelle ist.

Zu bemerken ist, daß in (6.30) wieder nur eichinvariante Kombinationen der $\phi_{\alpha\beta}$ eingegangen sind.

Die Verallgemeinerung von (6.30) auf beliebige Richtungen ist

(6.32)
$$t_0{}^\alpha n_\alpha = \frac{\kappa}{32\pi^2 r_0^2} \left[\frac{1}{4} (\dddot{Q}_{\alpha\beta}^{\text{ret}} n_\alpha n_\beta)^2 + \right.$$

$$\left. + \frac{1}{2} \dddot{Q}_{\alpha\beta}^{\text{ret}} \dddot{Q}_{\alpha\beta}^{\text{ret}} - \dddot{Q}_{\alpha\beta}^{\text{ret}} \dddot{Q}_{\alpha\gamma}^{\text{ret}} n_\beta n_\gamma \right]$$

($t_0{}^\alpha n_\alpha$ ist der radiale Energiestrom, der Einheitsvektor n_α gibt die Richtung der Energieströmung an). Man überzeugt sich leicht, daß (6.32) für $n_\alpha = (1,0,0)$ in (6.31) übergeht. Daß (6.32) die korrekte Verallgemeinerung von (6.31) ist, folgt daraus, daß die drei in (6.32) auftretenden Terme die einzigen quadratischen Invarianten sind, die man aus $Q_{\alpha\beta}$ und n_α bilden kann.

Diese Formel erlaubt es, die Winkelverteilung der Strahlung zu berechnen (s. Aufgabe). Für die gesamte Energieströmung durch die Kugel vom Radius r_0 erhalten wir unter Verwendung der Hilfsformeln

$$\int n_\alpha n_\beta d\Omega = \delta_{\alpha\beta} \frac{4\pi}{3} ,$$

$$\int n_\alpha n_\beta n_\gamma n_\delta \, d\Omega = (\delta_{\alpha\beta}\delta_{\gamma\delta} + \delta_{\alpha\gamma}\delta_{\beta\delta} + \delta_{\alpha\delta}\delta_{\beta\gamma}) \frac{4\pi}{15}$$

(rechts müssen drehinvariante Tensoren mit den gleichen Symmetrieeigenschaften wie links stehen, deren Koeffizienten durch Spurbildung ermittelt sind) den gesamten Energieverlust der Quelle zu

(6.33)
$$-\frac{dE}{dt} = \frac{G}{5c^5} \dddot{Q}_{\alpha\beta}^{\text{ret}} \dddot{Q}_{\alpha\beta}^{\text{ret}} .$$

Bei (6.33) fällt auf, daß es keine Terme gibt, die von der Gesamtmasse und dem Dipolmoment abhängen. Die Abwesenheit von Dipolstrahlung ist eine direkte Konsequenz der (approximativen) Impulserhaltung, da die Zeitableitung des Dipolmoments der Massenverteilung aufgrund des Äquivalenzprinzips gerade mit dem Gesamtimpuls übereinstimmt. Die Abwesenheit von Monopolstrahlung haben wir im Abschnitt 3.3 sogar streng bewiesen, da es keine zeitabhängigen kugelsymmetrischen Lösungen der Vakuumgleichungen $G_{ik} = 0$ gibt (Birkhoff-Theorem).

Aufgaben

1. Zeige, daß die Metrik (6.15) zeitlich so variiert, daß Flächeninhalte konstant bleiben (,,Scherungswellen").

2. Verifiziere die angegebenen Eigenschaften der Polarisationszustände. (*Hinweis*: Benutze komplexe Zahlen $y + iz$ usw.)

3. Zwei gleiche Massen laufen mit gleicher Frequenz ω auf einer Kreisbahn. Untersuche das Strahlungsfeld; zeige insbesondere:
   a) die Frequenz der Strahlung ist 2ω,
   b) die Strahlung ist zirkularpolarisiert,
   c) die Ausstrahlung verschwindet (in der Quadrupolnäherung), wenn der Winkelabstand der Massen 90° ist.

4. Zeige, daß die Winkelverteilung der Abstrahlung für einen rotationssymmetrischen Sender $\propto \sin^4\theta$ ist (θ = Winkel zur Symmetrieachse).

6.2 Strahlung von Teilchen in der Schwarzschild-Metrik

Wir wenden nun die bisher entwickelte Theorie auf ein Teilchen der Masse m an, das in der Schwarzschild-Metrik einer Masse $\mathfrak{M} \gg$ m frei fällt. Die dabei ausgesandte Strahlung ist als mögliche Erklärung für die im nächsten Abschnitt zu besprechenden Weberschen Experimente von Bedeutung.

Der größeren Übersichtlichkeit halber werden wir uns bei den folgenden Überlegungen auf zwei Spezialfälle, nämlich Kreisbahnen und radialen Fall ins Zentrum, beschränken.

Zur Auswertung von (6.33) benötigen wir die dritte Zeitableitung des Quadrupolmoments (6.31). Für zwei Massen $\mathfrak{M}$ und m, die sich im Abstand y_α bzw. x_α vom Ursprung befinden, ist

$$(6.34) \qquad Q_{\alpha\beta} = \mathfrak{M}\left(y_\alpha y_\beta - \frac{1}{3}y^2\delta_{\alpha\beta}\right) + \mathrm{m}\left(x_\alpha x_\beta - \frac{1}{3}\delta_{\alpha\beta}x^2\right).$$

Legen wir den gemeinsamen Schwerpunkt in den Ursprung, so ist $\mathfrak{M}y_\alpha + \mathfrak{m}x_\alpha = 0$; setzen wir dies in (6.34) ein und drücken $Q_{\alpha\beta}$ durch die Relativkoordinaten $r_\alpha = x_\alpha - y_\alpha$ der beiden Massen aus, so wird für $\mathfrak{m}/\mathfrak{M} \ll 1$

$$(6.35) \qquad Q_{\alpha\beta} = \mathfrak{m}\left(r_\alpha r_\beta - \frac{1}{3} r^2 \delta_{\alpha\beta}\right).$$

Für *Kreisbahnen* ist $r^2 = $ const und fällt daher bei der Bildung der Zeitableitung weg. Legen wir die Kreisbahn in die $x - y$-Ebene, so wird

$$(6.36) \qquad \dddot{Q}_{\alpha\beta}\dddot{Q}_{\alpha\beta} = \dddot{Q}_{11}^2 + 2\,\dddot{Q}_{12}^2 + \dddot{Q}_{22}^2 = 32\ \mathfrak{m}^2 r^4 \omega^6,$$

wobei ω die Kreisfrequenz der Bahn ist, die in Newtonscher Näherung durch $\omega^2 r^3 = G\mathfrak{M}$ gegeben ist. Setzt man dies in (6.36) ein, so ergibt sich für die ausgestrahlte Energie

$$(6.37) \qquad \frac{\mathrm{d}E}{\mathrm{d}t} = -\frac{32}{5c^5}\ G^4\,\mathfrak{m}^2\,\mathfrak{M}^3/r^5 = -\frac{c^5}{5G}\left(\frac{2M}{r}\right)^3\left(\frac{2m}{r}\right)^2.$$

Wir haben dabei wieder die Massen durch ihre Schwarzschild-Radien ausgedrückt, die beiden Klammerausdrücke in (6.37) sind dimensionslos. Daher muß $c^5/5G$ die Dimension einer Leistung haben, es ist

$$(6.38) \qquad \frac{c^5}{5G} = 7,29 \cdot 10^{58}\ \mathrm{erg/s} = 4 \cdot 10^4\,\mathfrak{M}_\odot\ c^2/\mathrm{s}.$$

Wenn die Testmasse $\mathfrak{m}$ bis in die Nähe des Schwarzschild-Radius $2M$ fallen kann, so wird kurzzeitig eine enorme Intensität der Gravitationsstrahlung erreicht ($c^5/5G$ entspricht der $2 \cdot 10^{25}$ fachen Leuchtkraft der Sonne), so daß man dabei hoffen kann, beobachtbare Effekte zu erhalten. Allerdings ist die Strahlungsintensität, die von Körpern ausgeht, die im Sonnensystem fallen, nur verschwindend gering, da für die lineare Ausdehnung R der Planeten und der Sonne stets $R \gg 2M$ ist und daher die Umgebung des Schwarzschild-Radius nie erreicht wird. So strahlt z.B. ein die Erde umkreisender Satellit mit $\mathfrak{m} = 10^6$ g eine Leistung $\approx 10^{-35}$ Watt ab, während die Erde selbst auf ihrer Bahn um die Sonne etwa 18 Watt in Form von Gravitationswellen abstrahlt.

Diese Beispiele legen bereits nahe, daß es kaum möglich ist, in einem Laborversuch einen leistungsfähigen Sender für Gravitationswellen aufzubauen und seine Strahlung zu messen[1].

---

[1] Ausführliche Untersuchungen dazu wurden von J. Weber (1961) angestellt.

Gravitationswellen merklicher Intensität können nur von Systemen mit Radien $R \approx 2M$ stammen, also von Körpern, die durch die Wirkung ihrer Eigengravitation hochgradig kollabiert sind. Bevor wir auf diese Möglichkeit und die Experimente zur Messung von Gravitationswellen näher eingehen, wollen wir aber die theoretische Untersuchung der Strahlung noch etwas weiterführen.

Der Energieverlust (6.37) bewirkt eine allmähliche Verringerung des Bahnradius r, der in der hier benutzten Newtonschen Näherung mit der Energie E der Bahn durch

$$(6.39) \qquad E = - G \mathfrak{M} m / 2r$$

zusammenhängt. Aus

$$(6.40) \qquad \frac{dE}{dt} = \frac{G \mathfrak{M} m}{2r^2} \frac{dr}{dt} = - \frac{c^5}{5G} \left(\frac{2M}{r} \right)^3 \left(\frac{2m}{r} \right)^2$$

folgt nach kurzer Rechnung

$$(6.41) \qquad r^4 = r_0^4 - \frac{256}{5} \, m M^2 c t.$$

Der Radius der Bahn nimmt demnach in endlicher Zeit auf Null ab. Allerdings ist das bei der Berechnung von (6.33) eingeschlagene lineare Näherungsverfahren nur für $r \gg 2M$ berechtigt.

Die *Frequenz der Strahlung* folgt aus (6.30) und (6.35) zu

$$(6.42) \qquad \nu = \frac{c}{\pi r} \sqrt{\frac{M}{r}}$$

(doppelte Frequenz der Bahnbewegung).

Die obigen Resultate wurden von Peters[1] auf *elliptische Bahnen* verallgemeinert. Bei einer Bahn mit numerischer Exzentrizität ϵ und großer Halbachse $\mathfrak{A}$ erhält er als Verallgemeinerung von (6.37)

$$(6.37a) \qquad \frac{dE}{dt} = - \frac{32 c^5}{5G} \frac{M^2 m^2 (M+m)}{\mathfrak{A}^5 (1 - \epsilon^2)^{1/2}} \left(1 + \frac{73}{24} \epsilon^2 + \frac{37}{96} \epsilon^4 \right) \, \cdot$$

Peters hat auch die durch Abstrahlung von Gravitationswellen bewirkte allmähliche Verringerung des Bahndrehimpulsvektors L_α berechnet:

$$(6.43) \qquad \boxed{\frac{dL_\alpha}{dt} = - \frac{2G}{5c^5} \epsilon_{\alpha\beta\gamma} \ddot{Q}_{\beta\delta} \ddot{Q}_{\gamma\delta} \, \cdot}$$

---

[1]P.C. Peters, Phys.Rev. **136B**, 1224 (1964).

Für elliptische Bahnen folgt aus (6.42) und (6.43) eine allmähliche Abnahme der Exzentrizität ϵ der Bahn. Auch der Radius der Bahn verringert sich langsam, wobei die gesamte Bindungsenergie in Form von Gravitationswellen abgestrahlt wird. Dieser Vorgang läuft so lange ab, bis die letzte in der Schwarzschild-Metrik mögliche stabile Kreisbahn mit Radius $r = 6M$ erreicht ist (s. Fig. 14).

Dieser Kreisbahn entspricht eine Energie $E = -\mathrm{m}\,c^2/18$, so daß bis zum Erreichen von $r = 6M$ insgesamt etwa 5,5% der Ruhmasse des fallenden Körpers an Gravitationsenergie ausgesendet werden. Etwa die Hälfte dieser Strahlung wird dabei beim Übergang von $20M$ auf $6M$ frei, wie man aus (6.39) sieht, d.h. innerhalb eines Zeitraumes

$$(6.44) \qquad t = 10^{-2}\,s\,\left(\frac{M}{m}\right)\,\left(\frac{M}{M_\odot}\right) \quad,$$

wie man aus (6.41) sieht. Die mittlere Frequenz der Strahlung folgt aus (6.42) zu

$$(6.45) \qquad \nu = 2 \cdot 10^3\,\mathrm{Hz}\,\left(\frac{M_\odot}{M}\right),$$

wenn man den Mittelwert $r = 10M$ verwendet.

Der weitere Verlauf der Bahnkurve und der Ausstrahlung für $r < 6M$ entspricht etwa dem rein radialen Fall ins Zentrum, dem wir uns nun zuwenden. Die elementare Auswertung von (6.33) ergibt dabei

$$(6.46) \qquad \frac{dE}{dt} = -\frac{c^3}{5G}\,\frac{8}{3}\,\frac{M^2 m^2}{r^4}\,\left(\frac{dr}{dt}\right)^2 \quad.$$

Wenn wir eine Radialbewegung mit Gesamtenergie Null betrachten, so folgt aus (4.33a), (4.34) wegen $l = 0$

$$(6.47) \qquad \left(\frac{dr}{c\,ds}\right)^2 = \frac{2M}{r} \quad,\quad \frac{ds}{dt} = 1 - \frac{2M}{r} \quad,$$

so daß sich für die gesamte abgestrahlte Energie

$$(6.48) \qquad E = -\int \frac{dE}{dt}\,dt = \frac{8c^3}{15G}\,M^2 m^2 \int \left(\frac{dr}{ds}\right)\left(\frac{ds}{dt}\right)\frac{dr}{r^4} =$$

$$= \frac{8c^4}{15G}\,M^2 m^2 \int\limits_{2M}^{\infty} \sqrt{\frac{2M}{r}}\,\left(1 - \frac{2M}{r}\right)\frac{dr}{r^4}$$

ergibt. Die elementare Integration führt auf

$$(6.49) \qquad E = \frac{2}{945} \, \mathfrak{m} c^2 \left(\frac{m}{M} \right) = 0{,}0022 \, \mathfrak{m} c^2 \left(\frac{m}{M} \right).$$

Beim radialen Fall wird daher nur ein sehr kleiner Bruchteil von $\mathfrak{m} c^2$ ausgestrahlt. Allerdings ist die lineare Näherung im Bereich $r \approx 3M$, aus dem der Hauptteil der Strahlung stammt, nicht mehr anwendbar. Davis, Ruffini, Press und Price[1] haben daher die Rechnungen unter Verwendung eines besseren, auf Zerilli[2] zurückgehenden Näherungsverfahrens wiederholt. Dabei ergibt sich für die beim radialen Fall emittierte Strahlung

$$(6.50) \qquad E = 0{,}01 \, \mathfrak{m} c^2 \left(\frac{m}{M} \right).$$

Die lineare Näherung unterschätzt daher die ausgestrahlte Energie um einen Faktor 5.

Fig. 38 zeigt die von diesen Autoren erhaltene Frequenzverteilung der Strahlung, Fig. 39 die Beiträge der verschiedenen Multipole ($L = 2 \dots$ Quadrupol, $L = 3 \dots$ Oktupol, $L = 4$). Die Figur zeigt, daß der Hauptbeitrag zur Strahlung vom Quadrupolterm stammt, aber auch der Oktupol noch einen Beitrag liefert. Das Maximum der Frequenzverteilung liegt bei

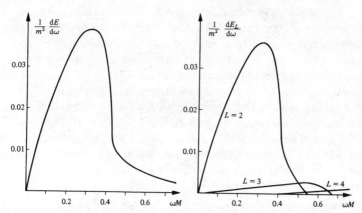

Fig. 38, 39: Spektrum der Gravitationsstrahlung beim Fall eines Teilchens der Masse $\mathfrak{m}$ in ein schwarzes Loch der Masse $\mathfrak{M}$; Multipolentwicklung.

---

[1] M. Davis, R. Ruffini, W. Press, R. Price, Phys.Rev.Lett. **27**, 1466 (1971).

[2] F.J. Zerilli, Phys.Rev. **D2**, 2141 (1971).

$$\omega_0 M = 2\pi\nu_0 M = 0,33$$

oder

(6.52) $\quad \nu_0 = 10^3 \text{ Hz}\left(\dfrac{M_\odot}{M}\right).$

Da diese Strahlung im wesentlichen während des Falles von $10M \rightarrow 2M$ ausgestrahlt wird, ist ihre Dauer nur etwa $t \approx 1/\nu_0 \approx 10^{-3} M/M_\odot$ s.

6.3 Die Weberschen Experimente

Im Jahre 1960 begann J. Weber an der University of Maryland mit dem Aufbau eines Gravitationswellendetektors. Er wollte dabei versuchen, Strahlung zu empfangen, die etwa vom Kollaps eines Sternes oder von einem Doppelstern ausgehen könnte. Zum damaligen Zeitpunkt billigten nur sehr wenige Physiker diesem Unternehmen Erfolgschancen zu, da die Empfindlichkeit möglicher Detektoren für Gravitationswellenempfang einfach zu gering erschien und außerdem die von Weber gesuchten Ereignisse als zu selten erachtet wurden. Weber benutzt als Detektoren für Gravitationswellen eine Reihe von Aluminiumzylindern, die eine Länge von 153 cm, Durchmesser zwischen 60 und 90 cm, eine Masse von etwa 10^6 g, eine Eigenfrequenz (der Grundschwingung) von 1660 Hertz und eine Dämpfung $\gamma = 10^{-5}\,\omega$ aufweisen. Nach (6.25) beträgt der Absorptionsquerschnitt eines derartigen Detektors im Falle der Resonanz $\sigma(\omega_0) \approx 10^{-19}$ cm^2. Damit Signale erzielt werden, die das thermische Rauschen überschreiten (das zu einer Energie $kT/2 = 10^{-14}$ erg der Grundschwingung führt, entsprechend einer Amplitude von etwa 10^{-14} cm), muß der in Form von Gravitationswellen einfallende Energiefluß innerhalb der Bandbreite der Resonanz des Detektors ($\Delta\omega \approx \gamma \approx 10^{-5}\,\omega$) rund 10^4 erg/cm^{2}s betragen, falls es sich um Signale von einigen Sekunden handelt, während für kürzere Signale (wie sie Weber beobachtet) das zeitliche Integral des Energieflusses 10^4 erg/cm^2 erreichen muß[1], damit die vom Detektor absorbierte Energie etwa gleich $kT/2$ ist.

Um Signale und Rauschen zu unterscheiden und nichtgravitative Effekte zu eliminieren, hat Weber zwei derartige Zylinder in einem Abstand von 1000 km in Maryland und in Chicago aufgestellt und beobachtet Koinzidenzen, d.h. ein gleichzeitiges Ansteigen des Signals in beiden Zylindern über eine gewisse Schwelle, wobei die Genauigkeit der Zeitauflösung etwa

---

[1] Siehe etwa G.W. Gibbons, S.W. Hawking, Phys.Rev. **D4**, 2191 (1971).

0,1 s beträgt. Die Zahl dieser Koinzidenzen wird registriert und die erwartete Zahl (aufgrund des thermischen Rauschens) zufälliger Koinzidenzen abgezogen.

Die Richtungsabhängigkeit der Empfindlichkeit der Weberschen Antennen ist $\propto \sin^4 \psi$, wobei ψ der Winkel zwischen der Richtung der Quelle und der Zylinderachse ist. Die Detektoren sind daher am empfindlichsten, wenn Strahlung senkrecht zur Zylinderachse einfällt, was wegen der transversalen Polarisation der Strahlung auch zu erwarten war. Da die Zylinder in Ost-Westrichtung aufgestellt sind, überstreicht die Richtung größter Empfindlichkeit innerhalb eines Sterntages den ganzen Himmel. Trägt man die Koinzidenzen als Funktion der Sternzeit auf, so erhält man demnach Information über die Richtung der Quellen von Gravitationswellen. Dabei führt jede Punktquelle alle 12 Stunden zu Signalen, da Gravitationswellen die Erde praktisch ungehindert durchdringen.

Weber hat in der Zeit von 1969 bis 1973 tatsächlich zahlreiche Koinzidenzen zwischen den Signalen seiner Gravitationswellenempfänger beobachtet und mit statistischen Argumenten zu zeigen versucht, daß diese Signale nicht etwa auf thermisches Rauschen zurückzuführen sind. Die Auswertung der Messungen — es werden jährlich einige hundert Signale mit einer Dauer von jeweils $\leqslant 0{,}4$ s beobachtet — läßt auf einen Ursprung der Gravitationswellen im Zentrum unserer Galaxis schließen. Dies folgt aus der anisotropen Verteilung der Signale, wenn man sie als Funktion der Sternzeit aufträgt[1].

Ob die von Weber beobachteten Ergebnisse allerdings tatsächlich auf Gravitationswellen zurückzuführen sind oder andere Ursachen haben, ist derzeit noch nicht geklärt. Zahlreiche andere Experimente, die in den letzten Jahren in Europa, der UdSSR und der USA aufgebaut wurden, haben noch zu keinen eindeutigen Aussagen geführt und die Weberschen Messungen nicht verifizieren können. Wir wollen hier nicht weiter auf irgendwelche Details, wie die Verbesserungen der Detektorkonfiguration, der Elektronik und der Datenauswertung eingehen, da eine Klärung der diesbezüglichen Problematik wohl erst 1975 zu erwarten ist. Dagegen soll hier die astrophysikalische Problematik erläutert werden, die sich ergibt, wenn man die Weberschen Ergebnisse auf Gravitationswellen zurückzuführen versucht.

Wie erwähnt, scheinen die von Weber beobachteten Signale ihren Ursprung in der Richtung des galaktischen Zentrums zu haben. Wie eindeutig ist die Identifizierung der Strahlungsquelle mit dem galaktischen Zentrum? Aus

---

[1] J. Weber, Phys. Rev. Letters *25*, 180 (1970).

Energiegründen können, wie wir noch sehen werden, extragalaktische
Quellen der Strahlung kaum in Betracht gezogen werden. Andererseits
erscheint es sehr unwahrscheinlich, daß ein einzelnes stellares Objekt in
unserer Galaxis alle von Weber beobachteten Strahlungspulse liefern
könnte, während die große Massenkonzentration im galaktischen Zen-
trum (etwa 10^9 bis 10^{10} $\mathfrak{M}_\odot$) eine große Zahl von Gravitationsstrah-
lungspulsen möglich erscheinen läßt.

Wir kommen nun zum wesentlichsten Problem bei der Interpretation der
Weberschen Daten, nämlich zur Abschätzung der Energie der von Weber
beobachteten Gravitationswellen. Nimmt man an, daß das Zentrum der
Galaxis Gravitationswellen isotrop abstrahlt, so kann man aus der bekannten Empfindlichkeit des Weberschen Detektors die in jedem Strahlungs-
puls enthaltene Energiemenge abschätzen. Da der Abstand der Erde vom
galaktischen Zentrum etwa $3 \cdot 10^{23}$ cm beträgt, erhalten wir für die gesamte vom galaktischen Zentrum bei einem Puls innerhalb der Bandbreite
von 0.03 Hertz abgestrahlte Energie

$$(6.53) \qquad E \approx 4\pi(3 \cdot 10^{22} \text{ cm})^2 \, 10^4 \text{ erg/cm}^2 \approx 10^{50} \text{ erg} \approx 10^{-4} \, \mathfrak{M}_\odot c^2.$$

Da man aber mit einer gesamten Bandbreite der Gravitationsstrahlung von
zumindest einigen hundert Hertz rechnen muß (man kann nicht annneh-
men, daß die Strahlung zufällig in einem sehr engen Frequenzintervall
rund um 1660 Hz konzentriert ist), muß man (6.53) mit etwa 10^4 multiplizieren, um auf die gesamte in einem Puls enthaltene Energiemenge zu
kommen. Demnach sollte — unter Annahme isotroper Abstrahlung — in
einem einzelnen Puls (einer Koinzidenz) eine Energie von etwa 1 $\mathfrak{M}_\odot$ vom
galaktischen Zentrum abgestrahlt werden. Da jährlich etwa 1000 Ereignisse
beobachtet werden und etwa zehnmal mehr infolge des thermischen Rauschens bzw. ungünstiger Detektorlage der Beobachtung entgehen, kommen
wir auf eine jährliche Gesamtabstrahlung des Zentrums der Galaxis von
etwa $10^4 \, \mathfrak{M}_\odot$, was mit der gesamten optischen Strahlung der Galaxis von
etwa $0.1 \, \mathfrak{M}_\odot$ zu vergleichen ist. Da die Masse der Galaxis aber insgesamt
nur etwa $10^{10} \, \mathfrak{M}_\odot$ beträgt, könnte sie diese Strahlung nur sehr kurze Zeit
(astrophysikalisch gesehen) aufrecht erhalten.

Versuche zur astrophysikalischen Deutung der Weberschen Experimente
konzentrieren sich daher vor allem darauf, die zur Erklärung der von ihm
beobachteten Gravitationswellen nötigen Energien zu verkleinern. Dabei
ist die Möglichkeit zu erwägen, daß die Gravitationsstrahlung vor allem
in der galaktischen Ebene konzentriert ist. Da der Abstand der Erde von

der galaktischen Ebene nur etwa 0,1% ihres Abstandes vom galaktischen Zentrum beträgt, könnte durch einen derartigen Mechanismus eine Herabsetzung der für die Erklärung der Weberschen Daten benötigten Energien um etwa 10^{-3} erreicht werden.

Als Mechanismus für die Emission derart gebündelter Strahlung bietet sich vor allem Gravitationssynchrotronstrahlung an[1]. Ein elektrisch geladenes Teilchen, das sich mit hochrelativistischen Geschwindigkeiten auf einer Kreisbahn bewegt, sendet bekanntlich[2] elektromagnetische Strahlung aus, die in einem Winkel

$$(6.54) \qquad \Delta\theta = \sqrt{1 - v^2/c^2}$$

um seine Bahnebene konzentriert ist. Die Frequenz dieser Strahlung (die einem sehr hohen Multipolmoment entspricht) ist durch

$$(6.55) \qquad \omega = \omega_0 \left(1 - v^2/c^2\right)^{-3/2}$$

gegeben, wobei ω_0 die Kreisfrequenz der Bahnbewegung ist. Auf den Fall der Gravitationssynchrotronstrahlung bezogen hätte dies den zusätzlichen Vorteil, daß eine Masse, die im Gravitationsfeld einer sehr großen ($\mathfrak{M} \approx 10^8 \mathfrak{M}_\odot$) Masse kreist, eventuell auch noch Gravitationswellen der von Weber beobachteten Frequenz aussenden könnte, während sich nach dem in Abschnitt 6.3 (p. 224) betrachteten Quadrupolmechanismus in diesem Fall nur sehr kleine (und damit unbeobachtbare) Frequenzen der Strahlung ergeben. Unklar ist allerdings[3], wie die hierfür benötigten hohen Geschwindigkeiten ($v \approx c$) für Körper von etwa Sonnenmasse zustande kommen könnten, die sich im Feld einer soviel größeren Masse bewegen. Für die letzte stabile Kreisbahn in der Schwarzschild-Metrik haben wir ja in Abschnitt 6.3 festgestellt, daß sie nur einer Bindungsenergie von etwa 5% der Ruhmasse entspricht, so daß $v^2/c^2 = 0{,}05$. Auch für die in Abschnitt 8 diskutierte Kerr-Metrik, die eine Verallgemeinerung der Schwarzschild-Metrik darstellt, ergeben sich keine wesentlich größeren Geschwindigkeiten.
Eine theoretische Deutung der Weberschen Meßdaten ist damit noch ausständig[4].

---

[1] C.W. Misner, Phys.Rev.Letters **28**, 994 (1972), C.W. Misner, R.A. Breuer, D.R. Brill, P.L. Chrzanovski, H.G. Hughes, C.N. Pereira, Phys.Rev.Letters **28**, 998 (1972).

[2] Siehe z.B. Landau-Lifschitz (1971).

[3] M. Davis, R. Ruffini, J. Tiomno, F. Zerilli, Phys.Rev.Letters **28**, 1352 (1972).

[4] Vgl. die weiteren Ausblicke in T. J. Sejnowski, Physics Today, Jan. 1974, p. 40.

7. NEUE DIFFERENTIALGEOMETRISCHE METHODEN

Wir haben bisher den mathematischen Formalismus ausschließlich auf
Tensoren aufgebaut, die wir durch ihre Komponenten bezüglich eines Koordinatensystems festgelegt haben. Diese koordinatenmäßige Festlegung
hat begriffliche und rechentechnische Nachteile.

So bilden die Vektoren in einem Punkt P der X^n zwar einen Vektorraum
(den *Tangentialraum* in P), sind aber dort bisher nur durch ihre Komponenten
in bezug auf eine vom Koordinatensystem mitgelieferte „natürliche" oder
holonome Basis gegeben. Oft wären jedoch Komponenten bezüglich anderer Basen im Tangentialraum wegen ihrer Orthogonalität oder Anpassung
an Symmetrierichtungen der X^n rechentechnisch günstiger. So sind orthogonale Basen z.B. zur Einführung von Spinorfeldern im Riemannschen
Raum notwendig, doch werden sie i.a. von keinem Koordinatensystem
geliefert (*anholonome Basen*).

Die von Gauß, Riemann, Christoffel, Ricci, Bianchi, Levi-Cività, Einstein
und Weyl entwickelte klassische Riemannsche Geometrie (Kapitel 2) wurde daher zunächst von Cartan, Schouten u.a. von der Beschränkung auf
holonome Basen befreit und später von Chevalley, Koszul, Nomizu u.a.
auf möglichst koordinaten- und basisunabhängige Begriffe aufgebaut.

Wir wollen hier – unter Verzicht auf mathematische Strenge – einige der
neueren Formulierungen besprechen, die sich für physikalische Anwendungen (Berechnung des Riemann-Tensors, Integration auf X^n, Spinorfelder)
als nützlich erwiesen haben.

7.1 Tangentialvektoren und Tangentialraum

Um eine koordinaten- und basisunabhängige Definition eines Tangentialvektors v in einem Punkt P einer differenzierbaren Mannigfaltigkeit X^n
zu gewinnen, gehen wir folgendermaßen vor.

Auf der X^n sei eine skalare Funktion F gegeben, d.h. eine Abbildung der
X^n auf R (Menge der reellen Zahlen).

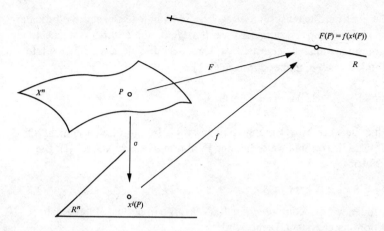

Fig. 40: Zur Definition von F und f

Fig. 40 zeigt, daß F von der Funktion $f(x^i)$ zu unterscheiden ist, die eine Abbildung $R^n \to R$ vermittelt und den koordinatenmäßigen Ausdruck für F darstellt. Diese Definition von F als Abbildung der X^n auf R ist unabhängig von der Existenz des Koordinatensystems x, also koordinatenunabhängig. Die begriffliche Unterscheidung zwischen f und F haben wir im Kapitel 2 der Einfachheit halber nicht getroffen.

Wir können nun zur Einführung des Begriffes eines *Tangentialvektors* in einem Punkt P von X^n übergehen. Wir betrachten dazu den Raum $\mathfrak{F}$ der (in einer Umgebung von P definierten, genügend oft differenzierbaren) Funktionen F auf X^n. Ein Tangentialvektor v im Punkt P ist dann eine lineare Abbildung des linearen Raumes $\mathfrak{F}$ in die reellen Zahlen, $F \to v(F) =$ reelle Zahl, welche die Kettenregel

$$(7.1) \qquad v(G) = \sum_i \frac{\partial g}{\partial G_i} \Big|_P v(G_i)$$

erfüllt, wenn die Funktion $G \in \mathfrak{F}$ als zusammengesetzte Funktion $G = g(G_1, G_2, \dots)$ gegeben ist ($G_i \in \mathfrak{F}$). Offenbar bilden die derart definierten Tangentialvektoren einen Vektorraum, da mit u, v auch $\alpha u + v$, definiert durch $(\alpha u + v)(F) = \alpha u(F) + v(F)$, (7.1) erfüllt ($\alpha =$ Zahl).

Ist ein Koordinatensystem σ gegeben, so kann jede einzelne Koordinate x^i als Funktion $\in \mathfrak{F}$ aufgefaßt werden. Wenn nun F durch $F = f(x^i)$ koordinatenmäßig dargestellt ist, kann man dies als zusammengesetzte Funktion lesen, und es gilt nach (7.1)

$$(7.2) \qquad v(F) = \frac{\partial f}{\partial x^i}\bigg|_P v(x^i)$$

(hier bedeutet $v(x^i)$: v angewendet auf die Funktion x^i, also nicht die übliche Kurzschreibweise für eine Funktion $v(x^1, x^2, \ldots x^n)$!). Die Zahlen

$$(7.3) \qquad v^i := v(x^i)$$

nennen wir die *Komponenten* des Vektors v in bezug auf das gegebene Koordinatensystem. Damit wird

$$(7.4) \qquad v(F) = v^i \frac{\partial f}{\partial x^i}\bigg|_P$$

Durch das Koordinatensystem sind automatisch in jedem Punkt n Tangentialvektoren ∂_i ($i = 1, \ldots, n$) mitgeliefert, die folgendermaßen definiert sind: ist $F = f(x^i)$ die Koordinatendarstellung von $F \in \mathfrak{F}$, so sei

$$(7.5) \qquad \partial_i |_P (F) := \frac{\partial f}{\partial x^i}\bigg|_P .$$

(7.1) ist klarerweise erfüllt, und (7.4) schreibt sich jetzt $v(F) = v^i \partial(F)$ oder

$$(7.6) \qquad v = v^i \partial_i|_P .$$

Dies zeigt, daß jeder Vektor als Linearkombination der n *Basisvektoren* ∂_i ($i = 1, \ldots, n$) geschrieben werden kann, deren Unabhängigkeit sich aus ihren Komponenten $\partial_i(x^k) = \delta_i^k$ ergibt. Die Tangentialvektoren in P bilden daher einen n-dimensionalen Vektorraum, den *Tangentialraum* T_P in P. Eine Basis in T_P nennen wir auch ein n-Bein.

Ein *Vektorfeld* wird durch Angabe eines Vektors in jedem Punkt festgelegt. Ein *n-Bein-Feld* besteht aus n Vektorfeldern, deren Vektoren in jedem Punkt linear unabhängig sind[1]. Spezielle n-Bein-Felder werden von den Basisvektoren $\{\partial_i\}$ bezüglich eines Koordinatensystems gebildet

---

[1] Oft auch als *bewegliches n-Bein* (engl. moving frame, frz. repère mobile) bezeichnet.

(*holonome n*-Bein-Felder). Nicht jedes *n*-Bein-Feld $\{e_i\}$ jedoch läßt sich als $\{\partial_i\}$ bezüglich eines geeigneten Koordinatensystems auffassen (*anholonome n*-Bein-Felder; wegen eines formalen Kriteriums dafür siehe Aufg. 5). Wir werden sehen, daß gerade die Verwendung derartiger anholonomer *n*-Bein-Felder wegen ihrer größeren Flexibilität Vorteile bringt.

Nach diesen begrifflichen Klarstellungen wollen wir der einfacheren Schreibweise wegen die Unterscheidung zwischen F, f; ∂_i, $\partial/\partial x^i$ wieder fallen lassen und auch statt „Vektorfeld" vielfach „Vektor" schreiben, wie das bisher schon geschehen ist.

Aufgaben

1. Zeige, daß aus (7.1) folgt: $v(F) = 0$, wenn $F = $ const.

2. Leite das Transformationsgesetz für holonome Vektorkomponenten bei Koordinatenwechsel aus (7.6,5,1) ab.

3. Ist v ein Vektor*feld*, so ergeben die Werte $v(f)$, punktweise berechnet, zusammen wieder eine skalare Funktion. Zeige ihre Übereinstimmung mit der Lie-Ableitung $\mathfrak{L}_v f$.

4. Sei u ein weiteres Vektorfeld, dann kann $u(v(f))$ berechnet werden. Zeige, daß $uv(f) = u(v(f))$ nicht zur Definition eines neuen Vektorfeldes uv führt, daß aber die Lie-Klammer

$$[u, v] = uv - vu$$

(der Kommutator der beiden Differentialoperatoren) ein Vektorfeld ist, das mit der Lie-Ableitung $\mathfrak{L}_u v$ (vgl. (2.124)) übereinstimmt. Verifiziere die Jacobi-Identität

(7.7) $[u, [v, w]] + [w, [u, v]] + [v, [w, u]] = 0$

und formuliere sie auch als Kommutatorrelation für Lie-Ableitungen.

5. Zeige, daß für ein *n*-Beinfeld $\{e_i\}$ die *Integrabilitätsbedingung* $[e_j, e_k] = 0$ jedenfalls notwendig für seine Holonomie ist (im Kleinen ist sie auch hinreichend). Für ein anholonomes *n*-Bein-Feld $\{e_i\}$ hingegen sind in der (stets möglichen) Zerlegung $[e_j, e_k] = C^i{}_{jk} e_i$ nicht alle *Anholonomiekoeffizienten* $C^i{}_{jk}$ gleich null.

7.2 Differentiale und der Kotangentialraum

Der Gebrauch von Differentialen $\mathrm{d}x^i$, $\mathrm{d}f$ etc. ist in der Physik üblich. Während diese Größen als „unendlich kleine Größen" streng mathematisch nicht existieren, sind sie doch für praktische Überlegungen sehr zweckmäßig. Allerdings ergeben sich bei mehrmaliger Anwendung der Operation „d" Schwierigkeiten. Auch liefert eine naive Multiplikation

$$\mathrm{d}x\,\mathrm{d}y = (x_{,u}\mathrm{d}u + x_{,v}\mathrm{d}v)\,(y_{,u}\mathrm{d}u + y_{,v}\mathrm{d}v)$$

nicht die richtige Transformation des Flächenelements $\mathrm{d}x\mathrm{d}y$ auf neue Koordinaten.

Mit den Überlegungen des vorigen Abschnitts in engem Zusammenhang steht aber ein Kalkül, der Differentialen einen mathematisch wohldefinierten Sinn gibt und außerdem einfache Regeln liefert, die die erwähnten Schwierigkeiten bei der Differentiation und Multiplikation von Differentialen beheben. Dabei muß man sich als Physiker zunächst von der Idee des „unendlich kleinen" Differentials freimachen. Die zu definierende Größe $\mathrm{d}f$ ist endlich, stimmt aber in den sonstigen Eigenschaften mit den Vorstellungen überein, die man von „$\mathrm{d}f = f_{,i}\,\mathrm{d}x^i$" hat. Zunächst bemerken wir, daß $\mathrm{d}f = f_{,i}\,\mathrm{d}x^i$ die (infinitesimale) Änderung von f in einer nicht spezifizierten Richtung ist. $\mathrm{d}f$ hat erst einen Wert, wenn wir die Richtung durch Angabe einer Kurve durch den betrachteten Punkt festlegen. Dann wird

$$\mathrm{d}f = f_{,i}(\mathrm{d}x^i/\mathrm{d}s)\mathrm{d}s = f_{,i}u^i\mathrm{d}s,$$

wobei s ein beliebiger Kurvenparameter ist und $u^i = \mathrm{d}x^i/\mathrm{d}s$ die Komponenten des Tangentenvektors an die Kurve sind. $\mathrm{d}f$ hat daher erst dann einen Wert, wenn wir einen Tangentialvektor vorgeben, und dieser Wert hängt linear von dem Tangentialvektor ab. $\mathrm{d}f$ ist also ein lineares Funktional auf dem Raum T_P der Tangentialvektoren, und wir *definieren*

$$(7.8) \qquad \mathrm{d}f(u) := f_{,i}\,u^i = u(f).$$

$\mathrm{d}f$ ist dasjenige lineare Funktional auf dem Raum T_P, das jedem Vektor $u \in T_P$ die Richtungsableitung (7.8) von f zuordnet.

Diese Definition unterscheidet sich genau um den Faktor $\mathrm{d}s$ von der obigen naiven Version „$\mathrm{d}f(u) = u^i f_{,i}\,\mathrm{d}s$".

Da das Studium der linearen Funktionale auf einem beliebigen Vektorraum V (hier T_P) eine der Standardkonstruktionen der linearen Algebra ist, wollen wir hier nur kurz die notwendigen Begriffe wiederholen[1].

Die linearen Funktionale über V bilden den zu V dualen Vektorraum V^*, dessen Elemente Kovektoren genannt werden (hier Kotangentialvektoren). Für $a \in V^*, u, v \in V$ und $\alpha, \beta \in R$ gilt

$$a(v) = \text{reelle Zahl},$$
(7.9)
$$a(\alpha u + \beta v) = \alpha a(u) + \beta a(v).$$

V^* ist tatsächlich ein Vektorraum, die Linearkombination $c = \alpha a + \beta b\, (\alpha, \beta \in R, a, b \in V^*)$ zweier Kovektoren ist das durch $c(v) = \alpha a(v) + \beta b(v)$ gegebene lineare Funktional.

Ist $\{ e_i \}$ eine Basis in V, so konstruieren wir die duale Basis $\{ e^j \}$ in V^* wie folgt. Sei $a \in V^*, v = v^i\, e_i \in V$, dann ist $a(v) = a(v^i e_i) = v^i a(e_i)$. Die Komponentenzuordnungen $v \to v^j$ sind aber selbst lineare Funktionale von v (v^j sind reelle Zahlen, die offenbar linear von v abhängen), die wir mit e^j bezeichnen:

(7.10) $\qquad e^j(v) = v^j$.

Damit wird

(7.11) $\qquad a(v) = v^j a(e_j) = a(e_j)\, e^j(v)$

oder, durch Vergleich des ersten mit dem letzten Ausdruck in (7.11)

(7.12) $\qquad a = a(e_j)\, e^j = : a_j\, e^j$.

Die $\{ e^j \}$ bilden daher eine Basis von V^*, die duale Basis zu $\{ e_j \}$. (7.12) zeigt auch, daß V^* die gleiche Dimension wie V hat. Setzen wir (7.12) in (7.11) ein, ergibt sich, daß $a(v)$ die Form eines Skalarproduktes hat:

(7.13) $\qquad a(v) = a_j\, v^j$.

Durch Spezialisierung auf $a = e^j$, $v = e_k$ erhalten wir

(7.14) $\qquad e^j(e_k) = \delta^j{}_k$.

Diese Relation drückt die Dualität der Basen aus.

---
[1] Siehe z.B. van der Waerden (1966),

Nach diesen allgemeinen Überlegungen kehren wir zum Tangentialraum T_P zurück. Das Differential df in P ist ein Element des zu T_P dualen Raumes T_P^*, wobei

$$(7.15) \qquad df(v) = v(f) = f_{,i} v^i.$$

Insbesondere gilt für $f = x^j$ wegen (7.10)

$$dx^j(v) = v(x^j) = v^j = e^j(v).$$

Die zu $\{\partial_j\}$ duale Basis $\{e^j\}$ ist daher durch

$$(7.16) \qquad e^j = dx^j, \qquad j = 1 \ldots n,$$

gegeben. Die Koordinatendifferentiale bilden also die holonome Kobasis, und (7.14) nimmt die Form

$$(7.17) \qquad dx^i(\partial_k) = \delta^i{}_k$$

an. Für die Komponentenzerlegung (7.12) eines beliebigen Kotangentialvektors $a \in T_P^*$ erhalten wir in der holonomen Basis dx^j

$$(7.18) \qquad a = a_j \, dx^j.$$

Analog zu den Vektorfeldern können wir nun *Kovektorfelder* betrachten, wobei jedem Punkt $P \in X^n$ ein Kovektor zugeordnet wird. Die Komponentenzerlegung eines Kovektorfeldes lautet

$$(7.19) \qquad a = a_j(x) dx^j.$$

Daher heißt a auch lineare Differentialform[1].

Aufgaben

1. Bestimme das Transformationsgesetz der Kovektorkomponenten bei Koordinatenwechsel.

2. Wie transformieren Kobasis und Komponenten von Vektoren und Kovektoren bei einem Basiswechsel

---

[1] Nicht jedes Element a kann in der Form $a = df$ geschrieben werden, da die in (7.19) auftretenden a_j i.a. nicht $a_j = f_{,j}$ erfüllen.

(7.20) $e_{\bar{j}} = p^k{}_{\bar{j}} e_k$

in T_P?

3. Zeige ohne Verwendung einer Basis, daß d die Kettenregel

(7.21) $d(f(g)) = \dfrac{\partial f}{\partial g} \, dg$

erfüllt. *Anleitung:* Benutze $df(u) = u(f)$.

7.3 Die Tensoralgebra

In den letzten beiden Abschnitten haben wir Vektoren und Kovektoren eingeführt und können nun zu Tensoren übergehen. Allgemein geschieht dies folgendermaßen: V und W seien zwei Vektorräume der Dimensionen m und n. Wir betrachten den Raum der bilinearen Funktionale über dem Cartesischen Produkt $V \times W$. Wenn T ein Element dieses Raumes ist, soll also gelten

$$T(v, w) = \text{reelle Zahl,}$$

(7.22) $$T(\alpha v + v', w) = \alpha T(v, w) + T(v', w),$$

$$T(v, \alpha w + w') = \alpha T(v, w) + T(v, w').$$

Diese Funktionale bilden wieder einen Vektorraum. Speziell heißt der Raum aller bilinearen Funktionale, die auf $V^* \times W^*$ definiert sind, das *Tensorprodukt* $V \otimes W$ der Räume V, W.

Eine Basis in $V \otimes W$ kann man folgendermaßen konstruieren: $\{e^i\}$ sei Basis in V^*, dual zu $\{e_i\}$, die eine Basis in V bilden. Analog sei $\{e^\alpha\}$ Basis in W^*, dual zu $\{e_\alpha\}$. Für ein beliebiges Element $T \in V \otimes W$ gilt dann wegen der Bilinearität von T ($a = a_i \, e^i \in V^*$, $b = b_\alpha \, e^\alpha \in W^*$)

(7.23) $$T(a, b) = T(a_i \, e^i, b_\alpha \, e^\alpha) = a_i \, b_\alpha \, T^{i\alpha},$$

wo

(7.24) $$T^{i\alpha} = T(e^i, e^\alpha).$$

Um eine Basis im Raum des Tensorproduktes $V \otimes W$ zu gewinnen, definieren wir das Tensorprodukt $v \otimes w \in V \otimes W$ zweier Vektoren $v \in V$, $w \in W$ durch

(7.25) $(v \otimes w)(a, b) = a(v) \, b(w)$

für alle $a \in V^*$, $b \in W^*$. Insbesondere ist für die Basisvektoren

$$(e_i \otimes e_\alpha)(a, b) = a(e_i) \, b(e_\alpha) = a_i \, b_\alpha,$$

also kann (7.23) in der Form

$$T(a, b) = T^{i\alpha}(e_i \otimes e_\alpha)(a, b)$$

(7.26) $\boxed{T = T^{i\alpha} e_i \otimes e_\alpha}$

geschrieben werden, $\{ e_i \otimes e_\alpha \}$ ist daher eine Basis im Raum des Tensorproduktes.

Analog kann man Tensorprodukte von mehreren Vektorräumen definieren. Ein *Tensor* ist ein Element des Vektorraumes $V^a{}_b$, der durch wiederholte Tensorproduktbildung der Räume V (a mal) und V^* (b mal) entsteht (Tensor vom Typ (a, b)). Wenn $\{ e_i \}$ Basis in V, $\{ e^i \}$ in V^* ist, so gilt für $T \in V^a{}_b$

(7.27) $\boxed{T = T^{iklm...}_{np...} \; e_i \otimes e_k \quad e_l \otimes e_m \ldots \otimes e^n \otimes e^p \ldots}$

Dies zeigt die Übereinstimmung des hier eingeführten Tensorbegriffs mit demjenigen des Kapitels 2.

T heißt symmetrisch (antisymmetrisch), wenn

(7.28) $T(\ldots v, \ldots w \ldots) = \overset{+}{(-)} \, T(\ldots w, \ldots, v \ldots),$

wobei v, w entweder beide aus V oder beide aus V^* sind.

Durch einen nichtsingulären[1] symmetrischen Tensor g vom Typ $(0,2)$, den *metrischen Tensor*, wird in V ein *skalares Produkt* definiert, es gilt

(7.29) $g(u, v) = g_{ik} u^i v^k = u \cdot v, \quad g_{ik} := g(e_i, e_k) = g_{ki}.$

Bei festem u ist $g(u, \ldots)$ ein lineares Funktional auf V, d.h. ein Kovektor. Durch den metrischen Tensor wird daher jedem Vektor u ein Kovektor $g(u, \ldots)$ zugeordnet. Diese basisunabhängige Identifizierungsvorschrift zwischen Vektoren und Kovektoren ist die abstrakte Formulierung des Hinauf- bzw. Hinunterziehens eines Index.

---

[1] Nichtsingulär bedeutet, daß aus $g(u, v) = 0$ für alle $v \in V$ auch $u = 0$ folgt.

Spezialisieren wir V nun auf den Tangentialraum T_P, so gilt in der holonomen Basis $\{\partial_i\}$

(7.30) $g(\partial_i, \partial_k) = g_{ik}$

genau wie im Kapitel 2. Der Vorteil ist jetzt aber, daß wir durch Wahl einer anholonomen Basis $\{e_i\}$ z.b. erreichen können, daß $g(e_i, e_k) = \eta_{ik}$ im ganzen Raum wird (*orthonormale Basis*).

Während es nur mit Hilfe des metrischen Tensors möglich ist, V mit V^* auf basisunabhängige Art zu identifizieren, kann man dies bei V und $(V^*)^*$ ohne Einführung einer zusätzlichen Struktur tun, und zwar durch die Zuordnung $v' \longleftrightarrow v$ für $v' \in (V^*)^*$, $v \in V$, wenn $v'(a) = a(v)$ für jedes $a \in V^*$.

Die *Tensoralgebra* über V erhalten wir, indem wir die direkte Summe der Räume $V^a{}_b$ bilden, wobei wir $V^1{}_0 = V$, $V^0{}_1 = V^*$, $V^0{}_0 = R$ (reelle Zahlen) setzen und als Multiplikation das Tensorprodukt benutzen.

Aufgaben

1. Wie ist das Skalarprodukt in T_P^* zu bilden, das aufgrund der Zuordnung $u \to g(u, \ldots)$ zustandekommt?

2. Zeige, daß aus der Nichtsingularität von g folgt, daß die Zuordnung $u \to g(u, \ldots)$ umkehrbar eindeutig ist.

7.4 Die äußere Algebra

Wir betrachten nun eine für später wichtige Teilalgebra der Tensoralgebra über einem Vektorraum V, die *äußere* (oder Graßmann-) *Algebra* Λ über V. Sie ist die direkte Summe der Räume Λ^p, wo Λ^p der Raum der total antisymmetrischen Tensoren vom Typ $(p, 0)$, $\Lambda^0 = R$ und $\Lambda^1 = V$ ist. Um zu einer Algebra zu gelangen, benötigen wir noch eine multiplikative Verknüpfung antisymmetrischer Tensoren, die aus Λ nicht herausführt, d.h., wieder auf antisymmetrische Tensoren führt. Sind $D \in \Lambda^p$, $T \in \Lambda^q$ zwei Tensoren, so ist das gewöhnliche Tensorprodukt $D \otimes T$,

(7.31) $(D \otimes T) \underbrace{(a, b, \ldots c}_{p}; \underbrace{x, y, \ldots z)}_{q} =$

$= D(a, b, \ldots c)\, T(x, y, \ldots z)$

$(a, \ldots, x, \ldots \in V^*)$ dazu nicht brauchbar, weil $D \otimes T$ nicht total anti-symmetrisch ist. Für $v, w \in V$ können wir aber durch

$$(7.32) \qquad (v \wedge w)(a, x) = (v \otimes w)(a, x) - (v \otimes w)(x, a)$$

ein *äußeres oder alternierendes Produkt* $v \wedge w$ bilden, das einen antisymmetrischen Tensor $\in \Lambda^2$ liefert. (7.32) erfüllt außer den üblichen Distributivgesetzen noch

$$(7.33) \qquad \begin{aligned} v \wedge w &= - w \wedge v, \\ v \wedge v &= 0. \end{aligned}$$

Eine Basis in Λ^2 wird aus den Produkten $e_i \wedge e_j \, (i < j)$ von Basisvektoren in V gebildet, Λ^2 ist also $\binom{n}{2}$-dimensional. Bezüglich dieser Basis hat $v \wedge w = v^j e_j \wedge w^k e_k$ die Komponentenzerlegung

$$(7.34) \qquad \begin{aligned} v \wedge w &= \frac{1}{2!} \, (v^i w^k - v^k w^i) \, e_i \wedge e_k = \\ &= \sum_{i<k} (v^i w^k - v^k w^i) \, e_i \wedge e_k. \end{aligned}$$

Ganz analog können wir im allgemeinen Fall vorgehen und $D \wedge T$ aus (7.31) durch geeignetes Antisymmetrisieren erhalten, so daß sich ein total antisymmetrisches Produkt ergibt, das bei mehr als zwei Faktoren assoziativ ist Die $\binom{n}{p}$ Produkte

$$(7.35) \qquad \begin{aligned} e_H &:= e_{h_1} \wedge \ldots \wedge e_{h_p}, \\ H &:= \{ \, h_1 \ldots h_p \, | \, h_1 < h_2 \ldots < h_p \, \} \end{aligned}$$

bilden eine Basis in Λ^p, so daß also dim $\Lambda^p = \binom{n}{p}$ ist. Für $D \in \Lambda^p$, $T \in \Lambda^q$ geht die Vertauschungsregel (7.32) über in

$$(7.36) \qquad D \wedge T = (-1)^{pq} T \wedge D.$$

Die Dimension von Λ ist $\displaystyle\sum_{p=0}^{n} \binom{n}{p} = (1 + 1)^n = 2^n$.

Wenn in V ein Skalarprodukt $g(v, w)$ durch (7.29) definiert ist, können wir auch in Λ^p eines einführen. Für Elemente $v, w \in \Lambda^p$, die in der Form

(7.37) $\quad v = v \wedge \ldots \wedge v \, , \ w = w \wedge \ldots \wedge w \ (v, \ w \in V)$
$\qquad\quad\ 1 \qquad\quad\ \ p \qquad 1 \qquad\quad\ \ p \ \ \alpha \ \ \alpha$

geschrieben werden können, definieren wir als Skalarprodukt in Λ^p:

(7.38) $\quad v \cdot w = \det (v \cdot w)$
$\qquad\qquad\qquad\quad\ \alpha \ \ \beta$

und dehnen es durch die übliche Linearitätsforderung auf alle Elemente von Λ^p aus. Die Metrik g erlaubt jetzt, orthonormale Basen $\{\, e_i \,\}$ in V zu definieren:

(7.39) $\quad e_i \cdot e_j = \pm \, \delta_{ij} \, ,$

wobei etwa r +Zeichen und s −Zeichen vorkommen mögen (Relativitätstheorie bei unserer Konvention: $r = 1, s = 3$); $t = r - s$ heißt Signatur des inneren Produkts. Dann gilt für

(7.40) $\quad e := e_1 \wedge e_2 \wedge \ldots \wedge e_n \in \Lambda^n$:

(7.41) $\quad e \cdot e = (- 1)^s = (- 1)^{(n-t)/2}.$

Die Einführung einer Längenmessung in V durch $|\, v \,| = \sqrt{|\, v \cdot v \,|}$ erlaubt auch eine Volumsmessung. Nehmen wir das Volumen des durch orthonormale e_i aufgespannten Parallelepipeds als Einheitsvolumen: $1 = |\, e_1 \,| \cdot |\, e_2 \,| \ldots |\, e_n \,| = \sqrt{|\, e \cdot e \,|}$, so ist das Volumen $|\, \mathfrak{V} \,|$ des durch n beliebige Vektoren $v, \ldots, v \in V$ aufgespannten Parallelepipeds durch
$\qquad\qquad\qquad\qquad\ 1 \qquad\ n$

(7.42) $\quad v \wedge v \wedge \ldots \wedge v = \mathfrak{V} e$
$\qquad\quad\ 1 \ \ 2 \qquad\quad\ n$

gegeben, was eine direkte Verallgemeinerung des „Spatprodukts" auf n Dimensionen darstellt; sign $\mathfrak{V}$ gibt die relative Orientierung der v an.
$\qquad\qquad\qquad\qquad\qquad\qquad\qquad\qquad\qquad\qquad\qquad\quad \alpha$

Dieser Zusammenhang der Multivektoren (die Elemente von Λ^p heißen manchmal p-Vektoren) mit der Volumsmessung ist der Grund für die wichtige Rolle der äußeren Algebra in der Integrationstheorie auf Mannigfaltigkeiten.

Bei antisymmetrischen Tensoren ist ferner der ϵ-Tensor wesentlich, der es etwa erlaubt, einem total antisymmetrischen Tensor dritter Stufe a^{ikj} einen Vektor a_m durch

(7.43) $\quad a_m = \dfrac{1}{3\,!} \ \epsilon_{mikj} \, a^{ikj}$

zuzuordnen. Die Verallgemeinerung dieser Operation wird durch den
$*$-Operator gegeben, der $\Lambda^n \leftrightarrow \Lambda^{n-p}$ abbildet (diese beiden Räume haben die gleiche Dimension $\binom{n}{p} = \binom{n}{n-p}$). Wieder benutzen wir dazu das Skalarprodukt (7.38). Sei $v \in \Lambda^p$, w ein beliebiger Vektor aus Λ^{n-p}. Dann ist

$$(7.44) \qquad v \wedge w = (*v, w) \cdot e$$

die Definition eines neuen Vektors $*v \in \Lambda^{n-p}$, dessen Skalarprodukt mit dem beliebigen $w \in \Lambda^{n-p}$ gerade (7.44) erfüllt.

Aufgaben

1. A sei eine lineare Abbildung $V \to V$. Durch $A(v \wedge w \wedge \ldots) = {}$
$= Av \wedge Aw \wedge \ldots$ kann A auf die Λ^p übertragen werden, $\Lambda^p \to \Lambda^p$.
Da Λ^n eindimensional ist, muß $A(v \wedge \ldots)$ in diesem Fall ein Vielfaches von $v \wedge \ldots$ sein. Zeige, daß dieser Proportionalitätsfaktor übereinstimmt mit det $A^k{}_j$, wo $A^k{}_j$ die durch $Ae_j = A^k{}_j e_k$ definierte Matrixdarstellung der Abbildung ist. (Das ergibt eine basisunabhängige Definition der Determinante einer Abbildung.) Wie ist die Situation bei den anderen Λ^p?

2. Die Vektoren $u, v, \ldots, w \in V$ sind genau dann linear abhängig, wenn $u \wedge v \wedge \ldots \wedge w = 0$.

3. Zeige: $\Lambda^p(V^*)$ ist dual zu $\Lambda^p(V)$.

4. Ist in (7.42) $\mathfrak{B} \neq 0$, so sind die v linear unabhängig und als Basis in V verwendbar; $g_{ik} = v \cdot v$ sind die Komponenten von g in dieser Basis.
Zeige $|\mathfrak{B}| = \sqrt{|\det g_{ik}|}$ (benutze (7.38, 41, 42)).

5. Zeige, daß das Skalarprodukt (7.38) in Λ^p nicht singulär ist.

6. Zeige, daß

$$u \wedge *v = (-1)^{(n-t)/2}(u \cdot v)e.$$

Was ergibt sich daraus für $**v$?

7. Sei dim $V = 4$, die Basis e_1, e_2, e_3, e_4 orthonormal. Bilde $*e_i, *(e_i \wedge e_k), *(e_i \wedge e_k \wedge e_j), *e$.

7.5 Äußere Differentialformen

Die eben entwickelte äußere Algebra können wir sowohl über dem Tangentialraum T_P als auch über dem Kotangentialraum T_P^* aufbauen. Dabei stellt sich der letztere Fall insofern als wichtiger heraus, als sich noch eine weitere Operation invariant definieren läßt, die *äußere Ableitung* (alternierende Differentiation), die nicht aus der Algebra herausführt.

Wir bilden also die äußere Algebra über T_P^*. Ist ferner in jedem Punkt P ein s-Kovektor gegeben, so sprechen wir von einem s-Kovektorfeld oder einer s-Form (alternierende Differentialform s-ter Stufe). Die Formen nullter Stufe sind die skalaren Funktionen. Eine holonome Basis für die Algebra der alternierenden Differentialformen wird durch

$$(7.45) \quad 1, dx^i, dx^i \wedge dx^j, dx^i \wedge dx^j \wedge dx^k, \ldots, dx^1 \wedge dx^2 \wedge \ldots \wedge dx^n$$

$$(i < j, i < j < k, \ldots)$$

gegeben, in bezug auf welche eine q-Form ω die Gestalt

$$(7.46) \quad \omega = \sum_H \omega_H(x^i)\, dx^H$$

annimmt, wobei wieder

$$(7.47) \quad \begin{aligned} &H := \{\, h_1 < h_2 < \ldots < h_q \,\}, \\ &dx^H := dx^{h_1} \wedge \ldots \wedge dx^{h_q}. \end{aligned}$$

Beispiele für $n = 3$ sind:

$$(7.48) \quad \begin{aligned} &\text{0-Form: } \Phi = \Phi(x, y, z) \\ &\text{1-Form: } \lambda = a\,dx + b\,dy + c\,dz, \\ &\text{2-Form: } \mu = f\,dy \wedge dz + g\,dz \wedge dx + h\,dx \wedge dy, \\ &\text{3-Form: } \nu = k\,dx \wedge dy \wedge dz, \\ &\text{4-Form} \\ &\quad \vdots \\ &\quad \vdots \equiv 0, \\ &\quad \vdots \end{aligned}$$

worin $a, b, \ldots$ Funktionen von x, y, z sind. Formen dieser Art erscheinen bekanntlich als Integranden bei Linien-, Oberflächen- und Volumsintegralen. Bei der Umwandlung derartiger Integrale (Stokesscher, Gaußscher Satz) kommt im Integranden eine neue Form zu stehen, die in systematischer Art aus dem gegebenen Integranden abzuleiten ist. Das geschieht mit Hilfe der Operation d, der *äußeren Ableitung*, die wir jetzt definieren; auf die Formulierung der Integralsätze kommen wir später zurück. Der Operator d bildet Λ^q linear in Λ^{q+1} ab und ist durch folgende Eigenschaften eindeutig bestimmt (ω, η sind Formen, f eine 0-Form):

(7.49)

$$1)\; d \wedge (\omega + \eta) = d \wedge \omega + d \wedge \eta,$$

$$2)\; d \wedge (\omega \wedge \eta) = (d \wedge \omega) \wedge \eta + (-1)^{\text{Stufe}\,(\omega)}\, \omega \wedge (d \wedge \eta),$$

$$3)\; d \wedge (d \wedge \omega) = 0,$$

$$4)\; d \wedge f = df \;(\text{Differential}, (7.8)).$$

Wegen 4) werden wir häufig das Zeichen $\wedge$ nach d weglassen, zwischen Koordinatendifferentialen auch das Zeichen $\wedge$ des äußeren Produkts. Die Existenz dieses Operators wird dadurch gesichert, daß für eine Form (7.46) die Vorschrift

$$(7.50) \qquad d\omega = \sum_H \frac{\partial \omega_H}{\partial x^j}\, dx^j \wedge dx^H$$

alle Bedingungen erfüllt.

Eine Form ω heißt *exakt*, wenn sie sich als äußeres Differential schreiben läßt, d.h., wenn eine Form α mit $\omega = d\alpha$ existiert. Da $d(d\alpha) = 0$ nach 3), ist für dieE xatheit notwendig, daß $d\omega = 0$. Das ist aber im allgemeinen nicht hinreichend für die Exaktheit auf ganz X^n, man kann aber Gebiete abgenzen, auf denen das zutrifft (Poincarésches Lemma)[1].

Damit eine Kobasis $\{\omega^1, \ldots \omega^n\}$ holonom ist, ist notwendig: $d\omega^i = 0$.

Wir betrachten die Beispiele (7.48). Es wird

$$d\Phi = \frac{\partial f}{\partial x}\, dx + \frac{\partial f}{\partial y}\, dy + \frac{\partial f}{\partial z}\, dz,$$

$$d\lambda = \left(\frac{\partial c}{\partial y} - \frac{\partial b}{\partial z}\right) dydz + \left(\frac{\partial a}{\partial z} - \frac{\partial c}{\partial x}\right) dzdx + \left(\frac{\partial b}{\partial x} - \frac{\partial a}{\partial y}\right) dxdy,$$

$$d\mu = \left(\frac{\partial f}{\partial x} + \frac{\partial g}{\partial y} + \frac{\partial h}{\partial z}\right) dx\; dy\; dz$$

$$d\nu \equiv 0.$$

---

[1]Vielfach wird auch 3) in (7.49) so genannt.

Schreiben wir in üblicher Terminologie $(a, b, c) = a$, $(f, g, h) = v$, $(\mathrm{d}x, \mathrm{d}y, \mathrm{d}z) = \mathrm{d}x$, $(\mathrm{d}y\mathrm{d}z, \mathrm{d}z\mathrm{d}x\mathrm{d}y) = \mathrm{d}O$, $\mathrm{d}x\mathrm{d}y\mathrm{d}z = \mathrm{d}^3x$, so ist

$$\Phi = \Phi(x), \qquad \mathrm{d}\Phi = \mathrm{grad}\ \Phi\ \mathrm{d}x,$$

$$\lambda = a\mathrm{d}x, \qquad \mathrm{d}\lambda = \mathrm{rot}\ a\mathrm{d}O,$$

$$\mu = v\mathrm{d}O, \qquad \mathrm{d}\mu = \mathrm{div}\ v\mathrm{d}^3x.$$

Exaktheit würde also für λ bedeuten: $a = \mathrm{grad}\ f$, für $\mu : v = \mathrm{rot}\ a$. Die Gleichung $\mathrm{d}(\mathrm{d}\omega) = 0$ ergibt

$$\lambda \ldots \mathrm{div}\ \mathrm{rot}\ a = 0,$$

$$\Phi \ldots \mathrm{rot}\ \mathrm{grad}\ \Phi = 0,$$

und das Poincarésche Lemma ergibt für rot $a = 0$, div $v = 0$ die Existenz eines skalaren bzw. Vektorpotentials, wenn auch nicht stets im ganzen Raum (vgl. die ebene Zirkulationsströmung oder das magnetische Potential beim geraden Stromleiter).

Aufgaben

1. Zeige, daß (7.50) die Bedingungen (7.49) erfüllt.

2. Zeige: Eine koordinatenfreie Formel für die Ableitung von 1-Formen ω ist gegeben durch

$$(7.50')\qquad (\mathrm{d}\wedge\omega)(u, v) = u(\omega(v)) - v(\omega(u)) - \omega([u, v]),$$

wo $[u, v]$ wie in Aufgabe 4 von Abschnitt 7.1 definiert ist.

3. F_{ik} bedeute den elektromagnetischen Feldtensor, d.h. die Komponenten der 2-Form $\varphi = \frac{1}{2}\ F_{ik}\mathrm{d}x^i \wedge \mathrm{d}x^k$. Zeige, daß die 2. Maxwell-Gleichungen lauten: $\mathrm{d}\wedge\varphi = 0$. Nach dem Poincaré-Lemma gibt es dann eine 1-Form α mit $\mathrm{d}\wedge\alpha = \varphi$. Wie lautet das in üblicher Schreibweise?

4. Bilde mit dem Viererstrom j_k die 1-Form $\gamma = j_k\mathrm{d}x^k$ und versuche, mittels der $*$-Operation auch die 1. Maxwell-Gleichung durch die oben eingeführte Form φ auszudrücken.

5. Studiere die mehrfach in verschiedener Reihenfolge angewandten Operationen d, $*$ an den Formen (7.48) und vergleiche mit bekannten Ausdrücken! ($*\mathrm{d}*\mathrm{d}\Phi = \Delta\Phi$, $*\mathrm{d}*\lambda = \mathrm{div}\ a$, $\mathrm{d}*\mathrm{d}\lambda = (\mathrm{rot}\ \mathrm{rot}\ a)\mathrm{d}O, \ldots$)

6. *Tensorielle Differentialformen* sind Objekte mit q-Formen als Komponenten:

$$(7.51) \qquad \Phi^{i\cdots}_{kj\cdots} = \sum_H A^{i\cdots}_{kj\cdots H} \mathrm{d}x^H,$$

wo die $i, k, j, \ldots$ Tensorindizes sind. Man gebe eine basisfreie Definition („q-Form vom Typ (m, n)"). Wie wäre das alternierende Produkt hier sinnvollerweise zu definieren?

7.6 Übertragungen und Riemann-Geometrie

Die äußere Ableitung der q-Formen ist der einzige Differentiationsprozeß, der sich im Raum der Tensorfelder über X^n basisunabhängig erklären läßt, ohne daß zusätzliche ausgezeichnete Objekte hinzugenommen werden. In der Riemann-Geometrie ist das metrische Tensorfeld g ein solches Objekt; mit seiner Hilfe konnten wir beliebige Tensoren kovariant differenzieren, und nur in Relationen wie $A_{[i;k]} = A_{[i,k]}$ zeigt sich, daß die alternierende Ableitung von g nicht abhängt.

Zur Definition kovarianter Ableitungen ist allerdings keine Metrik erforderlich, sondern nur eine *Übertragung*, die es erlaubt, Vektoren zu vergleichen (Differenzenquotient!), wenn sie zu Tangentialräumen zweier infinitesimal benachbarter Punkte gehören. Im euklidischen Raum wird eine derartige Übertragung durch die gewöhnliche Parallelverschiebung gegeben, mit deren Hilfe wir Vektoren in beliebigen Punkten vergleichen können. Für Mannigfaltigkeiten wollen wir nur eine Übertragung zwischen infinitesimal benachbarten Punkten vorschreiben, von der wir zunächst bloß verlangen, daß sie die beiden Tangentialräume linear aufeinander abbildet. Wir untersuchen jetzt die Differentiation, die von einer Übertragung dieser Art geliefert wird.

Wir gehen zuerst heuristisch vor (Differentiale als „infinitesimale" Vektoren) und geben erst im Abschnitt 7.7 eine exaktere Formulierung dieser Überlegungen. e_j sei ein n-Bein-System. Ist eine Übertragung erklärt, können wir das n-Bein $e_j(Q)$ in Q in den infinitesimal benachbarten Punkt P übertragen und mit dem dort vorhandenen n-Bein $e_j(P)$ vergleichen. Die Differenz zwischen beiden nennen wir das *absolute Differential* De_j, ein Vektor, den wir nach den $e_j(P)$ zerlegen können:

$$(7.52) \qquad De_j = \omega^i_{\ j} e_i.$$

Die infinitesimale Matrix $\omega^i{}_j$ hängt von der Übertragung und der „Verschiebungsstrecke" ab; umgekehrt können wir die Übertragung durch Vorgabe einer derartigen Übertragungsmatrix definieren. Für eine lineare Abhängigkeit auch von der Verschiebungsstrecke setzen wir

(7.53) $\omega^i{}_j = L^i{}_{jk}\,\mathrm{d}x^k$

und nennen die Übertragung dann *affin*, X^n eine Mannigfaltigkeit mit Affinzusammenhang. Mit diesem Fall wollen wir uns weiterhin beschäftigen und weisen nur darauf hin, daß hier eine Verallgemeinerung möglich ist (etwa die Finsler-Geometrie, wo $\omega^i{}_k$ homogen 1. Grades in den $\mathrm{d}x^k$ ist, so daß bei Integration von (7.52) für endliche Verschiebungen längs Kurven die Übertragung nicht vom Kurvenparameter abhängt).

Verlangen wir für das absolute Differential noch die Gültigkeit der Produktregel und die Übereinstimmung $Df = \mathrm{d}f$ für Funktionen, so erhalten wir für ein beliebiges Vektorfeld $v = v^j e_j$:

(7.54) $Dv = D(v^j e_j) = (\mathrm{d}v^j)\,e_j + v^j \omega^i{}_j\,e_i = (Dv)^i e_i,$

$$(Dv)^i := \mathrm{d}v^i + \omega^i{}_j v^j = v^i{}_{;k}\,\mathrm{d}x^k,$$

(7.54') $v^i{}_{;k} := v^i{}_{,k} + L^i{}_{jk}\,v^j.$

Die *Übertragungskoeffizienten* $L^i{}_{jk}$ erinnern an die Christoffel-Symbole, sind aber hier unabhängig von jeder Metrik eingeführt und auch für holonome Basen $e_i = \partial_i$ nicht notwendig in j, k symmetrisch.

Aus (7.52) und den verlangten Eigenschaften von D finden wir das Verhalten von $\omega^i{}_j$ bei einem Basiswechsel:

(7.55)
$$\bar{e}_a = p^i{}_{\bar{a}}\,e_i,$$
$$e_i = p^{\bar{a}}{}_i\,\bar{e}_a,$$
$$p^i{}_{\bar{b}}\,p^{\bar{c}}{}_i = \delta_{\bar{b}}{}^{\bar{c}},$$

$$D\bar{e}_a = (\mathrm{d}p^i{}_{\bar{a}})e_i + p^i{}_{\bar{a}}\,De_i = (\mathrm{d}p^i{}_{\bar{a}} + p^j{}_{\bar{a}}\omega^i{}_j)e_i = \omega^{\bar{b}}{}_{\bar{a}}\,\bar{e}_b =$$

$$= \omega^{\bar{b}}{}_{\bar{a}}\,p^i{}_{\bar{b}}\,e_i.$$

Vergleich ergibt

(7.56)
$$\omega^{\bar{b}}{}_{\bar{a}} = p^{\bar{b}}{}_i\,p^j{}_{\bar{a}}\,\omega^i{}_j + p^{\bar{b}}{}_i\,\mathrm{d}p^i{}_{\bar{a}}$$
$$= p^{\bar{b}}{}_i\,p^j{}_{\bar{a}}\,\omega^i{}_j - p^i{}_{\bar{a}}\,\mathrm{d}p^{\bar{b}}{}_i.$$

14*

Sind beide Basen holonom, $e_i = \partial_i$, $\bar{e}_a = \partial_{\bar{a}} = \partial/\partial x^{\bar{a}}$, so ist $p^i_{\bar{a}} = \partial x^i/\partial x^{\bar{a}}$, und wir erhalten aus (7.53, 56) das Transformationsgesetz der holonomen Übertragungskoeffizienten

$$(7.57) \qquad L^{\bar{a}}_{\bar{b}\bar{c}} = L^i_{kj} \frac{\partial x^{\bar{a}}}{\partial x^i} \frac{\partial x^k}{\partial x^{\bar{b}}} \frac{\partial x^j}{\partial x^{\bar{c}}} + \frac{\partial x^{\bar{a}}}{\partial x^j} \frac{\partial^2 x^j}{\partial x^{\bar{b}} \partial x^{\bar{c}}} \, .$$

Die antisymmetrischen Anteile $L^i_{[kj]} = T^i_{kj}$ bilden ersichtlich Tensorkomponenten; der entsprechende Tensor (Torsion) verschwindet in der Riemannschen Geometrie wegen der Symmetrie der Γ^i_{kj}, nicht jedoch bei allgemeineren Übertragungen. Von dieser Tatsache wurde bei manchen der „vereinheitlichten Feldtheorien" (Gravitation und Elektrizität etc.) Gebrauch gemacht. – Wir wollen nun diesen Tensor bzw. die Tatsache seines Verschwindens in der Riemann-Geometrie in einer beliebigen Basis ausdrücken.

Dazu fassen wir T^i_{kj} als Koeffizienten der Formen $\frac{1}{2} T^i_{kj} \, dx^j \wedge dx^k =$ $= \omega^i_k \wedge dx^k$ auf und bedenken, daß die holonome Kobasis dx^k durch $d \wedge dx^k = 0$ ausgezeichnet ist, während eine beliebige Kobasis ω^k das nicht erfüllt (wir schreiben ω^k statt e^k, um anzudeuten, daß jetzt in jedem Punkt eine Kobasis definiert ist, ω^k also 1-Formen sind). Die Formen

$$(7.58) \qquad \Theta^i =: d \wedge \omega^i + \omega^i_k \wedge \omega^k = \frac{1}{2} T^i_{kj} \omega^j \wedge \omega^k$$

erfüllen, wie mittels (7.56) leicht nachzurechnen,

$$(7.59) \qquad \Theta^{\bar{a}} = p^{\bar{a}}_i \Theta^i,$$

so daß die T^i_{kj} Tensorkomponenten sind, die in der holonomen Basis mit $L^i_{[kj]}$ übereinstimmen. Eine Grundformel der Riemannschen Geometrie ist also

$$(7.58') \qquad d \wedge \omega^i + \omega^i_k \wedge \omega^k = 0,$$

während die L^i_{jk} nur in einer holonomen Basis symmetrisch sein müssen.

Ebenso wie (7.59) ist für die Formen

$$(7.60) \qquad \Omega^i_j := d \wedge \omega^i_j + \omega^i_k \wedge \omega^k_j = \frac{1}{2} R^i_{jmn} \omega^m \wedge \omega^n$$

mittels (7.56) leicht zu bestätigen, daß

$$(7.61) \qquad \Omega^{\bar{a}}_{\bar{b}} = p^{\bar{a}}_i p^j_{\bar{b}} \Omega^i_j$$

gilt, so daß die $R^i{}_{jmn}$ die Komponenten eines Tensors sind. Sie stimmen in einer holonomen Basis mit den Komponenten des Krümmungstensors überein, wenn wir für die $L^i{}_{kj}$ die $\Gamma^i{}_{kj}$ einsetzen.

Die *Riemannsche Übertragung* erfüllt nicht nur (7.58'), sondern steht mit der Riemannschen Metrik in engem Zusammenhang (vgl. (1.26, 31)), den wir jetzt in einer beliebigen anholonomen Basis herstellen. Die Metrik ist durch ein symmetrisches nichtsinguläres Tensorfeld g vom Typ (0,2) gegeben, das in jedem Tangentialraum ein Skalarprodukt definiert. Fordern wir für D die Gültigkeit der Produktregel bei Anwendung auf das Skalarprodukt,

$$(7.62) \qquad \mathrm{d}(g(u, v)) = D(g(u, v)) = g(Du, v) + g(u, Dv),$$

insbesondere

$$(7.63) \qquad \mathrm{d}g_{ik} = \mathrm{d}(g(e_i, e_k)) = \omega^m{}_i \, g(e_m, e_k) + \omega^n{}_k \, g(e_i, e_n)$$

$$= g_{mk} \, \omega^m{}_i + g_{in} \omega^n{}_k \,,$$

so ist durch (7.63, 58') die Übertragung eindeutig gegeben. Um das einzusehen, definieren wir

$$(7.64) \qquad \omega_{ik} = g_{in} \omega^n{}_k, \quad L_{ikj} = g_{in} L^n{}_{kj}$$

und gehen in (7.63, 58') zu einer holonomen Basis über; es folgt

$$L_{kij} + L_{ikj} = g_{ik,j} \,,$$
$$L_{kij} - L_{kji} = 0,$$

was eindeutig die Lösung $L_{kij} = \Gamma_{kij}$, (1.26), hat.

Damit haben wir alle für unsere Anwendungen wesentlichen Formeln in einer beliebigen Basis abgeleitet und stellen sie hier nochmals zusammen:

$$(7.65) \qquad g = g_{ik} \omega^i \otimes \omega^k,$$

$$(7.66) \qquad \mathrm{d}g_{ik} = \omega_{ik} + \omega_{ki},$$

$$(7.67) \qquad \mathrm{d} \wedge \omega^i + \omega^i{}_k \wedge \omega^k = 0,$$

(7.68) $\omega_{ik} = g_{ij}\omega^j{}_k,$

(7.69) $d\omega^i{}_j + \omega^i{}_k \wedge \omega^k{}_j = \dfrac{1}{2} R^i{}_{jmn}\omega^m \wedge \omega^n.$

Auch im Fall einer allgemeinen Basis ist es möglich, für die $L^i{}_{kj}$ eine explizite Formel anzugeben. Sie vereinfacht sich nicht nur in holonomen Basen, sondern auch in solchen mit g_{ik} = const., dg_{ik} = 0. (7.66) zeigt, daß die Matrix der Übertragungsformen ω_{ik} dann antisymmetrisch ist, also für 4 Dimensionen nur 24 unabhängige $L^i{}_{kj}$ (Rotationskoeffizienten) zu berechnen sind, im Gegensatz zu den 40 Christoffelsymbolen. Im Fall orthonormaler Basen, wo $g_{ik} = \pm \delta_{ik}$, können diese Ricci-Rotationskoeffizienten im konkreten Beispiel meist ohne Verwendung der expliziten Formeln systematisch erraten werden (ihre Eindeutigkeit ist ja gesichert). Dies ist das rascheste Verfahren zur Berechnung des Riemanntensors genügend einfacher Metriken.

Wie bereits auseinandergesetzt wurde und an Beispielen gezeigt werden wird, liegt der Vorteil des hier gegebenen Formalismus daran, daß beliebige, anholonome Basen verwendet werden können. Die Indizes der Komponenten können sich sogar − wenn notwendig − auf verschiedene Basen beziehen, was streng genommen bereits in (7.53, 54) der Fall ist, wenn die e_j nicht holonom und dual zu den dx^j sind. Diese Situation wird uns bei den Spinoren wieder begegnen und führt bei geeigneter Kennzeichnung der Indizes zu keiner Verwirrung.

In der Theorie der Gravitationsstrahlung werden häufig sogar komplexe Basisvektoren verwendet (Null-Tetraden; durch geeignete Zusammenfassung kommt man auf 3 komplexe Übertragungsformen).

Aufgaben

1. Bestimme aus den Koeffizienten $C^i{}_{jk} = -C^i{}_{kj}$, definiert durch

$$d \wedge \omega^i = -\frac{1}{2} C^i{}_{jk}\omega^j \wedge \omega^k = -\sum_{j<k} C^i{}_{jk}\omega^j \wedge \omega^k,$$

die Ricci-Rotationskoeffizienten einer orthonormalen Basis explizit!

2. Zeige: aus $d \wedge \omega^i = -\frac{1}{2} C^i{}_{jk}\omega^j \wedge \omega^k$ folgt $[e_j, e_k] = C^i{}_{jk} e_i$ und umgekehrt (verwende (7.50')).

3. Welche Symmetrien hat $R^i{}_{jmn}$ im nicht-Riemannschen Fall?

7.7 Basisfreie Formulierung

In diesem Abschnitt wollen wir die heuristische, basisabhängige Formulierung der Übertragung durch eine basisfreie, aber abstraktere Formulierung ersetzen und den Kalkül der kovarianten Differentiation so weit ausdehnen, daß sich Krümmung und Torsion in natürlicher Weise ergeben. Dieser Abschnitt ist für das Verständnis der später folgenden nicht notwendig, wenn die Formeln (7.65 - 69) samt den Regeln (7.49, 50) für die äußere Ableitung in „Rezeptform" zur Kenntnis genommen werden.

Der praktische Vorteil der basisfreien Formulierung ist, daß man sich außer den „Rechenregeln" für D kaum Formeln zu merken braucht, da sie (bei hinreichender Gewöhnung an den Formalismus) meist schnell in beliebigen Basen hingeschrieben werden können. Ein konsistentes Durchhalten der basisfreien Schreibweise ist allerdings nicht immer praktisch, wie man etwa bei der Kontraktionsoperation sieht, die abstrakt als lineare Abbildung C der Tensoren (m, n) in die Tensoren $(m-1, n-1)$ definiert ist, wobei für Produkte

$$
\begin{aligned}
C(w \otimes \ldots \otimes v \otimes \ldots \otimes a \otimes \ldots \otimes b) &= \\
&= a(v)\, w \otimes \ldots \not{v} \ldots \not{a} \ldots \otimes b
\end{aligned}
$$
(7.70)

gilt $(v \in V, a \in V^*)$[1]. Die Indexformulierung ist hier offenkundig zweckmäßiger.

Ein anderer Punkt betrifft Faktorreihenfolge und die Symmetrisierungsoperationen: $u \otimes v$ kann in Indexschreibweise als $(u \otimes v)^{ik} = u^i v^k$ oder $v^k u^i$ geschrieben werden, während $v \otimes u$ etwas anderes bedeutet, $(v \otimes u)^{ik} = v^i u^k = u^k v^i$. Wir werden trotzdem in Fällen, wo eine Mißdeutung durch den Zusammenhang ausgeschlossen erscheint, eine für die Schreibweise bequeme Faktorreihenfolge auch in nicht voll- indizierten Formeln wählen[2].

a) Übertragung, kovariante Ableitungen

Wollen wir in (7.52, 53, 54) zur exakteren Lesart der Differentiale als Kovektoren übergehen, brauchen wir nur den „Verschiebungsvektor dx^k "

---

[1]Die durchgestrichenen Größen sind hier auszulassen.

[2]Einen Kompromiß zwischen der basisfreien Formulierung ohne Indizes und basisabhängiger Formulierung mit den Vorteilen des Indexkalküls hat Penrose in deWitt & Wheeler (1968) angegeben („abstrakte Indizes").

durch einen Vektor u zu ersetzen, $dx^k(u) = u^k$ sind dann seine holonomen Komponenten, $\omega^i{}_j$ (7.53) heißt die Übertragungsform. Sie erscheint hier noch basisabhängig; die zwei Indizes sind keine Tensorindizes, vgl. (7.56). Die Übertragung kann aber basisfrei definiert werden als Vorschrift, die zwei Vektoren u, v einen Vektor $D_u v$ zuordnet, die *kovariante Ableitung von v in Richtung u*. (Manche Autoren schreiben ∇_u; Vektoren und Vektorfelder werden im Text beide mit „Vektoren" bezeichnet, wobei jeweils aus dem Zusammenhang hervorgeht, was gemeint ist.) Durch Abstraktion der algebraischen Eigenschaften aus den anschaulich abgeleiteten Formeln von Abschnitt 7.6 definieren wir dabei D_u als lineare Abbildung des Raumes der Vektorfelder v in sich, so daß gilt

(7.71)

$$1) \; D_u(v + w) = D_u v + D_u w,$$

$$2) \; D_u(fv) = u(f)v + f D_u v,$$

$$3) \; D_{u+w}(v) = D_u v + D_w v,$$

$$4) \; D_{fu} v = f D_u v \qquad (f = \text{Funktion}).$$

Um von dieser abstrakten Version auf Komponenten zurückzukommen, brauchen wir nur für eine beliebige Basis die Vektoren $D_{e_k} e_j$ zu spezifizieren, etwa durch ihre Komponentenzerlegung

$$(7.72) \qquad D_{e_k} e_j = L^i{}_{jk} \, e_i.$$

Das *absolute Differential Dv* wird als vektorielle 1-Form definiert, für die

$$(7.73) \qquad Dv(u) = D_u v$$

gilt. Die Rechenregeln für D sind

$$(7.71') \qquad 1) \; D(v + w) = Dv + Dw,$$

$$2) \; D(fv) = df \otimes v + f Dv.$$

Die Zerlegung

$$(7.52') \qquad D e_j = \omega^i{}_j \otimes e_i$$

(die exaktere Lesart von (7.52)) reproduziert mit der weiteren Zerlegung der 1-Formen $\omega^i{}_j$ nach der Kobasis ω^k,

(7.53') $\omega^i{}_j = L^i{}_{jk}\omega^k$,

bei Einsetzung in (7.73) die Gleichung (7.72). Damit ist es leicht, die korrekte Interpretation von (7.54) anzugeben und die Transformationsformeln für $\omega^i{}_j$, $L^i{}_{jk}$ bei Basiswechsel abzuleiten.

Die Ausdehnung der kovarianten Differentiation auf die gesamte Tensoralgebra erfolgt durch folgende weitere Postulate:

(7.74)

1) $D_u f = u(f) = df(u)$,

2) D_u ändert den Typ nicht,

3) Produktregel: $D_u(T_1 \otimes T_2) = (D_u T_1) \otimes T_2 + T_1 \otimes (D_u T_2)$,

4) D_u kommutiert mit der Kontraktion.

Die tensorielle 1-Form DT, definiert durch

(7.75) $DT(u) = D_u(T)$,

heißt absolutes Differential des Tensors T. Die Rechenregeln dafür sind in offensichtlicher Weise aus (7.74) abzuleiten.

Wir illustrieren den Gebrauch von (7.74) durch die Berechnung der kovarianten Ableitung einer 1-Form α in Richtung u. Einerseits ist für jeden Vektor v:

$$D_u(\alpha \otimes v) = \alpha \otimes D_u v + D_u \alpha \otimes v \, \text{(Regel 3)},$$

was verjüngt ergibt $\alpha(D_u v) + (D_u \alpha)(v)$ (Regel 2), andererseits (Regel 4) ist das gleich der Ableitung $u(\alpha(v))$ der Kontraktion $\alpha(v)$ von $\alpha \otimes v$ (Regel 1). Vergleich liefert die 1-Form $D_u \alpha$, gegeben durch

$$(D_u \alpha)(v) = u(\alpha(v)) - \alpha(D_u v).$$

Für $u = e_i$, $v = e_j$, $\alpha = \omega^k$ erhalten wir daraus

(7.76) $(D_{e_i}\omega^k)(e_j) = e_i(\omega^k(e_j)) - \omega^k(L^m{}_{ji}\,e_m) = -L^k{}_{ji} = -L^k{}_{mi}\omega^m(e_j)$

$$D_{e_i}\omega^k = -L^k{}_{mi}\,\omega^m = -L^k{}_{mn}\omega^m\,\omega^n(e_i),$$

$$D\omega^k = -\omega^k{}_m \otimes \omega^m.$$

$D\alpha$ wird mit $\alpha = \alpha_k\,\omega^k$:

(7.77) $D\alpha = d\alpha_k \otimes \omega^k - \alpha_k\omega^k{}_m \otimes \omega^m = (D\alpha)_m \otimes \omega^m,$

$$(D\alpha)_m := d\alpha_m - \alpha_k\omega^k{}_m,$$

wobei speziell für eine holonome Kobasis dx^n

(7.77') $(D\alpha)_m = \alpha_{m;n}dx^n$

$$\alpha_{m;n} = \alpha_{m,n} - \alpha_k L^k{}_{mn}$$

entsprechend (7.54, 54') und (2.58).

Zuletzt betrachten wir das *äußere absolute Differential* von Tensordifferentialformen. Für eine tensorielle q-Form Φ vom Typ (m, n) ist $\Phi(\underset{1}{v} \ldots \underset{m}{v}; \underset{1}{a} \ldots \underset{n}{a})$ eine gewöhnliche q-Form, wenn v Vektoren, a Kovektoren sind, $\overset{\alpha}{}$ $\overset{\beta}{}$ sind. Wir ergänzen in naheliegender Weise die Regeln für D wie folgt. Ist Φ eine q-Form vom Typ (m, n), so sei $D \wedge \Phi$ eine $q + 1$-Form gleichen Typs, und der Operator $D \wedge$ erfülle

(7.78)

1) $D \wedge \alpha = d \wedge \alpha$ für q-Formen (d.h. Typ $(0,0)$),

2) $D \wedge (T \otimes \Phi) = DT \wedge \Phi + T \otimes D \wedge \Phi$ für Tensoren T,

3) $D \wedge (\Phi_1 \wedge \Phi_2) = (D \wedge \Phi_1) \wedge \Phi_2 + (-1)^{\text{Stufe }(\Phi_1)}\Phi_1 \wedge (D \wedge \Phi_2)$.

Es wird also sowohl $D\Phi$ wie $D \wedge \Phi$ definiert, aber verschieden, wie schon im flachen Raum klar ist. Als Beispiel für die Handhabung dieser Regeln berechnen wir $D \wedge \Phi$ für eine q-Form vom Typ $(1,0)$ in einer beliebigen Basis. Die Komponentenzerlegung sei $\Phi = e_j \otimes \Phi^j$ mit gewöhnlichen q-Formen Φ^j. Es wird

(7.79) $\quad D \wedge \Phi = D \wedge (e_j \otimes \Phi^j) = De_j \wedge \Phi^j + e_i \otimes (D \wedge \Phi^i)$ (Regel 2)

$$= (e_i \otimes \omega^i{}_j) \wedge \Phi^j + e_i \otimes d \wedge \Phi^i \quad \text{(Regel 1)}$$

$$= (d \wedge \Phi^i + \omega^i{}_j \wedge \Phi^j) \otimes e_i = (D \wedge \Phi)^i \otimes e_i,$$

$$(D \wedge \Phi)^i := d \wedge \Phi^i + \omega^i{}_j \wedge \Phi^j.$$

Wir kommen nun zum Begriff der *Parallelverschiebung*. Wir bezeichnen das Basissystem $\{ e_i \}$ als im Sinne der gegebenen Übertragung in einer infinitesimalen Umgebung von P parallel, wenn in P $De_j = 0$ gilt. Dies stimmt auch mit der anschaulichen Vorstellung überein, die wir der heuristischen Einführung zugrunde gelegt haben. Allgemeiner nennen wir ein Tensorfeld T längs einer Kurve parallel, wenn dort $D_u T = 0$ ist, wobei u der Tangentenvektor der Kurve ist. Um ihn basisfrei zu definieren, fassen wir die Kurve als einparametrige Punktmenge $P(\tau)$ auf. Dann ist

$$(7.80) \qquad u(f) = \frac{d}{d\tau} f(P(\tau)),$$

genommen im jeweiligen Kurvenpunkt.

Affingeodätisch heißt eine Kurve, deren Tangenten längs der Kurve parallel sind,

$$(7.81) \qquad D_u u = \lambda u.$$

A u f g a b e n

1. Berechne für einen gemischten Tensor 2. Stufe

$$T = T_i{}^j \partial_j \otimes dx^i$$

die kovariante Ableitung

$$D_{\partial_k} T =: T_i{}^j{}_{;k} \, \partial_j \otimes dx^i$$

nach obigen Regeln.

2. Berechne $D \wedge \Phi = (D \wedge \Phi)_i \otimes \omega^i$ für eine q-Form vom Typ $(0,1)$, $\Phi = \Phi_i \otimes \omega^i$.

3. Wie hängt der Tangentenvektor (7.80) von der Parametrisierung ab?

4. Zeige, daß es einen Parameter gibt, bei dessen Verwendung (7.81) einfach $D_u u = 0$ lautet und daß er bis auf eine lineare Transformation eindeutig ist (*affiner Parameter*). Wie lautet (7.81) dann in einer holonomen Basis?

b) Krümmung und Torsion

Im Abschnitt 2.7 wurde der Riemannsche Krümmungstensor durch die Vertauschung zweier kovarianter Ableitungen eingeführt. Entsprechend können wir ausgehend von d $\wedge$ d $= 0$ nach dem Ergebnis von $D \wedge D$ fragen. Wegen der Produktregel brauchen wir nur den einfachsten Fall $D \wedge Dv$ zu untersuchen, wo v ein Vektorfeld ist. Das Ergebnis ist eine 2-Form vom Typ (1,0), die wegen

$$D \wedge D(fv) = D \wedge (v \otimes df + fDv) =$$

$$= Dv \wedge df + v \otimes d \wedge df + df \wedge Dv + fD \wedge Dv = fD \wedge Dv$$

linear von v abhängt. $D \wedge D$ definiert also eine 2-Form Ω vom Typ[1] (1,1) (= (1,3)-Tensor, Krümmungstensor):

(7.82) $\Omega(v) = D \wedge Dv,$

die *Krümmungsform* der Übertragung. Zerlegen wir sie nach einer Basis $\omega^j \otimes e_i$ für (1,1)-Tensoren, so sind die durch

(7.83) $\Omega = \Omega^i{}_j \otimes \omega^j \otimes e_i$

definierten Komponenten $\Omega^i{}_j$ gewöhnliche 2-Formen (Cartansche Krümmungsmatrix). Um zu zeigen, daß sie mit den in (7.60) eingeführten Formen übereinstimmen, genügt es, $\Omega(e_k)$ zu berechnen. (7.83) gibt $\Omega(e_k) = \Omega^i{}_k \otimes e_i$ wegen $\omega^j(e_k) = \delta^j{}_k$. Andererseits ist wegen (7.52') nach den Regeln (7.78):

$$\Omega(e_k) = D \wedge (\omega^i{}_k \otimes e_i) = (d \wedge \omega^i{}_k) \otimes e_i - \omega^i{}_k \wedge \omega^m{}_i \otimes e_m,$$

daher

(7.60') $\Omega^i{}_k = d \wedge \omega^i{}_k + \omega^i{}_j \wedge \omega^j{}_k$

(„2. Cartansche Strukturgleichung").

---
[1]Bei Anwendung auf Vektoren.

Die geometrische Bedeutung von Ω liegt in der Wegabhängigkeit der Parallelverschiebung: soll für beliebige Tensorfelder und Kurven Wegunabhängigkeit bestehen, muß die Integrabilitätsbedingung $D \wedge DT = 0$ von $DT = 0$ identisch erfüllt sein und daher $\Omega = 0$ gelten.

Wir betrachten nun die vektorielle 1-Form ω, die jeden Tangentialraum identisch auf sich abbildet bzw. die am Ende von Abschnitt 7.3 erwähnte (kanonische) Identifizierung von T_P mit T_P^{**} besorgt (kanonische Form). Ihre Einführung erscheint zunächst merkwürdig oder trivial. Deshalb betrachten wir kurz den euklidischen R^n mit krummlinigen Koordinaten x^i. Für eine Kurve $P(t)$ (Cartesischer Ortsvektor) ist der Tangentenvektor

$$\frac{dP}{dt} = \frac{\partial P}{\partial x^i}\frac{dx^i}{dt} = e_i\,\frac{dx^i}{dt},$$

$$dP = e_i\,dx^i.$$

Wenn wir diese Gleichung formal interpretieren, ist $e_i = \partial_i$ eine holonome Basis im Tangentialraum, dx^i die Kobasis, dP eine vektorielle 1-Form $\partial_i \otimes dx^i = : \omega$, die jedem Vektor u seine Komponentenzerlegung zuordnet, also den Tangentialraum identisch auf sich abbildet.

Interessant ist das äußere absolute Differential dieser Form ω, da es im euklidischen Fall verschwindet (man wähle die x^i cartesisch, dann ist $D = d$, und dP sind exakte Differentiale), bei beliebigen Übertragungen aber nicht (auf X^n gibt es i.a. kein P). Die vektorielle 2-Form

(7.84) $\qquad D \wedge \omega = \Theta$

heißt *Torsionsform* der Übertragung. Aus der Komponentenzerlegung

(7.85)
$$\omega \doteq \omega^i \otimes e_i,$$
$$\Theta = \Theta^i \otimes e_i$$

erhalten wir mit (7.79) sofort

(7.58) $\qquad \Theta^i = d \wedge \omega^i + \omega^i_j \wedge \omega^j$

(1. Cartansche Strukturgleichung). Die geometrische Bedeutung der Torsion liegt darin, daß sich infinitesimale Parallelogramme aus Affingeodäti-

schen nicht schließen, außer wenn die Torsion verschwindet[1]. Mannigfaltigkeiten mit Torsion werden durch Kristalle mit kontinuierlich verteilten Versetzungen veranschaulicht[2].

Die metrische Fundamentalform der Riemann-Geometrie, $ds^2 = g_{ik}dx^i dx^k$, ist in unserem Formalismus als Zerlegung

(7.86) $\qquad g = g_{ik}\omega^i \otimes \omega^k$

des metrischen Tensorfeldes g nach einer holonomen Kobasis anzusehen. Wie schon ausgeführt, legt die Forderung nach verschwindender Torsion und Invarianz des durch g gegebenen Skalarprodukts,

(7.87)
$$D \wedge \omega = 0,$$
$$Dg = 0,$$

die Riemannsche Übertragung eindeutig fest.

Aufgaben

1. Zeige für vektorielle p-Formen α die Formel

$$D \wedge D \wedge \alpha = C\,(\Omega \wedge \alpha) \quad \text{bzw.} \quad (D \wedge D \wedge \alpha)^i = \Omega^i_j \wedge \alpha^j$$

und mit ihrer Hilfe die verallgemeinerten Bianchi-Identitäten

(7.88) $\qquad D \wedge \Theta = C\,(\Omega \wedge \omega),$

(7.89) $\qquad D \wedge \Omega = 0.$

(Setze $\alpha = \omega$ bzw. $\alpha = Dv$, und verwende $\Omega(v) = C(\Omega \otimes v)$.)

Was entsteht aus diesen Gleichungen im Fall der Riemanngeometrie in Komponentenschreibweise?

2. Zeige, daß die Integrabilitätsbedingung $D \wedge Dg = 0$ von (7.87) auf die bekannte Symmetrierelation $\Omega_{ab} = -\Omega_{ba}$ für die kovarianten Komponenten $\Omega_{ab} = g_{ac}\,\Omega^c_b$ der Krümmungsmatrix führt.

---

[1] Siehe z.B. Raschewski (1959).

[2] Siehe z.B. Kröner, in: Hauptvorträge des 27. Deutschen Physikertages, Hg. E. Brücke, Mosbach/Baden: Physik-Verlag 1963.

3. Zeige für vektorielle 1-Formen Φ die zu (7.50') analoge Formel

(7.78') $\qquad (D \wedge \Phi)(u, w) = D_u \Phi(w) - D_w \Phi(u) - \Phi([u, w])$

und leite daraus durch Anwendung auf ω und Dv Formeln für den Krümmungs- und Torsionstensor ab. (In der Literatur werden beide Tensoren oft durch diese Formeln definiert.)

4. Berechne $D\omega$ (nicht $D \wedge \omega$!).

7.8 Anwendung auf die Berechnung des Krümmungstensors spezieller Metriken

a) Das Robertson-Walker-Linienelement hat die Form

$$(7.90) \qquad ds^2 = dt^2 - R^2(t) \left[\frac{dr^2}{1 - kr^2} + r^2 d\theta^2 + r^2 \sin^2\theta \, d\phi^2 \right]$$

$$= \omega^0 \otimes \omega^0 - \omega^1 \otimes \omega^1 - \omega^2 \otimes \omega^2 - \omega^3 \otimes \omega^3 = \eta_{ab} \omega^a \otimes \omega^b$$

mit der orthonormalen Kobasis ($w \equiv \sqrt{1 - kr^2}$)

$$(7.91) \qquad \begin{aligned} &\omega^0 = dt, \qquad \omega^1 = R\,w^{-1}\,dr, \\ &\omega^3 = Rr\sin\theta\,d\phi, \; \omega^2 = Rr\,d\theta. \end{aligned}$$

Äußere Ableitung dieser 1-Formen gibt ($\cdot = \partial/\partial t$, $' = \partial/\partial r$):

$$(7.92) \qquad \begin{aligned} &d\omega^0 = 0, \; d\omega^1 = \dot{R}w^{-1}\,dt\,dr, \; d\omega^2 = \dot{R}r\,dt\,d\theta + R\,dr\,d\theta, \\ &d\omega^3 = \dot{R}r\sin\theta\,dt\,d\phi + R\sin\theta\,dr\,d\phi + Rr\cos\theta\,d\theta\,d\phi. \end{aligned}$$

Daraus folgen wegen $d\eta_{ab} = \omega_{ab} + \omega_{ba} = 0$ mittels (7.67) die 1-Formen $\omega^a{}_b$ zu

$$\omega^1{}_0 = \dot{R}\,w^{-1}\,dr, \qquad \omega^2{}_1 = w\,d\theta,$$

$$\omega^2{}_0 = \dot{R}\,r\,d\theta, \qquad \omega^3{}_1 = w\sin\theta\,d\phi,$$

$$\omega^3{}_0 = \dot{R}\,r\sin\theta\,d\phi, \qquad \omega^3{}_2 = \cos\theta\,d\phi.$$

Wir betonen, daß diese Ausdrücke am besten durch direkten Vergleich von (7.92) mit (7.67) gewonnen werden. So schließen wir etwa aus $d\omega^0 = 0$, daß $\omega^0{}_\alpha \wedge \omega^\alpha = 0$, also $\omega^0{}_1 =$ Terme ohne ω^1, die sich eindeutig aus $\omega^0{}_1 = \omega^1{}_0$ und $d\omega^1 = \ldots$ ergeben etc.

Setzen wir nun in (7.60) ein, ergibt sich z.B.

$$\Omega^1{}_0 = \ddot{R}\, w^{-1}\, dt dr + \underbrace{\omega^1{}_2 \wedge \omega^2{}_0}_{\propto d\theta \,\wedge\, d\theta \,=\, 0} + \underbrace{\omega^1{}_3 \wedge \omega^3{}_0}_{\propto d\phi \,\wedge\, d\phi \,=\, 0} = \frac{\ddot{R}}{R}\, \omega^0 \wedge \omega^1,$$

woraus wir

$$R^1{}_{001} = \frac{\ddot{R}}{R} = -R^1{}_{010}$$

ablesen; die übrigen $R^1{}_{0ab}$ verschwinden, da ja rechts die vollständige Zerlegung von $\Omega^1{}_0$ nach einer Basis von 2-Formen steht. Ein Vorteil unserer Methode besteht also darin, daß verschwindende Komponenten häufig nicht explizit berechnet werden. Analog wird

$$\Omega^2{}_0 = \ddot{R}\, r\, dt\, d\theta + \dot{R}\, dr\, d\theta + \omega^2{}_1 \wedge \omega^1{}_0 + \omega^2{}_3 \wedge \omega^3{}_0 =$$

$$= \frac{\ddot{R}}{R}\, \omega^0 \cdot \wedge\, \omega^2 + \underbrace{\dot{R}\, dr\, d\theta + \dot{R}\, d\theta\, dr}_{=\,0} + 0 = \frac{\ddot{R}}{R}\, \omega^0 \wedge \omega^2,$$

$$R^2{}_{002} = \frac{\ddot{R}}{R} = -R^2{}_{020},$$

die übrigen $R^2{}_{0ab}$ verschwinden wieder. Die Übereinstimmung $R^2{}_{002} = R^1{}_{001}$ ist nicht etwa Zufall, sondern drückt die Rotationssymmetrie der Metrik aus. r, θ, ϕ sind ja nach Konstruktion von ds^2 Orthogonalko-

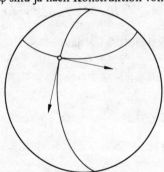

Fig. 41: Koordinaten auf einer Kugel

ordinaten auf einer Hyperkugel, wie etwa r, ϕ Koordinaten auf einer gewöhnlichen Kugel mit dem Linienelement

$$d\sigma^2 = \frac{dr^2}{1 - r^2} + r^2 d\phi^2$$

sind. Dabei sind natürlich die Richtungen der r- und ϕ-Linien in jedem Punkt vollkommen äquivalent, und nur durch die notwendige „ungeschickte" Wahl des Koordinatensystems gehen r und ϕ in $d\sigma^2$ so verschiedenartig ein. Im auf die holonome Kobasis dr, $d\phi$ bezogenen Tensorformalismus bleibt dieser Unterschied bestehen, $d\sigma^2$ ist ja keinesfalls unter Drehungen

$$\begin{pmatrix} dr \\ d\phi \end{pmatrix} \rightarrow \begin{pmatrix} \cos\alpha & \sin\alpha \\ -\sin\alpha & \cos\alpha \end{pmatrix} \begin{pmatrix} dr \\ d\phi \end{pmatrix} = (M^i{}_k) \begin{pmatrix} dr \\ d\phi \end{pmatrix}$$

in T_P^* invariant, da die Basis $(dr, d\phi)$ orthogonal, aber nicht normiert ist. In den Formen $\omega^1 = w^{-1} dr$, $\omega^2 = r d\phi$ ist $d\sigma^2 = (\omega^1)^2 + (\omega^2)^2$, invariant gegen Rotationen $\omega^i \rightarrow M^i{}_k \omega^k$. Daher werden die auf die orthonormale Basis bezogenen Krümmungskomponenten im Fall der Kugel die geometrisch evidente Symmetrie aufweisen, während das für holonome Komponenten nicht der Fall ist. Analoges gilt für das Linienelement (7.90). Da im Fall der Hyperkugel alle drei Raumrichtungen r, θ, ϕ gleichwertig sind, erhalten wir ohne jede weitere Rechnung

$$R^1{}_{001} = R^2{}_{002} = R^3{}_{003} = \frac{\ddot{R}}{R},$$

und sogar die Berechnung von $R^2{}_{002}$ wäre unnötig gewesen.

Es ist klar, daß für die verbleibenden Komponenten nur noch eine einzige Rechnung nötig ist, etwa

$$\Omega^2{}_1 = w' \, dr \, d\theta + \omega^2{}_0 \wedge \omega^0{}_1 = \left(\frac{ww'}{rR^2} - \frac{\dot{R}^2}{R^2} \right) \omega^1 \wedge \omega^2,$$

woraus

$$R^2{}_{112} = -\frac{\dot{R}^2 + k}{R^2} = -R^2{}_{121}$$

und wegen der erwähnten Symmetrieeigenschaften

$$R^2{}_{121} = R^3{}_{131} = R^3{}_{232} = \frac{\dot{R}^2 + k}{R^2}$$

folgt. Außer diesen und den daraus durch Vertauschung im ersten und zweiten Indexpaar hervorgehenden verschwinden alle Komponenten des Krümmungstensors.

Der Ricci-Tensor $R_{ab} = R^c{}_{abc}$ ergibt sich zu

$$R_{00} = 3 \frac{\ddot{R}}{R},$$

$$R_{11} = R_{22} = R_{33} = -\frac{\ddot{R}}{R} - 2\frac{\dot{R}^2 + k}{R^2},$$

$$R_{12} = R_{23} = R_{31} = R_{01} = R_{02} = R_{03} = 0,$$

der Krümmungs-Skalar $R = \eta^{ab} R_{ab}$ wird

$$R = R_{00} - 3R_{11} = 6\frac{\ddot{R}}{R} + 6\frac{\dot{R}^2 + k}{R^2},$$

da ja die Komponenten der Metrik einfach η_{ab} sind. Wir berechnen die gemischten Komponenten des Einstein-Tensors $G^a{}_b = R^a{}_b - \frac{1}{2}\delta^a{}_b R$:

$$G^0{}_0 = -3\frac{\dot{R}^2 + k}{R^2},$$

$$G^1{}_1 = G^2{}_2 = G^3{}_3 = -2\frac{\ddot{R}}{R} - \frac{\dot{R}^2 + k}{R^2},$$

$$G^1{}_2 = G^2{}_3 = G^3{}_1 = G^0{}_1 = G^0{}_2 = G^0{}_3 = 0.$$

Das sind bereits die in (5.99, 100) benutzten Ausdrücke. Wir müßten sie zwar auf die früher verwendeten holonomen Komponenten umrechnen, doch für eine beliebige diagonale Metrik stimmen die Diagonalkomponenten eines beliebigen (1,1)-Tensors A in beiden Fällen überein, wenn die Kobasis wie hier gewählt ist: Sei

$$(7.93) \qquad \mathrm{d}s^2 = \sum_i g_{ii}\,\mathrm{d}x^i \otimes \mathrm{d}x^i \dots \quad \omega^i = \sqrt{|g_{ii}|}\,\mathrm{d}x^i,\ g^{ii} = 1/g_{ii},$$

dann ist

$$e_i = \sqrt{|g^{ii}|}\,\partial_i,$$

$$A = \sum_{i,k} A^{\bar{i}}{}_{\bar{k}}\,\partial_i \otimes \mathrm{d}x^k = \sum_{i,k} A^i{}_k\,e_i \otimes \omega^k =$$

$$= \sum_{i,k} A^i{}_k\,\sqrt{|g^{ii}|\;|g_{kk}|}\,\partial_i \otimes \mathrm{d}x^k,$$

$$A^{\bar{i}}{}_{\bar{k}} = \sqrt{|g^{ii}|\;|g_{kk}|}\,A^i{}_k,$$

(7.94) $\quad A^{\bar{i}}{}_{\bar{i}} = A^i{}_i$

(hier wurden die holonomen Komponenten durch Überstreichen gekennzeichnet und die Summenkonvention aufgehoben). Dies ist der Grund für die Zweckdienlichkeit der gemischten Komponenten des Ricci- und Einstein-Tensors im Fall diagonaler Metrik, da die in bezug auf die anholonome Basis η_{ab} definierten Tensorkomponenten (z.B. im Fall des Energie-Impulstensors) mit den von lokalen freifallenden Beobachtern gemessenen (die ja ein Inertialsystem mit Metrik η_{ab} benutzen) übereinstimmen.

b) Drehinvariante Linienelemente konnten wir auf die Form

(7.95) $\quad \mathrm{d}s^2 = e^{2a}\mathrm{d}t^2 - e^{2b}\mathrm{d}r^2 - r^2\mathrm{d}\theta^2 - r^2\sin^2\theta\,\mathrm{d}\phi^2$

bringen, wobei $a = a(r,t)$, $b = b(r,t)$. Wir können die Äquivalenz der θ- und ϕ-Richtung ausnutzen, wenn wir

$$\omega^0 = e^a\mathrm{d}t, \qquad \omega^1 = e^b\mathrm{d}r,$$
$$\omega^3 = r\sin\theta\,\mathrm{d}\phi, \qquad \omega^2 = r\,\mathrm{d}\theta$$

als orthonormale Kobasis einführen. Aus

$$\mathrm{d}\omega^0 = e^a a'\,\mathrm{d}r\,\mathrm{d}t, \qquad\qquad \mathrm{d}\omega^1 = e^b \dot{b}\,\mathrm{d}t\,\mathrm{d}r,$$

$$\mathrm{d}\omega^3 = \sin\theta\,\mathrm{d}r\,\mathrm{d}\phi + r\cos\theta\,\mathrm{d}\theta\,\mathrm{d}\phi, \quad \mathrm{d}\omega^2 = \mathrm{d}r\,\mathrm{d}\theta$$

ergibt sich ($\omega_{ab} = -\omega_{ba}$!)

$$\omega^0{}_1 = e^{a-b}\, a'\mathrm{d}t + e^{b-a}\, \dot{b}\, \mathrm{d}r,$$

$$\omega^2{}_1 = e^{-b}\, \mathrm{d}\theta = \frac{e^{-b}}{r}\, \omega^2,$$

$$\omega^3{}_1 = \frac{e^{-b}}{r}\, \omega^3,$$

$$\omega^3{}_2 = \cos\theta\, \mathrm{d}\phi.$$

Es genügt wieder aus Symmetriegründen, $\Omega^0{}_1, \Omega^0{}_2, \Omega^1{}_2, \Omega^2{}_3$ zu berechnen (Achtung: obwohl $\omega^0{}_2 = 0$, darf $\Omega^0{}_2 = 0 + \omega^0{}_a \wedge \omega^a{}_2$ nicht vergessen werden!). Wir erhalten

$$\mathrm{d}\omega^0{}_1 = A\,\omega^0 \wedge \omega^1, A := -[e^{-2b}(a'^2 - a'b' + a'') + e^{-2a}(\dot{a}\dot{b} - \dot{b}^2 - \ddot{b})],$$

$$\mathrm{d}\omega^2{}_1 = -e^{-b}(\dot{b}\,\mathrm{d}t\,\mathrm{d}\theta + b'\,\mathrm{d}r\,\mathrm{d}\theta),$$

$$\mathrm{d}\omega^3{}_2 = -\sin\theta\,\mathrm{d}\theta\,\mathrm{d}\phi$$

und für die Krümmungsform

$$\Omega^0{}_1 = A\,\omega^0 \wedge \omega^1, \qquad\qquad R^0{}_{101} = A,$$

$$\Omega^0{}_2 = \omega^0{}_1 \wedge \omega^1{}_2 = -\frac{e^{-b}}{r}(e^{-b}a'\omega^0 + e^{-a}\dot{b}\,\omega^1) \wedge \omega^2,$$

$$R^0{}_{202} = -a'e^{-2b}/r = R^0{}_{303},$$

$$R^0{}_{212} = -\dot{b}e^{-a-b}/r = R^0{}_{313},$$

$$\Omega^1{}_2 = e^{-a-b}\frac{\dot{b}}{r}\omega^0 \wedge \omega^2 + e^{-2b}\frac{b'}{r}\omega^1 \wedge \omega^2,$$

$$R^1{}_{202} = e^{-a-b}\dot{b}/r = R^1{}_{303},$$

$$R^1{}_{212} = e^{-2b}b'/r = R^1{}_{313},$$

$$\Omega^2{}_3 = \left(\frac{1}{r^2} - \frac{e^{-2b}}{r^2}\right)\omega^2 \wedge \omega^3,$$

$$R^2{}_{323} = \frac{1 - e^{-2b}}{r^2}.$$

Daraus finden wir für R_{ab} :

$$R_{00} = A - 2a' \, e^{-2b}/r,$$

$$R_{11} = -A - 2b' \, e^{-2b}/r,$$

$$R_{22} = R_{33} = (a' - b') \, e^{-2b}/r - (1 - e^{-2b})/r^2,$$

$$R_{01} = -2\dot{b} \, e^{-a-b}/r, \qquad \text{die anderen} = 0,$$

für den **Krümmungs-Skalar:**

$$\frac{1}{2} R = A - 2(a' - b') \, e^{-2b}/r + (1 - e^{-2b})/r^2,$$

und für den Einstein-Tensor in gemischten Komponenten :

$$G^0{}_0 = -\frac{1}{r^2} - e^{-2b} \left(\frac{2b'}{r} - \frac{1}{r^2} \right) = G^{\bar{0}}{}_{\bar{0}},$$

$$G^1{}_1 = -\frac{1}{r^2} + e^{-2b} \left(\frac{2a'}{r} + \frac{1}{r^2} \right) = G^{\bar{1}}{}_{\bar{1}},$$

$$G^2{}_2 = G^3{}_3 = e^{-2a}(\dot{a}\dot{b} - \dot{b}^2 - \ddot{b}) + e^{-2b}\left(a'' + a'^2 - a'b' + \frac{a' - b'}{r} \right)$$

$$= G^{\bar{2}}{}_{\bar{2}} = G^{\bar{3}}{}_{\bar{3}},$$

$$G^1{}_0 = 2\dot{b} \, e^{-a-b}/r, \qquad\qquad G^{\bar{1}}{}_{\bar{0}} = e^{a-b} G^1{}_0 = 2\dot{b} \, e^{-2b}/r.$$

Die $G^{\bar{i}}{}_{\bar{k}}$ sind bereits die in (3.58) verwendeten holonomen Komponenten.

A u f g a b e n

1. Sei $\mathrm{d}s^2 = \mathrm{d}t^2 - R^2(t)\,\mathrm{d}\sigma^2$, wo $\mathrm{d}\sigma^2 = h_{\mu\nu}(x^\lambda)\mathrm{d}x^\mu \mathrm{d}x^\nu$ nur von den raumartigen Koordinaten abhängt. Drücke Krümmungstensor und Einstein-Tensor von ds durch $R(t)$ und die entsprechenden Tensoren der 3-Metrik dσ^2 aus:

$$R^0{}_{\alpha 0 \beta} = \frac{\ddot{R}}{R} \, \delta_{\alpha\beta},$$

$$R^\alpha{}_{\beta\mu\nu} = \left(\frac{\dot{R}}{R}\right)^2 (\delta_{\alpha\mu}\delta_{\beta\nu} - \delta_{\alpha\nu}\delta_{\beta\mu}) + {}^{(3)}R^\alpha{}_{\beta\mu\nu}.$$

2. Man behandle das nichtdiagonale Linienelement

$$ds^2 = \left(1 - \frac{2m(u)}{r}\right) du^2 + 2du\,dr - r^2(d\theta^2 + \sin^2\theta\,d\phi^2)$$

($u := t - r$; wegen seiner Bedeutung siehe Lindquist, Schwartz und Misner, Phys.Rev. 137, 1364 (1965)). Man zeige, daß von den holonomen kovarianten Komponenten des Ricci-Tensors nur $R_{uu} = 2\dot{m}/r^2$ nicht verschwindet. (*Hinweis*: Verwende eine orthonormale Basis mit

$$\omega^0 = \left(1 - \frac{2m}{r}\right)^{1/2} du + \left(1 - \frac{2m}{r}\right)^{-1/2} dr.$$

3. Berechne $G_{ik} - \frac{1}{2}g_{ik}$ für das Gödelsche Linienelement (Rev.Mod. Phys. **21**, 447 (1949))

$$ds^2 = (dt + e^x dy)^2 - dx^2 - \frac{1}{2} e^{2x} dy^2 - dz^2.$$

4. Berechne den Ricci-Tensor für das Linienelement

$$ds^2 = f^2(r)\,[dt + 4l\sin^2\theta/2\,d\phi]^2 - dr^2/f^2 -$$

$$- (r^2 + l^2)\,(d\theta^2 + \sin^2\theta\,d\phi^2)$$

(vgl. C.W. Misner, J.Math.Phys. **4**, 924 (1963), Appendix). Für welches $f(r)$ ist R_{ik} gleich Null?

7.9 Integration auf Mannigfaltigkeiten

Wir haben im Abschnitt 3.4 das invariante Integral einer auf dem Riemannschen Raum definierten skalaren Funktion benutzt. Es zeigt sich, daß die Definition koordinatenunabhängiger Integrale über Mannigfaltigkeiten direkt auf äußere Differentialformen höherer Stufe führt. Zunächst aber einige Vorbemerkungen.

In der speziellen Relativitätstheorie wird der Energie-Impulsvektor eines Systems durch

$$(7.96) \qquad P^i = \int\limits_\sigma T^i{}_k \, d\tau^k$$

definiert und gezeigt, daß bei Divergenzfreiheit von $T^i{}_k$ die Größen P^i nicht von σ abhängen und Komponenten eines Vierervektors bilden (die Indizes beziehen sich auf Cartesische Koordinaten, und $d\tau^j$ ist das vektorielle Flächenelement der raumartigen Hyperfläche σ). Im Riemannschen Raum kann das nicht der Fall sein, die Resultate von Integrationsprozessen können hier immer nur Invariante sein. Denn führen wir im einfachsten Alternativfall eine Koordinatentransformation aus,

$$(7.97) \qquad P^i = \int p^i(x) \sqrt{-g} \ d^4x = \int p^{\overline{k}}(\overline{x}) \ \frac{\partial x^i}{\partial x^{\overline{k}}} \sqrt{-g} \ d^4\overline{x},$$

kann im allgemeinen $\partial x^i / \partial x^{\overline{k}} = p^i{}_{\overline{k}}(\overline{x})$ nicht vor das Integral gezogen werden, so daß die P^i kein einfaches Transformationsverhalten zeigen. Tensoren können daher nicht als Resultate von Integrationen auftreten. Genauer betrachtet, ist das bei (7.96) ebenso: Nur bei *Lorentz-Transformation* und Verwendung *cartesischer* Koordinaten bilden die P^i Vierervektoren. Der Grund ist, daß Lorentz-Transformationen auch *aktiv* aufgefaßt werden können und Symmetrien des Minkowski-Raums sind, wobei in cartesischen Koordinaten die Transformation linear ist. (Diese Situation kann auch in Riemannschen Räumen mit Symmetriegruppen auftreten, die entsprechenden Erhaltungsgrößen (Aufgabe 1) transformieren dann nach der adjungierten Darstellung der Symmetriegruppe.)

Diese neue Eigenschaft des allgemeinen Riemannschen Raumes gegenüber dem flachen ist einer der Gründe, weshalb es unmöglich ist, Gesamtenergie und -impuls eines beliebigen Systems in der Einsteinschen Gravitationstheorie zu definieren. Nur für asymptotisch flache Metriken (wie etwa die Schwarzschild-Metrik) lassen sich Gesamtenergie und -impuls angeben, die dann in bezug auf Lorentz-Transformationen im Unendlichen einen Vierervektor bilden.

Wir werden daher im folgenden nur invariante Integrale zu definieren versuchen, und zwar Integrale über den ganzen Raum X^n oder über q-dimensionale Teilmannigfaltigkeiten G^q, die in einem Koordinatensystem x^i durch ihre Parameterdarstellung:

$$(7.98) \qquad x^i = \phi^i(u^1 \ldots u^q)$$

gegeben seien. Dabei variieren die u^μ auf einem Gebiet Γ des R^q.

Naiv würde man zunächst Ausdrücke der Art

$$(7.99) \qquad \int A_i \, dx^i, \ \int A_{ik} \, dx^i dx^k, \ \int A_{ikj} \, dx^i dx^k dx^j \ldots$$

bilden, um Invariante als Resultat zu erhalten. Es wird sich allerdings zeigen, daß $dx^i dx^k$ ... äußere Produkte sein müssen, so daß von den A_{ik}... jeweils nur der total antisymmetrische Teil beiträgt. Die Integranden sind daher q-Formen σ, die über G^q integriert werden:

$$(7.100) \qquad J = \int\limits_{G^q} \sigma = \int\limits_{G^q} \sigma_H(x)\, dx^H.$$

Besonders wichtig im Zusammenhang mit derartigen Integralen ist der *allgemeine Stokessche Integralsatz*: Ist die Teilmannigfaltigkeit, über die wir integrieren, der *Rand* ∂G einer $q + 1$ dimensionalen Teilmannigfaltigkeit G (der Rand eines Volumens ist die Oberfläche, der eines Flächenstücks die Randkurve etc.), so gilt

$$(7.101) \qquad \boxed{\int\limits_{\partial G} \sigma = \int\limits_{G} d \wedge \sigma.}$$

Die Beispiele (7.48) zeigen, daß (7.101) für λ den Stokesschen, für μ den Gaußschen Integralsatz liefert.

Der etwas langwierige Beweis von (7.101) samt genauer Formulierung der Voraussetzungen und die formale Definition von ∂G ist z.B. Spivak (1965) zu finden. Wir wollen hier nur die Berechnung und physikalische Bedeutung von Integralen der Gestalt (7.100) erläutern und Ausdrücke für Volumselemente herleiten.

Die Berechnung von (7.100) erfolgt durch Zurückführung auf Integrationen von q-Formen im R^q. Ist ϕ eine q-Form im R^q, so zerlegen wir ϕ nach einer Kobasis,

$$(7.102) \qquad \phi = f\, du^1 \wedge \ldots \wedge du^q,$$

wobei $u^\mu (\mu = 1 \ldots q)$ cartesische Koordinaten im R^q sind, und definieren

$$(7.103) \qquad \int \phi = \int\limits_{\Gamma} f\, d^q u.$$

Rechts steht ein gewöhnliches q-dimensionales Integral, dessen Koordinatenunabhängigkeit man leicht einsieht.

Um die Integrale (7.100) zu definieren, ordnen wir σ die durch Einsetzen der Parameterdarstellung (7.99) entstehende q-Form $\Phi * \sigma$ über R^q zu:

(7.104)

$$\Phi * \sigma := \sum_H \sigma_H \left(\Phi^i(u^\mu) \right) d\Phi^H,$$

$$d\Phi^H = \frac{\partial(x^{h_1}, \dots, x^{h_q})}{\partial(u^1, \dots, u^q)} \, du^1 \wedge \dots \wedge du^q.$$

Diese q-Form über R^q integrieren wir wie (7.103). Wieder kann man verifizieren, daß $\int \Phi * \sigma$ nicht vom speziellen Koordinatensystem abhängt. Als Beispiel betrachten wir die Form $x \, dy \, dz + y \, dz \, dx + z \, dx \, dy$ im R^3, die über den über $x^2 + y^2 \leqslant 1$ liegenden Teil der Fläche $z = xy$ zu integrieren sei. Mit $z = xy$, $dz = x \, dy + y \, dx$ folgt $dy \, dz = y \, dy \, dx$, $dz \, dx = x \, dy \, dx$ und daher

$$\int_G (x \, dy \, dz + y \, dz \, dx + z \, dx \, dy) = \int_{x^2 + y^2 \leqslant 1} -xy \, dx \, dy$$

usw.

Wir wollen nun versuchen, die bisher formal eingeführten Integrale auch anschaulich als Riemannsche Summen zu interpretieren. Die Tangentenvektoren

$$(7.105) \qquad v_\mu = \frac{\partial x^i}{\partial u^\mu} \, \partial_i \qquad (\mu = 1 \dots q)$$

an die Parameterlinien spannen in jedem Punkt P einen q-dimensionalen Teilraum t_P von T_P auf, den Tangentialraum an G^q. Das Integral (7.100) ist nun der Limes $\Delta u^\mu \to 0$ der Summe von Beiträgen der von den Vektoren $v_1 \Delta u^1$, $v_2 \Delta u^2, \dots$ aufgespannten Parallelepipede. Der Beitrag eines solchen Parallelepipeds zur Riemannschen Summe sollte folgende Eigenschaften haben:

1) Lineare Abhängigkeit von jeder Kante.
2) Ein Parallelepiped mit zwei zusammenfallenden Kanten gibt keinen
   Beitrag.

Der Beitrag ist also der Wert, den ein multilineares alternierendes Funktional über T_P für die Argumente $v_1 \dots v_q$ annimmt. Mit anderen Worten: *Zu jeder q-Form σ auf X^n gehört ein Integral über G^q.* Die Produkte der Differentiale in (7.99) müssen also äußere Produkte sein. Integrieren wir die Zahlenfunktion $\sigma(v_1, \ldots, v_q)$ über $\mathrm{d}^q u$, so ist das Resultat genau der Wert, den wir mittels (7.102 - 104) erklärt haben.

Eine Riemannsche Metrik g auf X^n definiert durch

$$\gamma(v, w) = g(v, w), \quad v, w \in t_P,$$

die *induzierte Metrik* γ auf G^q. Sie erlaubt die Einführung einer Volumsmessung, indem wir Volumina von Parallelepipeden in den Tangentialräumen t_P wie im Abschnitt 7.4 ((7.42) und Aufgabe 4) erklären. Daraus geht hervor, daß den Vektoren $v_1, \ldots, v_q$ durch

$$(7.106) \qquad \eta_q = \sqrt{|\det \gamma_{\mu\nu}|} \quad v^1 \wedge \ldots \wedge v^q,$$

$$\gamma_{\mu\nu} := \gamma(v_\mu, v_\nu) = g(v_\mu, v_\nu)$$

das Volumen des von ihnen aufgespannten Parallelepipeds zugeordnet wird, wenn die v^μ die zu den v_μ dualen Kovektoren über t_P sind. Die q-Form η_q heißt (pseudo-)*skalares Volumselement* von G^q.

Für $q = n$ erhalten wir das skalare Volumselement

$$(7.107) \quad \mathrm{d}V = \sqrt{|\det g_{ik}|}\; \mathrm{d}^n x = \sqrt{|\det g_{ik}|}\; \epsilon\,(i_1 \ldots i_n)\, \mathrm{d}x^{i_1} \otimes \ldots \otimes \mathrm{d}x^{i_n}$$

von X^n selbst in holonomer Gestalt.

$$(7.108) \qquad \epsilon_{i_1 \ldots i_n} = \sqrt{|\det g_{ik}|}\; \epsilon\,(i_1 \ldots i_n)$$

sind also kovariante Komponenten eines total antisymmetrischen (Pseudo-)Tensors n-ter Stufe, des bekannten ϵ-Tensors (vgl. Konventionen). Für $q = 1$ ergibt (7.106) das gewöhnliche Linienelement ds für Kurven.

Die ∗-Operation ermöglicht es, die in (7.99) formal angeschriebenen Integrale mit Volumsintegralen in Verbindung zu bringen, d.h., ihre metrische Bedeutung zu klären, wie sie vom R^3 her geläufig ist ($\int A\, \mathrm{d}x$ bedeutet etwa die Arbeit, $\int \!∗(A\ \mathrm{d}x) = \int A\, \mathrm{d}O$ die Durchflußmenge). So ist etwa für $n = 4$

$$(7.109) \quad \int F_{ikmn} \mathrm{d}x^i \mathrm{d}x^k \mathrm{d}x^m \mathrm{d}x^n = \int F_{ikmn}\, \epsilon\,(ikmn)\mathrm{d}^4 x = \int F \mathrm{d}V$$

das Volumsintegral der durch

$$(7.110) \qquad F = -F_{ikmn}\,\epsilon^{ikmn} = 4!\;∗(F_{ikmn}\mathrm{d}x^i \mathrm{d}x^k \mathrm{d}x^m \mathrm{d}x^n)$$

definierten Funktion F über X^4.

Zu einem Vektorfeld A (bzw. der mit ihm identifizierten 1-Form) betrachten wir die Integrale $\int A$, $\int *A$ über eine Kurve bzw. Hyperfläche. Wegen (7.44) ist

$$A(e_1) = (A, e_1) = \eta_1((A, e_1)e_1),$$

$$*A(e_1, \ldots, e_{n-1}) = (*A, e_1 \wedge \ldots \wedge e_{n-1}) = \eta_n(A \wedge e_1 \wedge \ldots \wedge e_{n-1}),$$

so daß $\int A$, $\int *A$ ihre übliche Bedeutung als Integrale der Tangential- bzw. Normalprojektion von A längs der Kurve bzw. Hyperfläche beibehalten. In holonomen Komponenten ist

(7.111)
$$A = A_i \, dx^i, \quad *A = A^i \, d\tau_i,$$
$$\text{wo}$$
$$d\tau_i := \frac{1}{(n-1)!} \, \epsilon_{ii_1 \ldots i_{n-1}} \, dx^{i_1} \ldots dx^{i_{n-1}}$$

die Komponenten einer vektoriellen $(n-1)$-Form sind, des *vektoriellen Flächenelements* der Hyperfläche. Da die $*$-Operation eindeutig umkehrbar ist, haben wir damit gleichzeitig die Bedeutung von Integralen der Gestalt

$$J = \int A_{i_1 \ldots i_{n-1}} \, dx^{i_1} \ldots dx^{i_{n-1}}$$

gefunden. Die Formen $dx^{i_1} \wedge \ldots \wedge dx^{i_{n-1}}$ lassen sich analog als Komponenten einer tensoriellen $(n-1)$-Form auffassen (tensorielles Flächenelement).

Ganz analog könnten wir jetzt neben den skalaren Volumselementen beliebiger G^q noch zwei entsprechende tensorielle einführen, wollen hier aber nur noch den Stokesschen Satz für $n = 4$, $q = 3$ explizit anschreiben:

(7.112)
$$\int_{\partial V} A^i d\tau_i = \int_V \left(A^i \sqrt{|g|} \right)_{,i} d^4x = \int_V A^i{}_{;i} \, dV.$$

Aufgaben

1.a) A^i sei ein divergenzfreies Vektorfeld, das im räumlich Unendlichen genügend stark verschwindet. Zeige, daß das Integral $\int_\sigma A^i d\tau_i$

dann nicht von der speziell gewählten raumartigen Hyperfläche σ abhängt und daher eine integrale Erhaltungsgröße ist.

Anleitung: Wende (7.112) auf ein Gebiet V an, dessen Rand ∂V zum Teil aus zwei Hyperflächen σ und σ' besteht.

b) Suche nach Beispielen für derartige Vektorfelder! Beachte, daß die lokale Energie-Impulserhaltung $T^{ik}{}_{;k} = 0$ im allgemeinen nicht zu integralen Erhaltungsgrößen führt. Zeige, daß zu jedem Killingvektor v eine Erhaltungsgröße gehört, indem $A^i = T^{ik}v_k$ gewählt wird. Spezialisiere auf den flachen Raum! Wie kommt das gewohnte Transformationsverhalten der Erhaltungsgrößen in diesem Fall zustande?

c) Unter Annahme eines statischen Gravitationsfeldes bilde man für die statischen Beobachter (Vierergeschwindigkeit $u = (v, v)^{-1/2}v$, wo v das Killingfeld) die lokale Energiedichte $\mathfrak{E} = T^{ik}u_i u_k$. Ihr Integral über eine zum Killingfeld orthogonale Hyperfläche σ mit Volumselement $d\tau$ ist

$$E = \int_\sigma \mathfrak{E}d\tau \neq \int_\sigma T^{ik}v_k d\tau_i = \int_\sigma (v, v)^{1/2} \mathfrak{E}d\tau.$$

Nur die letztere Größe ist erhalten, der Faktor $(v, v)^{1/2}$ berücksichtigt die potentielle Energie des durch T^{ik} beschriebenen Systems im Gravitationsfeld.

2. Berechne induzierte Metrik und skalares Volumselement auf den Massenschalen $E = \sqrt{p^2 + \mathfrak{m}^2}$ der speziellen Relativitätstheorie mit der Minkowski-Metrik $g = dE^2 - dp^2$ im Impulsraum (Parameter p):

$$\gamma = \left(\frac{p\,dp}{E}\right)^2 - dp^2, \quad \eta_3 = \frac{\mathfrak{m}}{E}d^3p.$$

Beachte die bei Flächen mit lichtartigen Normalen (hier $\mathfrak{m} = 0$, Lichtkegel) auftretende Situation $\eta_3 \equiv 0$. Das lorentzinvariante Integral $\int \ldots d^3p/E$ bleibt aber weiter sinnvoll.

3. Wie kann man vektorielle (und tensorielle) Flächenelemente koordinatenfrei charakterisieren?

4. Zeige: Der durch $v_1, \ldots, v_{\dot{q}}$ aufgespannte Teilraum t_P ist durch

$$v \in t_P \leftrightarrow v \wedge v_1 \wedge \ldots \wedge v_q = 0$$

charakterisiert. Ähnlich definiert $*(v_1 \wedge \ldots \wedge v_q)$ einen $(n-q)$-dimensionalen Teilraum, dessen Vektoren alle zu t_P orthogonal sind. — In welchem Sinn ist das vektorielle Flächenelement zur Hyperfläche orthogonal, das tensorielle tangential?

8. STERNBAU UND GRAVITATIONSKOLLAPS

In den letzten Jahren hat sich die Theorie des Gravitationskollapses immer mehr zu einem der zentralen Themen der allgemeinen Relativitätstheorie entwickelt. Eine Fülle von Resultaten über kollabierende Objekte wurde hergeleitet, von denen hier nur die einfachsten Theoreme über den sphärisch symmetrischen Kollaps bewiesen werden können.

Die Theorie des Gravitationskollapses stellt zugleich eine Verbindung von Elementarteilchenphysik und Gravitationstheorie her, da die in die Theorie des Sternbaues eingehende Zustandsgleichung $p = p(\rho, T)$ aus der Kern- und Hochenergiephysik herzuleiten ist. Eine qualitative, nichtrelativistische Analyse der Theorie entarteter Sterne soll als Einführung in diese Problematik den Anfang dieses Kapitels bilden.

8.1 Elementare Theorie entarteter Sterne

Das Leben eines Sternes beginnt mit seiner Entstehung aus einer Gaswolke, die sich unter der Wirkung der eigenen Schwerkraft allmählich kontrahiert und dabei aufheizt, bis der entstehende Druck der Schwerkraft das Gleichgewicht hält. Die Gleichgewichtsbedingung ergibt sich dabei aus einer einfachen Betrachtung der Druckzunahme im Innern eines kugelförmig und nichtrotierend angenommenen Sternes. Es ist

$$(8.1) \qquad \frac{\mathrm{d}p}{\mathrm{d}r} = - \frac{G\mathfrak{M}(r)}{r^2} \, \rho,$$

wobei

$$(8.2) \qquad \mathfrak{M}(r) = 4\pi \int_0^r \rho(r') \, r'^2 \, \mathrm{d}r'$$

die im Stern bis zum Radius r enthaltene Masse bedeutet. (8.1) folgt daraus, daß der Druckanstieg $\mathrm{d}p$ zwischen r und $r + \mathrm{d}r$ der Gravitationskraft = Schwerebeschleunigung ($G\mathfrak{M}(r)/r^2$) mal Dichte (ρ) entspricht. Um ein einfaches Bild des Sternbaues zu erreichen, nähern wir im folgenden den Stern durch eine Gaskugel homogener Dichte ($\rho = $ const). (8.1, 2) vereinfachen sich dann zu

(8.3) $\dfrac{\mathrm{d}p}{\mathrm{d}r} = -\dfrac{4\pi}{3}\,G\,\rho^2\,r$

oder

(8.4) $p = p_0 - \dfrac{2}{3}\,\pi\,\dot{G}\,\rho^2\,r^2.$

Dabei ist die Integrationskonstante p_0 der Druck im Zentrum des Sternes. Für $r = R$ (dem Sternradius) muß $p = 0$ werden; daraus folgt

(8.5) $p_0 = \dfrac{2}{3}\,\pi\,G\,\rho^2\,R^2$

oder, anders geschrieben,

(8.6) $\dfrac{p_0}{\rho c^2} = \dfrac{2\pi}{3}\,\dfrac{G\rho R^3}{Rc^2} = \dfrac{1}{2}\,\dfrac{M}{R},$

wobei $2M = 8\pi\,G\rho\,R^3/3$ der Schwarzschild-Radius des betrachteten Sternes ist.

Im folgenden werden wir (analog zur Näherung konstanter Dichte ρ) den Druck p_0 im Sternzentrum durch einen mittleren Druck p ersetzen und ferner numerische Faktoren (wie etwa die 2 in (8.6)) der Einfachheit halber vernachlässigen, da es zunächst nur auf Größenordnungen ankommt. (8.6) wird dann

(8.7) $\boxed{\dfrac{M}{R} \approx \dfrac{p}{\rho c^2}}.$

Das für die allgemeine Relativitätstheorie entscheidende Verhältnis von Schwarzschild-Radius zu Radius eines Körpers ist daher durch das Verhältnis von Druck zu Energiedichte (ρc^2) bestimmt.

a) Die Zustandsgleichung normaler Sterne

Um (8.7) weiter auszuwerten, müssen wir Annahmen über die Zustandsgleichung der Sternmaterie machen. Allgemein können wir

(8.8) $\dfrac{p}{\rho c^2} =: f(\rho, T)$

setzen, wobei die dimensionslose Funktion f von Dichte und Temperatur abhängt.

Betrachten wir zunächst Sterne, deren Materie durch eine *ideales Gas* genähert werden kann. Die Gasgleichung $pV = RT$ läßt sich leicht auf die Form bringen:

$$(8.9) \qquad f = \frac{p}{\rho\, c^2} = \frac{kT}{\mathfrak{m}\, c^2} = \frac{v^2}{3c^2},$$

wobei $\mathfrak{m}$ die Molekülmasse und v eine mittlere Molekülgeschwindigkeit bedeuten.

Für normale Sterne ist f und damit das Verhältnis von Schwarzschild-Radius zu Radius in unserem einfachen Modell eindeutig durch die Temperatur (und das Molekülgewicht) im Sterninneren bestimmt. Es ist

$$\frac{M}{R} = \frac{kT}{\mathfrak{m}\, c^2} \approx 10^{-6},$$

da kT im Sterninneren einigen keV entspricht (durch Kernreaktion festgelegt), während die Ruhenergie $\mathfrak{m}\, c^2$ von Wasserstoff (der den Hauptbestandteil normaler Sterne bildet) etwa 1 GeV ist.

Da relativistische Effekte — wie Lichtablenkung δ, Rotverschiebung des von der Sternoberfläche emittierten Lichtes $\Delta\nu/\nu$ und der relative Massendefekt $\Delta\mathfrak{M}/\mathfrak{M}$ eines Sternes — von der Größenordnung M/R sind (siehe (4.24), (4.52) und Aufgabe 1), erhalten wir die bemerkenswerte Gleichungskette

$$(8.10) \qquad \delta \approx \frac{\Delta\nu}{\nu} \approx \frac{\Delta\mathfrak{M}}{\mathfrak{M}} \approx \frac{M}{R} = f(\rho, T) \approx \frac{kT}{\mathfrak{m}\, c^2} \approx 10^{-6}.$$

Die Kleinheit relativistischer Effekte ist daher bei Normalsternen von der Kernphysik her bedingt.

Es ist bemerkenswert, daß die relativistischen Effekte unabhängig von der Größe der Gravitationskonstante sind, wie (8.10) zeigt.

Solange Kernreaktionen die Temperatur T aufrechterhalten können, brennt der Stern nun stationär auf der Hauptreihe des Hertzsprung-Russel[1]-Diagrammes (Sterne von etwa Sonnenmasse einige Milliarden Jahre lang; schwerere Sterne wesentlich kürzer, da die Leuchtkraft $L \propto \mathfrak{M}^{3,5}$ ist, während der Energievorrat nur proportional zu $\mathfrak{M}$ ist).

---

[1]Siehe z. B. Müller (1964), p. 146.

b) Die Zustandsgleichung entarteter Materie

Wenn die Vorräte an Kernenergie erschöpft sind, kann die hohe Temperatur und damit der Druck im Sterninneren nicht mehr aufrechterhalten werden, und der Stern bricht in sich zusammen. Es werden dabei sehr große mittlere Dichten im Sterninneren erreicht, und es zeigt sich, daß dann wieder besonders einfache Verhältnisse vorliegen.

Zunächst haben wir die Zustandsgleichung (8.8) im Bereich hoher Dichten ($\rho > 10^4$ g/cm^3) herzuleiten. Während ein ideales Gas dadurch charakterisiert werden kann, daß $f(\rho, T)$ nur eine Funktion der Temperatur $f(T) = kT/mc^2$ ist, wird für die Materie bei hoher Dichte $f = f(\rho)$ bei allen für Sternmodelle in Betracht kommenden Temperaturen. In diesem Fall bezeichnet man die *Materie* als *entartet*:

$$(8.11) \qquad \frac{p}{\rho c^2} = f(\rho, T) \;\; = \;\; \begin{cases} f(T) & \text{ideales Gas,} \\[2mm] f(\rho) & \text{entartete Materie.} \end{cases}$$
$$\text{(allgem. Fall)}$$

Bei entarteter Materie ist die kinetische Energie der Teilchen und damit der Druck nicht durch die Temperatur bedingt wie beim idealen Gas, sondern kommt aufgrund der Unschärferelation durch die gegenseitige Einschränkung der Teilchen auf kleine Raumgebiete zustande (Fermi-Entartung).

Komprimiert man nämlich ein Material – dabei ist es ziemlich gleichgültig, wovon man ausgeht – auf Dichten von etwa 10^4 g/cm^3, so nimmt das Material metallische Eigenschaften an, und die Elektronen verhalten sich wie ein freies Elektronengas, dessen Druck wir abzuschätzen haben[1].

Die Elektronen beschränken sich wegen des Pauli-Prinzips (heuristisch gesprochen) gegenseitig auf Raumgebiete der Größe d^3, wobei d ein mittlerer Teilchenabstand ist. Nach der Unschärferelation kommt den Teilchen dadurch der Fermi-Impuls p_F zu,

$$(8.12) \qquad p_F \cdot d \approx \hbar$$

der zur Fermi-Energie $\epsilon_F = p_F^2/2m_0$ der Teilchen führt (m_0 ist die Elektronenmasse[2]).

---

[1]Siehe Müller (1964), p. 150 und Huang II (1964), p. 107, wo sich eine ausführliche und exakte Behandlung der Theorie der Fermi-Entartung findet.

[2]Da $\epsilon_F \propto 1/m_0$ ist, tragen die jeweils leichtesten Fermionen am meisten zum Druck bei.

Zur Herleitung der Zustandsgleichung eines entarteten Gases kann man (wenn man wieder von numerischen Faktoren absieht) die kinetische Energie kT der Teilchen im normalen Gas einfach durch ϵ_F ersetzen:

$$(8.13) \qquad\qquad f = \frac{p}{\rho c^2} \approx \frac{\epsilon_F}{mc^2} \approx \begin{cases} \dfrac{1}{mc^2} \dfrac{p_F^2}{m_0} & \text{(NR)}, \\[2ex] \dfrac{1}{mc^2} p_F c & \text{(R)}. \end{cases}$$

(8.14)

Die beiden Ausdrücke für ϵ_F beziehen sich dabei auf den Fall nichtrelativistischer (NR) bzw. hochrelativistischer (R) Elektronen. Der Übergang von (8.13) auf (8.14) geschieht etwa bei $p_F \approx m_0 c$ oder, mit (8.12), bei

$$(8.15) \qquad d \approx \hbar/m_0 c = \lambda_e = 4 \cdot 10^{-11} \text{ cm}.$$

Wenn der mittlere Teilchenabstand d in der Sternmaterie also auf die Compton-Wellenlänge λ_e der Elektronen herabsinkt, erreichen die Elektronen relativistische Geschwindigkeiten. Die λ_e entsprechende Dichte ist

$$(8.16) \qquad \rho_0 \approx m/\lambda_e^3 = m\, m_0^3 c^3/\hbar^3 \approx 3 \cdot 10^7 \text{ g/cm}^3,$$

wenn wir als Molekülmasse m wieder die des Wasserstoffatoms ansetzen. Setzt man (8.12) und $\rho = m/d^3$ in (8.13, 14) ein, so erhält man als Zustandsgleichung

$$(8.17) \qquad \boxed{\; \frac{p}{\rho c^2} = \frac{m_0}{m} (\rho/\rho_0)^{n/3} \quad \begin{matrix} n = 2 & \rho < \rho_0 & \text{(NR)} \\[1ex] n = 1 & \rho > \rho_0 & \text{(R)} \end{matrix} \;}$$

Diese Zustandsgleichung gilt für $10^4 \text{ g/cm}^3 < \rho < 10^8 \text{ g/cm}^3$.

c) Weiße Zwerge

Wir setzen nun (8.17) in die Gleichgewichtsbedingung (8.7) für den Stern ein. Aus $M/R = f$ folgt mit $R \approx (M/\rho)^{1/3}$

$$(8.18) \qquad G\mathfrak{M}^{2/3} \rho^{1/3}/c^2 = f$$

oder

$$(8.19) \qquad \mathfrak{M} = \frac{c^3 f^{3/2}}{\rho^{1/2} G^{1/2}} .$$

Für jede Dichte ρ gibt es daher genau eine Masse $\mathfrak{M}(\rho)$, bei der ein entarteter Stern im Gleichgewicht ist. Einsetzen von (8.17) liefert

$$(8.20) \qquad \mathfrak{M}(\rho) = \frac{c^3}{\rho^{1/2} G^{3/2}} (\frac{\rho}{\rho_0})^{n/2} (\frac{m_0}{m})^{3/2}$$

oder

$$(8.21) \qquad \mathfrak{M}(\rho) = \begin{cases} (\frac{\rho}{\rho_0})^{1/2} \mathfrak{M}_c, & \rho < \rho_0 \\ \\ \mathfrak{M}_c, & \rho > \rho_0 \end{cases} ,$$

wobei

$$(8.22) \qquad \mathfrak{M}_c = \mathfrak{M}(\rho_0) = \frac{c^3}{\rho_0^{1/2} G^{3/2}} (\frac{m_0}{m})^{3/2}$$

die *Chandrasekhar-Grenzmasse* ist.

(8.21) zeigt, daß die durch den Elektronendruck aufrechterhaltenen Sterne, die *Weißen Zwerge*, ein Massenspektrum haben, das – in der hier dargestellten einfachen Näherung – für $\rho < \rho_0$ wie $\rho^{1/2}$ ansteigt und für $\rho = \rho_0$ die Chandrasekhar-Grenze $\mathfrak{M}_c$ als obere Schranke hat. (Siehe dazu den linken Teil von Fig. 42.)

Einsetzen von (8.16) in (8.22) liefert

$$(8.23) \qquad \mathfrak{M}_c = m (\frac{c\hbar}{m^2 G})^{3/2} = m \alpha_G^{-3/2} .$$

Dabei ist die dimensionslose Konstante

$$(8.24) \qquad \boxed{\alpha_G := \frac{m^2 G}{c\hbar} = 5.9 \cdot 10^{-39}}$$

die *Feinstrukturkonstante der Gravitation,* die völlig analog zur Sommerfeldschen Feinstrukturkonstante α ist und die Stärke der Gravitationswechselwirkung in dimensionsloser Form angibt. α_G spielt in der Theorie des Sternbaues die gleiche Rolle wie α in der Theorie des Atombaues.

Nach (8.23) ist die Zahl A der Protonen in einem Weißen Zwerg etwa durch

(8.25) $A = \mathfrak{M}_c/m = \alpha_G^{-3/2} \approx 10^{57}$

gegeben, so daß sich als Chandrasekhar-Grenze eine Masse

$$\mathfrak{M}_c = m\,\alpha_G^{-3/2} = 3{,}7 \cdot 10^{33} \text{ g} \approx 1{,}8\mathfrak{M}_\odot$$

ergibt (der korrekte Wert ist $1{,}2\mathfrak{M}_\odot$).

Relativistische Effekte sind für Weiße Zwerge von der Größenordnung

(8.26) $\delta \approx \dfrac{\Delta\nu}{\nu} \approx \dfrac{\Delta\mathfrak{M}}{\mathfrak{M}} \approx \dfrac{M}{R} \approx \dfrac{p}{\rho c^2} \approx \dfrac{m_0}{m}(\rho/\rho)^{2/3} \approx \dfrac{m_0}{m} \approx 10^{-4}$.

Die Kleinheit relativistischer Effekte spiegelt demnach das Elektron : Proton-Massenverhältnis wider. Es ist interessant zu sehen, wie hier allgemeine Relativitätstheorie, Astrophysik und Elementarteilchenphysik ineinandergreifen.

Die *Radien Weißer Zwerge* sind durch

(8.27) $R \approx \lambda_e\,\alpha_G^{-1/2}\,(\rho_0/\rho)^{1/6} \approx 5000 \text{ km } (\rho_0/\rho)^{1/6}$

gegeben, wie in Aufgabe 1 gezeigt wird.

d) Neutronensterne

Unsere bisherige Rechnung hat gezeigt, daß für $\rho > 10^8$ g/cm^3 die Elektronen relativistisch werden, d. h. kinetische Energien von der Größenordnung MeV aufweisen. Es erfolgt bei diesen Dichten ein allmählicher Übergang zu Neutronenmaterie, da wegen der hohen kinetischen Energie der Elektronen die Neutronen nicht in Protonen und Elektronen (und Antineutrinos $\bar{\nu}_e$) zerfallen können, sondern im Gegenteil mittels der Reaktion

$$p + e^- \rightarrow n + \nu_e$$

im Stern Neutronen gebildet werden.

Im Dichtebereich zwischen 10^8 und 10^{13} g/cm^3 werden zunächst sehr neutronenreiche schwere Atomkerne wie Ni_{28}^{62}, Y_{39}^{122} aufgebaut. Ab etwa $\rho \approx 3 \cdot 10^{11}$ g/cm^3 existieren dann freie Neutronen neben Atomkernen, und bei $\rho \approx 10^{13}$ g/cm^3 ist schließlich der Übergang zum Neutronengas beendet.

Ab diesen Dichten läßt sich die Zustandsgleichung wieder einfach berechnen, da dann analoge Verhältnisse wie bei Weißen Zwergen vorliegen. Da Neutronen der Fermi-Statistik genügen, baut sich ab $\rho \approx 10^{13}$ g/cm^3 allmählich der Neutronendruck auf, wobei die Zustandsgleichung

$$(8.28) \qquad f(\rho) = \frac{p}{\rho c^2} = (\rho/\rho_1)^{n/3} \qquad \begin{array}{ll} \rho < \rho_1 & n = 2 \quad \text{NR} \\ \rho > \rho_1 & n = 1 \quad \text{R} \end{array}$$

aus (8.17) durch die Substitution $m_0 = m =$ Neutronenmasse (das Neutron ist nun sowohl für den Druck als auch für die Energiedichte verantwortlich) hervorgeht und

$$(8.29) \qquad \rho_1 = m/\lambda_n^3 \approx 10^{16} \text{ g/cm}^3$$

ist (λ_n ist die Compton-Wellenlänge des Neutrons).

Ersetzen wir m_0 auch in (8.21) durch m, so erhalten wir für das *Massenspektrum der Neutronensterne*

$$(8.30) \qquad \mathfrak{M}(\rho) = \begin{cases} (\rho/\rho_1)^{1/2} \mathfrak{M}_c & \rho < \rho_1 \\ \mathfrak{M}_c & \rho > \rho_1 \end{cases}.$$

Die Grenzmasse $\mathfrak{M}_c$ für Neutronensterne ist dabei durch die **Chandrasekhar-Grenze** $\mathfrak{M}_c$ wie bei Weißen Zwergen gegeben, da (8.23) nur von der Protonenmasse m abhängt, die wir gleich der Neutronenmasse setzen können.

Die Resultate dieser Überlegungen sind in Fig. 42 zusammengefaßt.

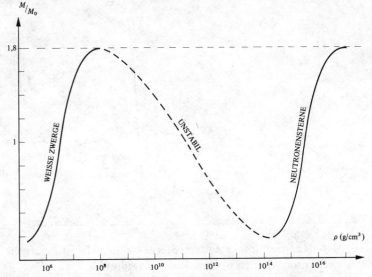

Fig. 42: Massenspektrum entarteter Sterne (elementare Rechnung).

Der Abfall der Kurve zwischen 10^8 und 10^{13} g/cm^3 ist durch die Bildung der Neutronen verursacht, die eine Verringerung von Dichte und Druck der Elektronen bewirkt. In diesem Dichtebereich gibt es — wie in der Figur angedeutet — keine stabilen Sterne. Der Grund dafür ist leicht einzusehen: Wenn ein Stern dieser Dichte radial oszilliert und dabei zu $\rho' = \rho + \delta\rho$ kollabiert, so ist bei ρ' nur die Masse $\mathfrak{M}(\rho') < \mathfrak{M}(\rho)$ stabil. Der Stern kollabiert daher weiter, bis er den Neutronensternast erreicht.

Relativistische Effekte sind für Neutronensterne von der Größenordnung

$$(8.31) \qquad \delta \approx \frac{\Delta \nu}{\nu} \approx \frac{\Delta \mathfrak{M}}{\mathfrak{M}} \approx \frac{M}{R} \approx \frac{p}{\rho c^2} \approx (\rho/\rho_1)^{2/3} \approx 1 \,.$$

Bei Neutronensternen liefert die allgemeine Relativitätstheorie daher wesentliche Korrekturen zur Newtonschen Theorie.

Die *Radien von Neutronensternen* sind analog zu (8.27) durch

$$(8.32) \qquad R \approx \lambda_n \, \alpha_G^{-1/2} \, (\rho_1/\rho)^{1/6} \approx 5 \text{ km} \, (\rho_1/\rho)^{1/6}$$

gegeben.

Die hier dargestellte einfache Theorie läßt die Ähnlichkeit der beiden Familien entarteter Sterne, der Weißen Zwerge und der Neutronensterne, sehr klar erkennen. Es ist allerdings zu betonen, daß die hier gewonnenen Resultate nur größenordnungsmäßig richtig sind. So wird z. B. der Radius

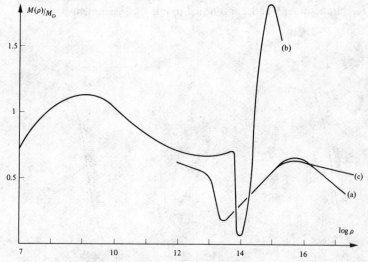

Fig. 43: Das Massenspektrum entarteter Sterne (numerische Rechnungen:
a) Harrison-Wheeler, b) Cameron, c) Hagedorn).

von Neutronensternen um einen Faktor $2-3$ unterschätzt und dadurch relativistische Effekte überschätzt.

Fig. 43 zeigt die Resultate verschiedener *numerischer Berechnungen des Massenspektrums von Neutronensternen.* Da die Effekte der starken Wechselwirkungen (Kernkräfte) zwischen den Neutronen und die Erzeugung von Hyperonen und Pionen theoretisch nur schwer zu erfassen sind, ergeben sich wesentliche Unterschiede zwischen den Vorhersagen verschiedener Autoren.

Die *Entdeckung der Pulsare* im Jahre 1967 und ihre darauf folgende *Identifizierung mit Neutronensternen* ist in der neueren astronomischen Literatur ausführlich erläutert, so daß wir hier darauf verzichten können. Besonders wesentlich haben sich dabei die Resultate der Röntgenastronomie erwiesen, die es erlaubt haben, die erste Massenbestimmung eines Neutronensterns (Hercules X1) vorzunehmen[1].

Aufgaben

1. Berechne die Radien von Weißen Zwergen und Neutronensternen als Funktion der Dichte.

2. Zeige, daß die Schallgeschwindigkeit in entarteter Materie durch

$$(8.33) \qquad c_s = c\,(5f/3)^{1/2}$$

gegeben ist. Der Pulsar im Crab-Nebel sendet Signale mit einer Periode von 0,033 sec aus. Können diese Signale durch Vibration oder Rotation Weißer Zwerge erklärt werden?

3. Zeige, daß die Bindungsenergie einer homogenen Massenkugel nach der Newtonschen Theorie durch

$$(8.34) \qquad E_B = \frac{3}{5}\,\frac{G\mathfrak{M}^2}{R} \quad \text{oder} \quad \frac{\Delta\mathfrak{M}}{\mathfrak{M}} = \frac{E_B}{\mathfrak{M}c^2} = \frac{3M}{5R}$$

gegeben ist.

4. Normale Sterne werden instabil, wenn der Strahlungsdruck im Sterninneren größer als der Gasdruck wird. Zeige, daß diese Instabilitätsbedingung auf $\mathfrak{M} \approx \mathfrak{M}_c$ führt. (Korrekt wäre $\mathfrak{M} \approx 60\mathfrak{M}_\odot$.) α_G bestimmt daher auch die Größenordnung normaler Sterne. Tatsächlich sind keine Hauptreihensterne mit $\mathfrak{M} > 60\mathfrak{M}_\odot$ bekannt.

---

[1] Siehe dazu Giacconi, Physics Today, May 1973, p. 38.

8.2 Die Innenraumlösung und die Tolman-Oppenheimer-Volkoff-Gleichung

Nach diesen heuristischen Betrachtungen über die Struktur entarteter Sterne kehren wir zur allgemeinen Relativitätstheorie zurück. Um die Theorie der Gleichgewichtskonfigurationen kugelsymmetrischer Sterne aufgrund der Einsteinschen Feldgleichungen zu entwickeln, müssen wir zunächst die Metrik im Sterninneren ermitteln, also die zur Schwarzschild-Metrik gehörende Innenraumlösung.

Allgemein hatten wir in (3.50) die einfache Form

$$(8.35) \qquad ds^2 = e^\nu dt^2 - e^\lambda dr^2 - r^2 d\Omega^2 = : \eta_{ik} \, \omega^i \otimes \omega^k$$

für ein kugelsymmetrisches Linienelement hergeleitet und die $G^i{}_k$ in (7.95), bereits auf eine orthonormale Basis bezogen, berechnet.

Da wir zunächst statische Gleichgewichtskonfigurationen herleiten wollen, können wir in (7.95) alle Zeitableitungen weglassen. Die Materie im Stern-inneren soll wie in der Kosmologie durch eine ideale Flüssigkeit genähert werden:

$$(8.36) \qquad T_i^k = (\rho + p)u_i \, u^k - \delta_i{}^k \, p,$$

so daß in der orthonormalen Basis bei ruhender Materie $T_i^k =$ = diag $(\rho, -p, -p, -p)$ wird. Die Einstein-Gleichungen ergeben dann mit (7.95) und $\nu = 2a$, $\lambda = 2b$

$$(8.37) \qquad G_0^0 = e^{-\lambda} \left(\frac{1}{r^2} - \frac{\lambda'}{r} \right) - \frac{1}{r^2} = - \kappa \, \rho,$$

$$(8.38) \qquad G_1^1 = e^{-\lambda} \left(\frac{\nu'}{r} + \frac{1}{r^2} \right) - \frac{1}{r^2} = \kappa \, p.$$

Setzen wir $e^{-\lambda} = u/r$, so folgt aus (8.37)

$$(8.39) \qquad u' = - \kappa \rho r^2 + 1$$

oder, integriert,

$$(8.40) \qquad u = r - 2M(r),$$

wobei

$$(8.41) \qquad 2M(r) := \kappa \int_0^r \rho(r') \, r'^2 \, dr'.$$

Damit haben wir den räumlichen Teil $d\sigma^2$ des Linienelementes bestimmt:

(8.42) $d\sigma^2 = e^\lambda dr^2 + r^2 d\Omega^2 = (1 - 2M(r)/r)^{-1} dr^2 + r^2 d\Omega^2.$

Für $r > R$ (R ist der Koordinatenradius des Sternes) geht (8.42) in die übliche Außenraummetrik über.

Subtraktion von (8.37) von (8.38) liefert

(8.43) $e^{-\lambda}(\nu' + \lambda') = \kappa(\rho + p)r$

oder

(8.44) $\nu(r) = -\lambda(r) + \kappa \int\limits_\infty^r dr' \, e^\lambda \, r' \, (p + \rho).$

Diese Lösung erfüllt offensichtlich $\lambda = -\nu$ für $r > R$ und geht daher im Außenraum in die Schwarzschild-Metrik über.

Damit ist die Metrik im Innenraum des Sternes vollständig bestimmt, falls $p(r)$ und $\rho(r)$ bekannt sind.

Zur Berechnung dieser Funktionen dient zunächst die Zustandsgleichung, die wir hier der Einfachheit halber als $p = p(\rho)$ ansetzen wollen. Ferner müssen wir die relativistische Verallgemeinerung von (8.1) zur Berechnung von $p(r)$ heranziehen. Diese Gleichung, die Tolman-Oppenheimer-Volkoff-(TOV) Gleichung, kann entweder aus den noch nicht benutzten Feldgleichungen gewonnen werden oder aus dem Erhaltungssatz

(8.45) $T^k_{i\,;k} = 0,$

der schneller das gewünschte Resultat liefert. Für $i = 0,2,3$ ist (8.45) identisch erfüllt, während sich für $i = 1$ nach kurzer Rechnung

(8.46) $-\dfrac{dp}{dr} = (p + \rho) \dfrac{\nu'}{2}$

ergibt. Wir setzen ν' aus (8.38) ein und erhalten

(8.47) $-\dfrac{dp}{dr} = \dfrac{r(p + \rho)}{2} \left[\left(\kappa p + \dfrac{1}{r^2}\right) e^\lambda - \dfrac{1}{r^2} \right]$

oder, mit (8.42):

(8.48)
$$-\frac{dp}{dr} = \frac{(\rho + p)\left[M(r) + \frac{\kappa p r^3}{2}\right]}{r(r - 2M(r))}$$

Das ist die *TOV*-Gleichung, die den Druck im Sterninneren bestimmt. Die Randbedingung ist wieder $p(R) = 0$.

Als Beispiel einer Lösung der *TOV*-Gleichung betrachten wir zunächst den Fall inkompressibler Materie $\rho = $ const. Aus (8.41) erhalten wir

(8.49) $M(r) = \frac{4\pi}{3}\, G\,\rho\, r^3$ $(r \leqslant R)$.

Setzt man das in die *TOV*-Gleichung ein, so wird

(8.50) $-\dfrac{dp}{dr} = \dfrac{4\pi G(\rho + p)\,(\frac{\rho}{3} + p)\,r^3}{r\left(r - \dfrac{8\pi G\rho r^3}{3}\right)}.$

Mit der dimensionslosen Radialkoordinate

(8.51) $x = \sqrt{8\pi G\rho/3}\; r$

vereinfacht sich (8.50) zu

(8.52) $\dfrac{4\rho dp}{(\rho + p)\,(\rho + 3p)} = -\dfrac{dx^2}{1 - x^2}$

oder

(8.53) $\dfrac{p(x)}{\rho} = \dfrac{\sqrt{1 - x^2} - \sqrt{1 - X^2}}{3\sqrt{1 - X^2} - \sqrt{1 - x^2}}$

wobei X die Radialkoordinate des Sternrandes bedeutet, für die

(8.54) $X^2 = \dfrac{8\pi G\rho}{3}\, R^2 = \dfrac{2M}{R}$

gilt. X^2 gibt demnach das Verhältnis von Schwarzschild-Radius zu Radius des Sternes an. Der Druck p_0 im Sternmittelpunkt wird nach (8.53, 54)

$$(8.56) \qquad \frac{p_0}{\rho} = \frac{1 - \sqrt{1 - \frac{2M}{R}}}{3 \sqrt{1 - \frac{2M}{R}} - 1} .$$

Für $2M \ll R$ geht (8.55) in die Newtonsche Gleichung (8.6) über. Für $2M \lesssim R$ ergeben sich dagegen starke Abweichungen, für $R = \frac{9}{8} (2M)$ wird $p_0 = \infty$, und der Stern bricht zusammen. Ein Stern, der aus inkompressibler Materie besteht, muß daher größer als 9/8 seines Schwarzschild-Radius sein. Die Ursache für das starke Anwachsen des Druckes ist dabei in dem zweifachen Auftreten von p auf der rechten Seite von (8.50) zu suchen, Druck erzeugt demnach noch mehr Druck.

8.3 Energiedichte und Bindungsenergie

Nach (8.41) ist die Masse eines Sternes durch

$$(8.57) \qquad \mathfrak{M} = 4\pi \int\limits_0^R \mathrm{d}r \, r^2 \, \rho(r)$$

gegeben. Diese Formel scheint zunächst analog zur nichtrelativistischen Gleichung für die Masse zu sein, unterscheidet sich jedoch davon wesentlich:

Zunächst ist ρ nicht einfach die Baryonendichte n, da zu ρ auch die Energiedichte der Kompression zu zählen ist, wie in Kapitel 5 (Gl. (5.39)) ausgeführt wurde.

Ferner ist das Volumselement $\mathrm{d}V$ des dreidimensionalen Raumes ($t = \text{const}$) durch

$$(8.58) \qquad \mathrm{d}V = 4\pi r^2 \mathrm{d}r (1 - 2M(r)/r)^{-1/2}$$

gegeben. Die pro Volumseinheit integrierte Massendichte ist folglich nur

$$(8.59) \qquad \rho\sqrt{1 - 2M(r)/r} < \rho .$$

Es wird sich zeigen, daß dies den Effekt (8.34) der negativen Gravitations-Selbstenergie ergibt.

Aus der Form (8.58) des Volumselementes folgt, daß die Baryonenzahl A im Stern durch

$$(8.60) \qquad A = \frac{4\pi}{\mathfrak{m}} \int r^2 n(r)\, (1 - 2M(r)/r)^{-1/2} dr$$

gegeben ist, wobei $\mathfrak{m}$ die Masse eines Baryons ist. ($\mathfrak{m}$ ist der Massenstandard, in bezug auf den die Kompressionsarbeit und die Effekte der Gravitationsenergie definiert werden. In $\mathfrak{m}$ ist daher die Masse des zugehörigen Elektrons (im Fall von Protonen) bzw. auch die Bindungsenergie des Atomkernes zu berücksichtigen. Für Materie am Endpunkt der thermonuklearen Entwicklung ist also $\mathfrak{m}$ genauer als $1/56$ der Masse von Fe^{56} zu definieren.)

Die Bedeutung des Unterschiedes zwischen (8.57) und (8.60) wird am einfachsten klar, wenn wir zum Spezialfall inkompressibler Materie übergehen. Da in diesem Fall keine Kompressionsarbeit auftritt, ist $n = \rho = \text{const}$ und

$$(8.61) \qquad A = \frac{4\pi n}{\mathfrak{m}} \int\limits_0^R r^2 (1 - 8\pi\, G r^2 \rho/3)^{-1/2} dr = \frac{4\pi\rho}{3\mathfrak{m}}\, R^3 f(X^2),$$

wobei X durch (8.54) definiert ist und

$$(8.62) \qquad f(X^2) = \frac{3}{2}\, [\arcsin X - X\, \sqrt{1 - X^2}]/X^3.$$

Die Grenzwerte von $f(X^2)$ sind

$$(8.63) \qquad \qquad \left. 1 + \frac{3}{10}\, X^2 = 1 + \frac{3}{5}\, \frac{M}{R}, \quad X \ll 1, \right.$$
$$f(X^2) = $$
$$(8.64) \qquad \qquad \left. \frac{3\pi}{4}, \qquad\qquad\qquad X = 1. \right.$$

Für $X = \sqrt{8/9}$, also an der Stabilitätsgrenze, ist $f(X^2) = 1{,}64$. Die physikalische Bedeutung von (8.61) wird klar, wenn wir diese Relation in der Form

$$(8.65) \qquad\qquad \mathfrak{M}_0 = \mathfrak{m} A = \mathfrak{M} f(2M/R)$$

schreiben. Dabei ist $\mathfrak{M}_0$ die „preassembly mass", also die Gasmasse, die man braucht, um den Stern zu bilden (Feldtheorie: nackte Masse). Da bei der Sternbildung ein Massendefekt auftritt, ist $\mathfrak{M}_0 > \mathfrak{M}$.

Für den relativen Massendefekt erhalten wir

(8.66) $\quad \dfrac{\Delta \mathfrak{M}}{\mathfrak{M}} = \dfrac{\mathfrak{M}_0 - \mathfrak{M}}{\mathfrak{M}} = f(2M/R) - 1.$

(8.63) zeigt, daß (8.66) für $2M \ll R$ mit der Newtonschen Relation (8.34) übereinstimmt.
An der Stabilitätsgrenze $2M = 8R/9$ ist der Massendefekt 64%. Bei Neutronensternen wird nach Fig. 44 ein Massendefekt von 30% tatsächlich erreicht, wobei wesentliche Abweichungen zwischen Formel (8.34) und den Vorhersagen der Einsteinschen Theorie (8.66) auftreten.

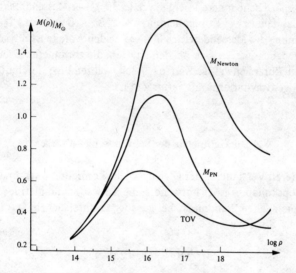

Fig. 44: Massendefekt bei Neutronensternen (Harrison-Wheeler Zustandsgleichung, $\mathfrak{M}_{PN}$ ist in Aufgabe 1 erklärt)

Aufgabe

Post-Newtonsche Näherung. Zeige, daß im Fall kompressibler Materie in erster Ordnung in G/c^2

(8.67) $\quad \mathfrak{M}_{PN} = \mathfrak{M}_0 + E_G/c^2 + U/c^2$

gilt, wobei die Gravitations-Bindungsenergie E_G durch

$$(8.68) \qquad E_G = G \int_0^{\mathfrak{M}} \frac{\mathfrak{M}(r)}{r} \, d\mathfrak{M}(r)$$

definiert ist und die innere Energie U der Materie durch

$$(8.69) \qquad U = 4\pi \int_0^R r^2 \, n \, \epsilon \, dr$$

(ϵ ist die spezifische innere Energie, vgl. (5.39)). Der Massendefekt eines Sternes hat daher zwei Komponenten, wobei $E_G < 0$ und (i.a.) $U > 0$ ist. Die Trennung des Massendefektes in diese beiden Anteile ist physikalisch deshalb möglich, weil es sich bei den Kräften, die zur inneren Energie beitragen, um kurzreichweitige Kräfte handelt, während E_G durch die langreichweitige Gravitationskraft verursacht ist.

8.4 Die Geometrie der Schwarzschild-Metrik[1]

Zum weiteren Verständnis der Gleichgewichtskonfigurationen und des Gravitationskollapses ist es notwendig, die Schwarzschild-Metrik (*SSM*) vom geometrischen Standpunkt her genauer zu untersuchen. Das Linienelement der *SSM* lautet

$$(8.70) \qquad ds^2 = (1 - 2M/r)dt^2 - (1 - 2M/r)^{-1}dr^2 - r^2 d\Omega^2,$$

wenn wir uns zunächst auf den Außenraum einer Masse beschränken.

Zur Veranschaulichung der geometrischen Eigenschaften der *SSM* betrachten wir einen Schnitt zu einer konstanten Zeit t (da das Linienelement statisch ist, kommt es auf den Wert von t nicht an). Ferner setzen wir $\theta = \pi/2$. Physikalisch bedeutet dies (wenn wir uns die Metrik (8.70) durch eine geeignete Innenraummetrik ergänzt denken), daß wir den gravitierenden Körper durch einen Schnitt $\theta = \pi/2$ in zwei genau gleiche Hälften zerlegt denken und die Geometrie auf der Schnittfläche untersu-

---

[1]Die Übungsaufgaben zu diesem Kapitel enthalten den Beweis verschiedener im Text aufgestellter Behauptungen und sind auch zum Verständnis des Abschnittes 8.6 erforderlich.

chen, wobei wir uns zunächst auf den Außenraum beschränken. Die entstehende Fläche mit Linienelement

(8.71) $d\sigma^2 = (1 - 2M/r)dr^2 + r^2 d\phi^2$

können wir durch eine Einbettung in einen dreidimensionalen euklidischen Hilfsraum veranschaulichen, indem wir dort eine Rotationsfläche suchen, die ebenfalls das Linienelement (8.71) aufweist.

Dazu führen wir im dreidimensionalen Einbettungsraum Zylinderkoordinaten z, r, ϕ ein. Gesucht ist eine Fläche $z = z(r)$ mit Linienelement (8.71):

(8.72) $ds^2 = dr^2 + dz^2 + r^2 d\phi^2 = dr^2 \left[1 + \left(\dfrac{dz}{dr}\right)^2 \right] + r^2 d\phi^2 =$

$$= \left(1 - \frac{2M}{r} \right)^{-1} dr^2 + r^2 d\phi^2$$

oder

(8.73) $\left(\dfrac{dz}{dr}\right)^2 = \left(1 - \dfrac{2M}{r}\right)^{-1} - 1$,

was integriert ergibt

(8.74) $z = \pm \sqrt{8M} \sqrt{r - 2M}.$

Die Rotationsfläche entsteht daher durch Drehung einer Parabel (Fig. 45).

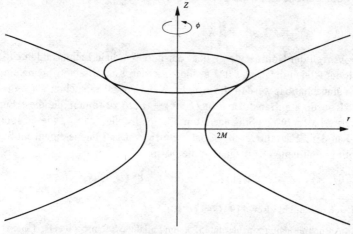

Fig. 45: Zur Geometrie der *SSM*

In $r = 2M$ ist keinerlei Singularität vorhanden, und im Unendlichen geht die Fläche allmählich in ein Ebenenpaar über, was etwas überraschend ist. Ferner ist zunächst befremdend, daß für $r < 2M$ keinerlei „Raum" existiert, wogegen man intuitiv eine Singularität $r = 0$ erwartet hätte. Hier kommen nun die Begriffe zum Tragen, die wir in Kapitel 2.1 entwickelt haben. Bei der Definition der differenzierbaren Mannigfaltigkeit haben wir nämlich die Forderung vermieden, daß man im ganzen Raum X^4 ein einziges singularitätsfreies Koordinatensystem einführen kann. Im Falle der *SSM* zeigt sich nun, daß die Koordinaten t, r, θ, ϕ ungeeignet sind, um die volle Mannigfaltigkeit zu beschreiben. Erst 1960 zeigte Kruskal[1], wie die Mannigfaltigkeit maximal ausgedehnt werden kann, und er gab auch ein Koordinatensystem an, das sie voll überdeckt.

Zur Herleitung des Kruskalschen Koordinatensystems betrachten wir zunächst eine Metrik der allgemeineren Form

$$(8.75a) \qquad ds^2 = \Phi \, dt^2 - \Phi^{-1} \, dr^2 - r^2 \, d\Omega^2 =$$

$$(8.75b) \qquad = \Phi(r) \, (dt^2 - dr^{*2}) - r^2 \, d\Omega^2,$$

wobei $\Phi = \Phi(r)$ und

$$(8.76) \qquad\qquad dr^* = dr/\Phi(r).$$

Im Falle der *SSM*, die die Form (8.75) hat, ist

$$(8.77) \qquad r^* = r + 2M \ln \left(\frac{r}{2M} - 1 \right).$$

Der Vorteil der Koordinate r^* liegt darin, daß radiale Lichtstrahlen einfach der Gleichung $dt = \pm dr^*$ genügen, so daß Kausalitätsprobleme einfach überschaubar werden. Im Anschluß an Kruskal versuchen wir nun, eine Koordinatentransformation $(t, r^*) \rightarrow (v, u)$ zu finden, die diese Eigenschaft erhält, etwaige Singularitäten oder Nullstellen von Φ, wie sie auch im Fall der *SSM* auftreten, jedoch beseitigt[2]. Das Linienelement muß daher in den neuen Koordinaten die Form

$$(8.78) \qquad ds^2 = f^2(u, v) \, (dv^2 - du^2) - r^2(u, v) d\Omega^2$$

---

[1]M.D. Kruskal, Phys.Rev. **119**, 1743 (1960).

[2]Mit Ausnahme echter Singularitäten, die im Fall der *SSM* in $r = 0$ auftreten und die in Aufgabe 2 diskutiert werden.

annehmen, wobei nun die positive Funktion f^2 anstelle von Φ getreten ist. Durch Gleichsetzen der beiden Formen des Linienelements sieht man sofort, daß die gesuchte Koordinatentransformation von der Form

(8.79)
$$u = h(r^* + t) + g(r^* - t),$$
$$v = h(r^* + t) - g(r^* - t)$$

sein muß, wobei g und h willkürliche Funktionen sind und

(8.80) $f^2 = \Phi/4g'h'.$

Dabei bedeutet der Strich wie üblich Ableitung nach dem Argument. Damit f^2 in (8.80) positiv und endlich ist, muß jede Nullstelle bzw. Singularität des Zählers $\Phi(r)$ durch den Nenner aufgehoben werden, und zwar für alle t. Deshalb müssen h, g die Gestalt haben

(8.81) $h(r^* + t) = a\, e^{\gamma(r^* + t)}, g(r^* - t) = b\, e^{\gamma(r^* - t)},$

wobei a und b beliebige Konstanten sind. Der Wert von γ ist so zu wählen, daß

(8.82) $f^2 = \Phi(r)\, e^{-2\gamma r^*}/4ab\gamma^2$

positiv wird. Im Fall der *SSM* ist dies für $\gamma = (4M)^{-1}$ der Fall, da dann

(8.83) $f^2 = \left(1 - \dfrac{2M}{r}\right) e^{-r^*/2M} \dfrac{4M^2}{ab} = \dfrac{8M^3}{abr}\, e^{-r/2M}.$

ist. Wenn wir im Anschluß an Kruskal die willkürlichen Konstanten $a = b = 1/2$ wählen, so ergibt sich durch Einsetzen von (8.81) in (8.79) die gesuchte Koordinatentransformation zu

(8.84)
$$u = \sqrt{\dfrac{r}{2M} - 1}\, \exp\left(\dfrac{r}{4M}\right) \cosh\left(\dfrac{t}{4M}\right)$$
$$v = \sqrt{\dfrac{r}{2M} - 1}\, \exp\left(\dfrac{r}{4M}\right) \sinh\left(\dfrac{t}{4M}\right).$$

Die Umkehrtransformation kann nur implizit angegeben werden, sie lautet

(8.85) $\quad u^2 - v^2 = \left(\dfrac{r}{2M} - 1 \right) \exp \left(\dfrac{r}{2M} \right)$

$$\frac{2uv}{(u^2 + v^2)} = \text{tgh} \left(\frac{t}{2M} \right)$$

$$f^2(u, v) = 32\, M^3 \exp \left(\frac{-r}{2M} \right) / r \quad .$$

Die Eigenschaften dieser Transformation gehen aus Fig. 46 hervor.

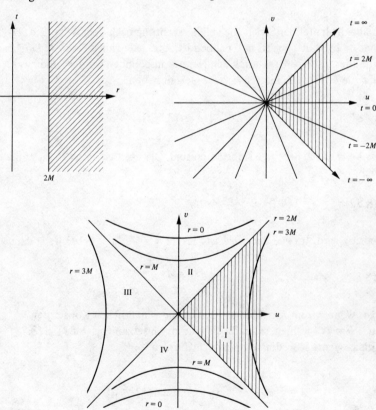

Fig. 46: Transformation auf Kruskal-Koordinaten

17*

Die Halbebene $(t, r > 2M)$ wird durch (8.84) auf den Quadranten I der (u, v)-Ebene abgebildet[1]. (8.85) zeigt, daß die Kurven $r =$ const Hyperbeln in der (u, v)-Ebene sind, während die Kurven $t =$ const in Gerade in dieser Ebene übergehen. (8.85) zeigt aber auch, daß das Linienelement (8.78) auch in den anderen Quadranten der (u, v)-Ebene bis zur Kurve $r = 0$ hin regulär ist und kein Grund besteht, diese Gebiete auszuschließen (Fig. 47).

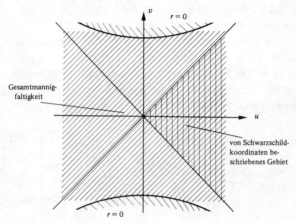

Fig. 47: Gesamtmannigfaltigkeit und Schwarzschild-Koordinaten

Man kann zeigen, daß die in Fig. 47 gezeigte Gesamtmannigfaltigkeit eine *maximale analytische Ausdehnung* der Schwarzschild-Mannigfaltigkeit ist, d.h., jede Geodätische dieser Mannigfaltigkeit kann bis zu unendlichen Werten des affinen Parameters (siehe p. 27 und p. 220) erstreckt werden, oder sie trifft bei einem endlichen Wert desselben auf die Singularität $r = 0$ (Übungsaufgabe). Die Formeln (8.84) stellen dabei nur im durch die Schwarzschild-Koordinaten beschriebenen Quadranten die Umkehrung von (8.85) dar, in den anderen Quadranten der ausgedehnten Mannigfaltigkeit gelten andere Umkehrformeln[2].

Um die räumliche Struktur der Schwarzschild-Geometrie zu veranschaulichen, haben wir zu Beginn dieses Abschnittes eine Reihe von Schnitten $t =$ const betrachtet. Diese Schnitte gehen alle durch den Ursprung der (u, v)-Ebene und überdecken nicht die volle Mannigfaltigkeit.

---

[1]Läßt man auch das negative Vorzeichen der Quadratwurzel in (8.84) zu, so erhält man auch den Quadranten III der (u, v)-Ebene. Dies entspricht genau den beiden Vorzeichen in (8.74) und dem asymptotischen Ebenenpaar in Fig. 45.

[2]Eine Tabelle ist bei M.D. Kruskal, loc.cit., angegeben.

Um die Geometrie der gesamten Mannigfaltigkeit zu untersuchen, müssen wir daher eine andere Reihe raumartiger Schnitte, z.B. $v = $ const, $\theta = \pi/2$ wählen[1] und Einbettungsdiagramme dieser Flächen angeben (Fig. 48). Für $v = 0$ stimmt der Schnitt mit der vorher konstruierten Fläche (8.74) überein. Etwas später erreicht der Schnitt bereits etwas kleinere Werte von r als $2M$, bis bei $v = 1$ schließlich $r = 0$ erreicht wird. Bei negativen v-Werten ist das Verhalten genauso, so daß wir insgesamt das Bild einer zunächst expandierenden ($v < 0$) Metrik erhalten, die in $v = 0$ einen Moment der Zeitsymmetrie hat und für Werte $v > 0$ wieder kollabiert, bis schließlich bei $v = 1$ der Wert $r = 0$ erreicht wird. Für noch größere Werte von v müssen wir die Schnitte wie in der Abbildung angegeben legen, so daß immer mehr Punkte in $r = 0$ zusammenfallen. Es ergibt sich damit das Bild eines immer weiter fortschreitenden Kollapses.

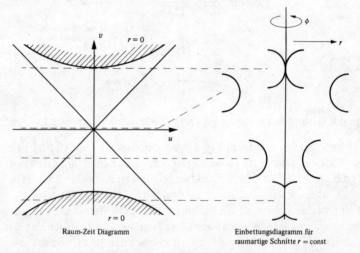

Raum-Zeit Diagramm

Einbettungsdiagramm für
raumartige Schnitte $r = $ const

Fig. 48: Schnitte durch die Kruskal-Metrik für verschiedene v-Werte

Die volle Kruskal-Mannigfaltigkeit erweist sich damit als dynamische, zeitlich veränderliche Geometrie. Wie ist dieses Bild mit dem einer statischen, zeitlich unveränderlichen Schwarzschild-Metrik zu vereinen? Daß die Schwarzschild-Metrik statisch ist, könnte man anschaulich etwa dadurch begründen, daß es möglich ist, in ihr ein zeitlich unveränderliches Gerüst einzubauen, das die einzelnen Punkte mit einer Vielzahl von Streben miteinander verbindet. Durch Abmessung dieser Streben könnte man die

---

[1] Diese Schnitte sind jedoch vor beliebigen anderen raumartigen Schnitten in keiner Weise ausgezeichnet.

Geometrie der Schwarzschild-Metrik dann empirisch bestimmen. Die Knotenpunkte dieses Gerüstes haben Weltlinien, die in Fig. 49 gezeigt sind, nämlich die Linien r = const, θ = const, ϕ = const. Dieses Gerüst läßt sich

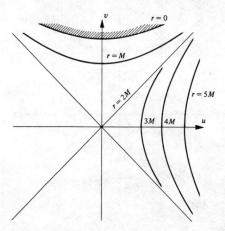

Fig. 49: Ist die Schwarzschild-Metrik statisch?

im Raum jedoch nur bis zu $r = 2M$ konstruieren, da – wie die Abbildung zeigt – die Weltlinien mit r = const $< 2M$ keine zeitartigen, sondern raumartige Linien sind. Daher läßt sich die Behauptung, daß die Schwarzschild-Metrik statisch sei, nur für den Teil $r > 2M$ aufrechterhalten, während der bei Kruskal neu hinzukommende Teil mit $0 < r < 2M$ nicht durch ein statisches Gerüst (statische Beobachter) ausgemessen und beschrieben werden kann. Um die volle Kruskal-Metrik zu beschreiben, ist eine Schar von Beobachtern (Teilchen), die etwa Weltlinien u = const haben, nötig. Wie man aus Abb. 49 ersieht, beginnen die Weltlinien dieser Beobachterklasse zunächst alle in r = 0, expandieren dann zu endlichen r-Werten, die für $v = 0$ ihr Maximum erreichen, und kollabieren schließlich für $v \geqslant 1$ sukzessive wieder zu $r = 0$[1]. Dies zeigt klar den dynamischen Charakter der Kruskal-Metrik.

Abschließend wollen wir noch das Verhalten von Lichtstrahlen, d.h. die *Kausalzusammenhänge* in der Kruskal-Metrik studieren. Da radiale Lichtstrahlen einfach durch $du = \pm\, dv$ gegeben sind, also durch gerade Linien mit Neigung $\pm\, 45°$ in der (u, v)-Ebene, hat der Lichtkegel die gewohnte

---

[1]Man überlegt sich leicht, daß vom Austritt aus der Singularität r = 0 bis zum Wiedereintritt eine endliche Eigenzeit vergeht (Aufgabe 2).

speziell-relativistische Form. Wie Fig. 50 zeigt, zerlegt der Lichtkegel, der vom Ursprung der (u, v)-Ebene ausgeht, den Raum in vier Teilbereiche:

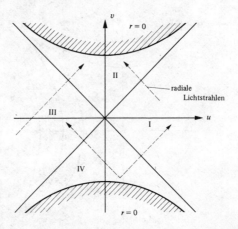

Fig. 50: Kausalzusammenhänge in der Kruskal-Mannigfaltigkeit

Region I, III werden von den Linien $r = \text{const} > 2M$ erfüllt, d.h., dort liegen die Weltlinien normaler Beobachter (statisches Gerüst). Diese Beobachter können Signale aus der Region IV erhalten und Signale nach II senden (oder auch selbst nach II fallen oder aus IV gekommen sein). Jedes Teilchen dagegen, das einmal in die Region II eingetreten ist, läuft notwendig nach endlicher Eigenzeit in die Singularität $r = 0$, ein Teilchen, das in IV ist, muß vor endlicher Zeit aus der Singularität $r = 0$ gekommen sein. II und IV heißen daher auch „katastrophale Regionen". Eine Kausalverbindung von Punkten in I mit III ist – wie die Abbildung zeigt – nicht möglich. Diese beiden Regionen entsprechen dem oberen und unteren Teil der Rotationsfläche (Fig. 45), so daß die beiden asymptotisch flachen Räume kausal nicht verbunden sind. Allerdings kann ein Beobachter in II Signale aus beiden Räumen empfangen, ein Beobachter in IV Signale in beide Räume senden. Die Singularität in $r = 0$ ist also durch einen *Ereignishorizont* von der Außenwelt $r > 2M$ abgeschirmt; im Außenraum können Ereignisse, die in Region II stattfinden, prinzipiell nicht beobachtet werden.

Nach diesem Studium der Geometrie im Außenraum einer Masse wenden wir uns der Innenraummetrik zu. Dabei beschränken wir uns auf inkompressible Materie, also konstante Massendichte. Der räumliche Teil des Linienelements (8.42)

(8.86) $d\sigma^2 = (1 - 8\pi G\rho r^2/3)^{-1}dr^2 + r^2 d\Omega^2$,

ist dann das Linienelement eines Raumes konstanter (positiver) Krümmung, also einer Hyperkugel mit Radius

(8.87) $\mathfrak{A} = (3/8\pi G\rho)^{1/2}$.

Wenn wir wie zuvor $\theta = \pi/2$ setzen, können wir die entstehende zweidimensionale Fläche anschaulich im dreidimensionalen Einbettungsraum darstellen, wobei sich eine Kugel ergibt. (Fig. 51).

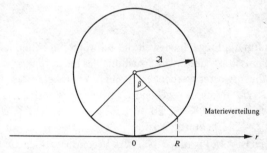

Fig. 51: Innenraumlösung und Materieverteilung

Die Materieverteilung reicht dabei nur zu einem maximalen Radius $r = R$, wie in der Abbildung gezeigt. Die in (8.51) eingeführte dimensionslose Koordinate ist $x = r/\mathfrak{A}$, $X = R/\mathfrak{A}$. $X = 1$ heißt, daß die Materieverteilung einer Halbkugel entspricht, während $X < 1$ kleinere Kugelsektoren ergibt. In Fig. 51 ist ferner der Winkel β, $\sin \beta = R/\mathfrak{A} = X$ gezeigt, der sich zur Charakterisierung von Massenverteilungen als zweckmäßig erweisen wird. Damit haben wir ein Bild von der *SSM* des Innenraumes, die glatt an die *SSM* des Außenraums anzuschließen ist (Fig. 52). In der Figur sind drei Massenverteilungen verschiedener Dichte, Radius und Teilchenzahl eingezeichnet, die alle zur gleichen Außenraummasse M gehören. Die Figur zeigt auch, daß wir in der ersten Analyse nur einen Teil der möglichen Massenkonfigurationen erfaßt haben, da diejenigen Innenraumlösungen, die mehr als einer Halbkugel entsprechen ($\beta > \pi/2$), nicht berücksichtigt wurden. Allerdings sind alle Lösungen mit $\beta > \arcsin \sqrt{8/9} = 63°$ instabil.

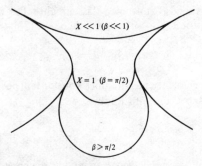

$X \ll 1 \ (\beta \ll 1)$

$X = 1 \ (\beta = \pi/2)$

$\beta > \pi/2$

Fig. 52: Volle Schwarzschild-Metrik

Aufgaben

1. Formal kann die Frage, inwieweit die Schwarzschild-Geometrie statisch oder dynamisch ist, durch Untersuchung des betreffenden Killing-Vektorfeldes beantwortet werden; vgl. (2.110, 111). Setze das Vektorfeld, das für $r > 2M$ durch ∂_t gegeben ist, mittels der Kruskal-Transformation in den Bereich $0 < r \leqslant 2M$ fort. Zeige, daß es für $r < 2M$ raumartig, auf $r = 2M$ lichtartig wird.

   Lösung: Es ist $4M\partial_t = u\partial_v + v\partial_u$; das Viererquadrat davon ist

   $$f^2(u, v) (u^2 - v^2).$$

2. *Radiale Geodätische in der SSM*
   Zeige, daß für ein radial in der SSM frei fallendes Teilchen der Zusammenhang zwischen Eigenzeit s und Radialkoordinate r durch (siehe (4.34))

   $$(8.88) \qquad s = \left(\frac{rR(R-r)}{2M}\right)^{1/2} + \left(\frac{R^3}{8M}\right)^{1/2} \arccos\left(\frac{2r}{R} - 1\right)$$

   gegeben ist, wobei R der Maximalwert von r ist, der für $s = 0$ erreicht wird (Bahn mit negativer Energie, Fig. 53). Überlege dazu, daß gemäß (8.85) r eine auf der Kruskal-Mannigfaltigkeit überall wohldefinierte Koordinate ist; nur t ist über $r = 2M$ hinweg ungeeignet!

   Zeige, daß die Eigenzeit vom Austritt aus der Singularität $r = 0$ bis zum Wiedereintritt endlich ist. Bei welcher Eigenzeit wird $r = 2M$ erreicht? Schätze diese Zeiten für physikalisch interessante Situationen ab. Welche Relationen gelten für Geodätische mit $R = \infty$ und für sol-

che mit $F^2 > 1$ (siehe (4.34)), also positiver Gesamtenergie? Mit
$1 - 2r/R = \cos \tau$ erhält man die Parameterdarstellung

(8.89) $\quad r = \dfrac{R}{2}\,(1 - \cos \tau), \quad s = \sqrt{R^3/8M}\,(\tau - \sin \tau - \pi)$

für den radialen Fall in die Singularität. Vergleiche mit (5.116, 117)!

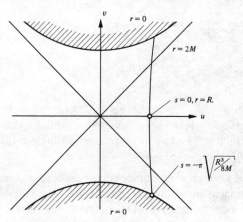

Fig. 53: Radiale Geodätische und Eigenzeit

3. *Die Singularität in $r = 0$*
Um zu zeigen, daß in $r = 0$ eine echte Singularität vorliegt, die nicht
auf eine ungünstige Wahl des Koordinatensystems zurückzuführen ist,
berechne
a) den Riemann-Tensor für die *SSM* mit Hilfe der auf p. 228 angegebenen
Formeln.

Resultat:

$$R_{0101} = \frac{2M}{r^3} \qquad R_{1212} = \frac{M}{r^3}$$

(8.90)

$$R_{0202} = \frac{-M}{r^3} \qquad R_{2323} = \frac{-2M}{r^3}$$

(und daraus durch Symmetrien hervorgehende Komponenten). Diese
Komponenten beziehen sich auf eine orthonormale Basis, wie in Ab-

schnitt 7.8 angegeben, sind also physikalisch meßbare Größen, aus denen Koordinateneffekte bereits eliminiert wurden. Da $R_{iklm} = \infty$ für $r = 0$, liegt dort eine echte Singularität vor.

b) Zeige, daß (8.90) in der Form

$$R_{iklm} = -\frac{2M}{r^3}\,(\eta_{il}\,\eta_{km} - \eta_{im}\,\eta_{kl})$$

(8.91)

$$+\frac{3M}{r^3}\,(\beta_{il}\,\gamma_{km} - \beta_{kl}\,\gamma_{im} + \beta_{km}\,\gamma_{il} - \beta_{im}\,\gamma_{kl})$$

geschrieben werden kann, wobei $\eta_{ik} = \mathrm{diag}\,(1, -1, -1, -1)$, $\beta_{ik} = \mathrm{diag}\,(0, 0, -1, -1)$, $\gamma_{ik} = \mathrm{diag}\,(1, -1, 0, 0)$. Dabei gibt der zweite Term in (8.91) Abweichungen von der lokalen Isotropie an (vgl. (2.86)).

c) Die in (8.91) berechneten Komponenten des Krümmungstensors sind nicht diejenigen, die ein frei fallender Physiker im mitfallenden Inertialsystem mißt, da das in (8.91) benutzte Bezugssystem für $r > 2M$ einem ruhenden Beobachter entspricht. Das mitfallende lokale Inertialsystem geht in jedem Punkt aus dem ruhenden durch eine lokale Lorentz-Transformation in der 1-Richtung hervor. Zeige, daß dabei die Matrizen η, β, γ und damit die Krümmungskomponenten (8.91) invariant bleiben.

(8.90) gibt also auch die Komponenten des Krümmungstensors im mitfallenden Bezugssystem an, unabhängig von dessen Geschwindigkeit.

d) Um die Auswirkungen des unendlichen R_{iklm} zu untersuchen, betrachten wir eine Anzahl benachbarter Teilchen, deren Weltlinien durch den Parameter v unterschieden seien, während $u = s$ die Eigenzeit entlang der Weltlinien sei. Welche Kraft F^i ist zwischen den Teilchen notwendig, damit der Abstand δx^k benachbarter Teilchen sich im Laufe der Bewegung nicht ändert (gemessen im mitfallenden Inertialsystem)? Verifiziere das Resultat am Beispiel zweier in der *SSM* ruhender Teilchen! (Verwende (2.78) für $A^i = v^i = \mathrm{d}x^i/\mathrm{d}s$.) *Resultat:* Im mitbewegten Inertialsystem ist die Kraft

(8.92)　　$F^i = \mathfrak{m}R^i{}_{0k0}\delta x^k$

notwendig, um die Teilchen in konstantem Abstand zu halten.

Da in der Singularität $R^i{}_{0k0} \to \infty$, werden die Gezeitenkräfte (8.92) innerhalb beliebiger Strukturen (Festkörper, Atome, Elementarteilchen) unendlich groß, so daß diese Strukturen vernichtet werden. Daher ist auch die Kruskal-Mannigfaltigkeit nicht über die Kurve $r = 0$ hinaus fortzusetzen.

Es sei hinzugefügt, daß die Diskussion von Singularitäten beliebiger Metriken nicht in gleicher Weise geführt werden können, da die physikalische Bedeutung solcher Metriken nicht klar ist. Man vergleiche dazu den instruktiven Dialog in R. Geroch, Ann.Phys. (N.Y.) **48**, 526 (1968).

4. *Die Metrik einer geladenen Masse* (Reissner-Lösung[1])

In dieser Übungsaufgabe soll schrittweise die Geometrie in der Umgebung einer geladenen Masse hergeleitet werden (Reissner-Lösung).

a) Zeige, daß der Einstein-Tensor für ein Linienelement der Form (8.75a) durch ($\psi(r) : = r\,\Phi(r)$)

$$(8.93) \quad G^0_0 = -G^1_1 = (\psi' - 1)/r^2, \quad G^2_2 = G^3_3 = \psi''/2r, \quad G^a{}_b = 0 \text{ sonst}$$

gegeben ist.

b) Welche Bedingungen müssen an einen Energie-Impulstensor $T_{ik} = \text{diag}\,(\rho, p_1, p_2, p_3)$ (orthonormale Komponenten) gestellt werden, damit die Lösung der Einstein-Gleichungen die Form (8.75a) hat? *Resultat:*

$$(8.94) \quad \rho + p_1 = 0, \quad p_2 = p_3, \quad p_1' = \frac{2}{r}\,(p_2 - p_1).$$

c) Eine wichtige Klasse von Lösungen ergibt sich für den Ansatz $p_2 = \gamma\, p_1$ ($\gamma = \text{const}$):

$$(8.95) \quad \begin{aligned} \rho &= -p_1 = -p_2/\gamma = -p_3/\gamma = q\,r^{2(\gamma-1)}, \\ \Phi &= \psi/r = 1 - \frac{\kappa q}{2\gamma + 1}\,r^{2\gamma} - \frac{2M}{r}, \end{aligned}$$

wobei q und M Integrationskonstante sind. Diese Lösungen umfassen:

α) Das *de Sitter-Universum*; es ergibt sich für $\gamma = 1$, $M = 0$. Dann wird $T_{ik} = q\,\eta_{ik}$, so daß der Energie-Impulstensor des Vakuums resultiert (vgl. p. 143), wobei $q = \Lambda/\kappa$. Das Linienelement

---

[1] H. Reissner, Ann.Phys.Lpz. **50**, 106 (1916).

(8.96) $ds^2 = \left(1 - \frac{\Lambda}{3} r^2\right) dt^2 - \left(1 - \frac{\Lambda}{3} r^2\right)^{-1} dr^2 - r^2 d\Omega^2$

ist das des de Sitter-Universums (p. 164) in anderen Koordinaten.

β) *Das Schwarzschild-Linienelement* ($q = 0$, $M \neq 0$).

γ) *Das Schwarzschild-Linienelement* bei Annahme einer *nichtverschwindenden kosmologischen Konstante* Λ oder das de Sitter-Universum mit zusätzlicher Punktmasse ergibt sich für $q \neq 0$, $M \neq 0$, $\gamma = 1$. Das Linienelement ist in diesem Fall

(8.97)
$$ds^2 = \left(1 - \frac{2M}{r} - \frac{\Lambda}{3} r^2\right) dt^2 - \left(1 - \frac{2M}{r} - \frac{\Lambda}{3} r^2\right)^{-1} dr^2$$
$$- r^2 d\Omega^2.$$

δ) *Die Reissner-Lösung* erhält man für $\gamma = -1$, $M \neq 0$, $q = e^2$. Es ist

(8.98) $T_{ik} = \frac{e^2}{r^4} \, \mathrm{diag}\,(1, -1, 1, 1),$

(8.99)
$$ds^2 = \left(1 - \frac{2M}{r} + \frac{\kappa e^2}{r^2}\right) dt^2 - \left(1 - \frac{2M}{r} + \frac{\kappa e^2}{r^2}\right)^{-1} dr^2$$
$$- r^2 d\Omega^2.$$

Diese Lösung entspricht dem Gravitationsfeld einer geladenen Masse, da der Energie-Impulstensor des elektromagnetischen Feldes (siehe Abschnitt 9.3)

(8.100) $T_{ik} = F_{ij} F^j{}_k - \frac{1}{4} g_{ik} F_{mn} F^{nm}$

für ein radiales elektrisches Feld $F_{01} \propto 1/r^2$ gerade die Form (8.98) hat. Da in Schwarzschild-Koordinaten die Kugeloberfläche durch $4\pi r^2$ gegeben ist, folgt aus der Flußerhaltung der Abfall der Feldstärke $\propto 1/r^2$ (siehe auch Aufgabe 2 zu 9.3). Bemerkenswert ist, daß (8.99) aus der *SSM* durch die Substitution

$M \to M - \frac{\kappa e^2}{2r}$ hervorgeht. Diskutiere diese „Massenrenormierung"!

5. *Eigenschaften der Reissner-Lösung*

a) Berechne den Riemannschen Krümmungstensor für (8.99) mit Hilfe
der Formeln des Abschnittes 7.8 und zeige, daß auch hier R_{iklm} durch
die Matrizen η, β, γ der Aufgabe 2 ausgedrückt werden kann, so daß
die dort unter c und d angeführten Eigenschaften auch für geladene
Massen gelten.

b) Für $e^2 > M^2$ ist $\Phi(r)$ für alle Werte von r positiv, so daß r bis zu
$r = 0$ eine raumartige Koordinate ist. Die Singularität in $r = 0$ ist von
keinem Ereignishorizont verhüllt und läßt sich vom Außenraum her
untersuchen. Sie heißt daher auch *nackte Singularität*. Entsprechen
Elementarteilchen (falls wir sie als Punktteilchen nähern können)
nackte Singularitäten?

c) Für $e^2 < M^2$ hat $\Phi(r)$ Nullstellen für $r_{1,2} = M \pm \sqrt{M^2 - e^2}$. Diese
Nullstellen müssen durch zwei Transformationen der Form (8.79) eliminiert werden, wobei die Koordinaten u_1, v_1 im Bereich
$\infty > r \geqslant r_s$ und die Koordinaten u_2, v_2 im Bereich $r_s \geqslant r > 0$ brauchbar sind, wobei der Stückelungsradius r_s willkürlich zwischen r_1 und
r_2 gewählt werden kann. Fig. 54 zeigt diese Koordinatenbereiche, wobei in der zweiten Kruskal-Ebene u zeitartig und v eine raumartige Koordinate ist, da dort das Vorzeichen von $\Phi(r)$ nicht von + nach −,
sondern von − nach + wechselt. Nach Durchqueren der Anschlußlinie

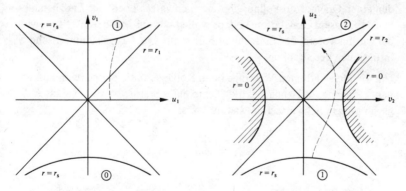

Fig. 54: Zwei Kruskal-Ebenen der Reissner-Lösung. Das linke Diagramm
ist für $\infty > r \geqslant r_s$ gültig, das rechte für $r_s \geqslant r > 0$. Die beiden
Linien ① sind zu identifizieren, um vom einen Koordinatenbe-
reich in den anderen zu gelangen, wie am Beispiel einer Geodätischen (strichliert) gezeigt ist

②kommt man wieder in eine Kruskal-Ebene analog zu (u_1, v_1), die jedoch einen anderen Raum $\infty > r \geqslant r_s$ repräsentiert, der nicht mit dem ersten identifiziert werden darf (um geschlossene zeitartige Linien zu vermeiden). Die Reissner-Metrik mit $e^2 < M^2$ hat daher nicht nur zwei Ebenenpaare im Unendlichen (wie die *SSM*), sondern unendlich viele. Ferner kann man sich im Gebiet $r < r_1$ (also innerhalb des Ereignishorizontes) beliebig lange aufhalten, ohne notwendig die Singularität $r = 0$ zu treffen. Man geht dabei dauernd in neue Kruskal-Ebenen über und kann sogar wieder in ein Gebiet $r > r_1$ zurückkehren, allerdings nicht in das ursprüngliche. Diese kurz gehaltenen Anhaltspunkte sollen den Leser vor allem zur Lektüre von Originalarbeiten[1] anregen.

8.5 Gravitationskollaps

Im ersten Abschnitt dieses Kapitels haben wir gesehen, daß ein Stern, dessen thermonukleare Energie verbraucht ist, durch den Druck entarteter Elektronen bzw. Neutronen aufrecht erhalten wird. Dies ist allerdings nur für Sterne mit weniger als (etwa) zwei Sonnenmassen möglich. Wenn schwerere Sterne ihren Kernbrennstoff verbraucht haben und Druck und Temperatur im Sterninneren nachlassen, müssen sie daher entweder einen Teil ihrer Masse abstoßen und so auf $\mathfrak{M} < 2\,\mathfrak{M}_\odot$ kommen, oder sie erleiden einen Gravitationskollaps, der ein „schwarzes Loch" als Endzustand hat. Mit diesem Gravitationskollaps wollen wir uns hier beschäftigen, wobei wir uns vorerst der Einfachheit halber auf exakt kugelsymmetrische Situationen beschränken.

Um die physikalischen Vorgänge beim Kollaps richtig einschätzen zu können, berechnen wir zunächst die Dichte eines Sternes, dessen Radius R gleich seinem Schwarzschild-Radius $2M$ ist:

$$(8.101) \qquad 2M = \frac{2G\mathfrak{M}}{c^2} = R = \left(\frac{3\,\mathfrak{M}}{4\pi\rho} \right)^{1/3}$$

oder

$$(8.102) \qquad \rho = \frac{3c^6}{32\pi G^3 \mathfrak{M}^2} = 2 \cdot 10^{16} \ \text{g/cm}^3 \left(\frac{\mathfrak{M}_\odot}{\mathfrak{M}} \right)^2.$$

---

[1] J.C. Graves, D.R. Brill, Phys.Rev. **120**, 1507 (1960); B. Carter, Phys.Letters **21**, 423 (1966).

Für Sterne von einigen Sonnenmassen ergeben sich beim Kollaps sehr komplizierte Verhältnisse. In der kritischen Phase des Kollapses, wenn nämlich der Sternradius nur mehr wenig größer als der Schwarzschild-Radius ist, erreichen diese Sterne die Dichte von Kernmaterie, wodurch große, nicht-gravitative Kräfte entstehen und komplizierte hydrodynamische Vorgänge einsetzen.

Ganz einfache Verhältnisse liegen dagegen vor, wenn eine Masse von der Größenordnung einer Galaxis kollabiert. Aus (8.102) ergibt sich, daß die kritische Dichte dann etwa die von Luft ist ($\rho \approx 10^{-3}$ g/cm^3). Nicht-gravitative Kräfte können demnach vernachlässigt und der Kollaps des Gebildes[1] durch einen freien Fall angenähert werden. Dies entspricht der Näherung, daß wir in der Zustandsgleichung den Druck $p = 0$ setzen, die Materie also als inkohärenten Staub betrachten. Wegen des Fehlens nichtgravitativer Kräfte folgt dann jedes Staubteilchen einer Geodätischen, so daß sich ein einfaches Modell des Kollapses ergibt, das im folgenden analysiert werden soll.

Zur Zeit $t = 0$ sei eine momentan statische Massenkonfiguration mit $X \ll 1$ ($R \gg 2M$) gegeben, die dann im Lauf der Zeit frei fallend kollabiert. Realistisch gesehen, werden bei diesem Kollaps Strahlungseffekte (Emission elektromagnetischer Strahlung bzw. von Neutrinos) auftreten, die aber in dem hier betrachteten Modell zu vernachlässigen sind. Die Masse $\mathfrak{M}$ bleibt daher von außen gesehen konstant, so daß die Außenraummetrik durch die Kruskal-Metrik gegeben ist. Die Sternoberfläche (die zugleich die Grenze der Gültigkeit der Außenraummetrik bildet) ist in der Kruskal-Metrik durch eine Geodätische zu repräsentieren, die zur Zeit $t = 0$ ($v = 0$) vom ursprünglichen Radius R (entsprechend $U = \sqrt{R/2M - 1}\, \exp(R/4M)$) ausgeht und dann frei fallend zu $r = 0$ kollabiert.

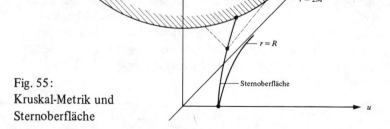

Fig. 55:
Kruskal-Metrik und
Sternoberfläche

---

[1]Im folgenden wieder „Stern" genannt.

Fig. 55 ist eigentlich alles, was über den sphärisch-symmetrischen Kollaps wichtig ist, bereits zu entnehmen. Das Teilchen, das die Sternoberfläche repräsentiert, geht nach endlicher Eigenzeit (siehe (8.88)) durch den Schwarzschild-Radius $r = 2M$ hindurch und erreicht zur Eigenzeit

$$(8.103) \qquad s = \pi (R^3/8M)^{1/2}$$

den Punkt $r = 0$. Vom mitfallenden Beobachter auf der Sternoberfläche gesehen, dauert der Kollaps daher nur endliche Zeit bis zur Erreichung der Singularität.

Ganz anders erscheint die Situation, wenn man sie durch die Schwarzschild-Zeitkoordinate t beschreibt. Der Durchgang durch den Schwarzschild-Radius erfolgt hier für $t = \infty$. Einen Beobachter im Außenraum, der sich an einem konstanten Wert von r, etwa $r = R$, aufhält, erreicht ein Signal, das von der Sternoberfläche im Augenblick des Durchgangs durch den Schwarzschild-Radius ausgeht, erst in $t = \infty$. Da t (bis auf einen konstanten Faktor) für diesen Beobachter die Zeitkoordinate darstellt, dauert der Kollaps bis zum Schwarzschild-Radius also für den Außenraumbeobachter unendlich lange Zeit.

Für den Außenraumbeobachter tritt daher nie der Fall ein, daß nur ein „*schwarzes Loch*", also eine Singularität, zurückbleibt, der kollabierende Stern sendet vielmehr zu allen Zeiten Licht aus. Allerdings ist dieses Licht zunehmend rotverschoben, wobei für radial emittierte Lichtstrahlen die Rotverschiebung exponentiell mit der Zeit zunimmt:

$$(8.104) \qquad z = \frac{\Delta\lambda}{\lambda} = e^{t/4M}.$$

Auch die Leuchtkraft des Sternes nimmt rapid ab, wobei sowohl die zunehmende Rotverschiebung als auch die Tatsache wichtig ist, daß in gleichen Eigenzeitintervallen von der Sternoberfläche abgehende Photonen in immer größeren Zeitintervallen beim entfernten Beobachter ankommen. Die Berechnung der Leuchtkraftabnahme erfordert auch die Berücksichtigung nichtradialer Photonen und wurde von Ames und Thorne[1] durchgeführt. Das Resultat ist

$$(8.105) \qquad L \propto \exp\left(-\frac{t}{3\sqrt{3}\,M}\right).$$

---

[1] W.L. Ames, K. Thorne, Astrophys.J. **151**, 659 (1968).

Der Stern erlischt nach außenhin sehr schnell, wobei die charakteristische Zeit durch

(8.106) $t \sim 3 \sqrt{3} \, M \sim 2,5 \cdot 10^{-5} \mathrm{s} \left(\dfrac{M}{M_\odot} \right)$

gegeben ist. Daher ist der Ausdruck „Schwarze Löcher" für kollabierende Sterne gerechtfertigt, wenngleich diese Objekte nie wirklich völlig schwarz werden.

Interessant ist, daß in diesen Spätphasen des Kollapses die auf p. 110 erwähnte instabile Kreisbahn von Bedeutung ist, die für Photonen in der *SSM* bei $r = 3M$ existiert. Eine Anzahl von Photonen wird nämlich dort zunächst gespeichert, so daß sich eine Photonenwolke bildet, deren Auflösung für die Luminosität des Sternes in der Spätphase verantwortlich ist.

Der Abb. 55 können wir aber noch eine andere wichtige Tatsache entnehmen: Wenn das Teilchen, das in der Figur die Sternoberfläche repräsentiert, den Schwarzschild-Radius $r = 2M$ durchquert hat, können beliebige Druckeffekte den Kollaps zur Singularität nicht mehr aufhalten. Denn der Lichtkegel, der etwa von Punkt B der Abbildung ausgeht, erreicht beiderseits die Singularität $r = 0$. Druckeffekte können aber die Weltlinien nur innerhalb des Lichtkegels verändern, so daß der Kollaps zu $r = 0$ unausweichlich erscheint. Beliebige Kräfte, mögen sie noch so stark sein, können damit den Kollaps nur verhindern, wenn sie *vor* dem Erreichen von $r = 2M$ wirksam werden. Es ist dies die wichtigste Aussage der Theorie des Gravitationskollapses; sie erscheint in ihrer Unausweichlichkeit und Strenge unakzeptabel, da ein Kollaps bis zu einem „Punkt" kaum vorstellbar ist. Allerdings gilt das hier hergeleitete Resultat zunächst nur im Fall perfekter Kugelsymmetrie.

Wir haben bisher bei der Diskussion des Gravitationskollapses nur die Außenraummetrik betrachtet, die nun durch Hinzufügung einer Innenraummetrik zu ergänzen ist. Dabei müssen wir wieder von einem möglichst einfachen Modell ausgehen, um zu analytischen Lösungen zu gelangen. Das einfachste Modell, das bereits in der klassischen Untersuchung von Oppenheimer und Snyder verwendet wurde, geht von einem Stern konstanter Dichte ρ_0 aus. Für negative Zeiten $t < 0$ sei eine der in Fig. 52 (volle *SSM*) gezeigten inkompressiblen Massenverteilungen mit Dichte ρ_0 gegeben, so daß die räumliche Metrik im Innenraum ein Raum konstanter Krümmung, diejenige im Außenraum die *SSM* ist. In $t = 0$ soll sich die Zustandsgleichung plötzlich verändern (dies ist unser Modell des

Erlöschens der Kernreaktionen), und aus inkompressibler Materie soll schlagartig inkohärenter Staub mit der Zustandsgleichung $p = 0$ werden. Als Anfangsbedingung liegt daher für $t = 0$ ein Innenraumlösung vor, die einem momentan statischen, konstant (positiv) gekrümmten Raum entspricht, der mit Materie konstanter Dichte ρ_0, aber verschwindenden Druckes erfüllt ist. Dies ist aber genau diejenige Bedingung, die das geschlossene Friedmann-Universum (siehe p. 160, 173) im Moment seiner maximalen Ausdehnung erfüllt[1]. Auch dort ist der dreidimensionale Raum von konstanter Krümmung, momentan statisch und von inkohärenter Materie konstanter Dichte erfüllt. Allerdings entspricht die in der Theorie des Gravitationskollapses verwendete Innenraumlösung nur einem Sektor $\alpha \leqslant \beta$ des Friedmann-Universums, wie Fig. 51 zeigt, der glatt an eine äußere Schwarzschild-Metrik angeschlossen werden muß.

Da die Anfangsbedingungen übereinstimmen, muß auch der weitere zeitliche Verlauf des Gravitationskollapses der gleiche sein wie beim Kollaps eines Universums in der Kosmologie, wobei allerdings der Stückelung von Friedmann- und Schwarzschild-Lösung einige Aufmerksamkeit zu schenken sein wird.

Fassen wir zunächst die wichtigsten Formeln (5.95, 115, 116) über das geschlossene Friedmann-Universum zusammen, wobei wir uns auf den radialen Teil des räumlichen Linienelementes beschränken:

$$(8.107) \qquad \mathrm{d}s^2 = a^2(\tau)\,(\mathrm{d}\tau^2 - \mathrm{d}\alpha^2),$$

$$a(\tau) = \frac{\mathfrak{A}}{2}\,(1 - \cos\tau), \quad 0 \leqslant \tau \leqslant 2\pi,$$
$$(8.108)$$
$$t = \frac{\mathfrak{A}}{2}\,(\tau - \sin\tau - \pi).$$

Die Eigenschaften von (8.107) wurden bereits in Abschnitt 5.9 diskutiert und gehen am klarsten aus Fig. 35 (p. 172) hervor. Die größte Ausdehnung des Universums — und damit der Augenblick der Zeitsymmetrie — wird für $\tau = \pi$ erreicht, also zur Zeit $t = 0$[2]. Die Konstante $\mathfrak{A}$, die die maximale Ausdehnung des Universums angibt, hängt dabei mit der Dichte ρ_0 im Augenblick der Zeitsymmetrie durch

---

[1] Andere Anfangsbedingungen erfordern die anderen Friedmann-Universen. Das flache Friedmann-Universum etwa wird in der Originalarbeit von Oppenheimer und Snyder verwendet: Phys.Rev. **56**, 455 (1939).

[2] In (8.108) wurde eine Verschiebung des Zeitursprungs vorgenommen, um den Beginn der kollabierenden Phase auf $t = 0$ zu legen.

(8.109) $\mathfrak{A} = (3/8\pi G\rho_0)^{1/2}$

zusammen. Für den Gravitationskollaps ist das Linienelement (8.107) auf den Bereich $0 \leqslant \alpha \leqslant \beta$ einzuschränken, da das Friedmann-Universum bei der Geodätischen $\alpha = \beta = $ const, $\pi \leqslant \tau \leqslant 2\pi$ abzuschneiden ist, die den freien Fall (Kollaps) der Sternoberfläche angibt.

Die Lösung der Einstein-Gleichungen im Außenraum des kollabierenden Sternes ist durch die Kruskal-Metrik gegeben, die Fig. 55 zeigt. Sie ist ebenfalls an der Sternoberfläche abzuschneiden, so daß sich Fig. 56 ergibt.

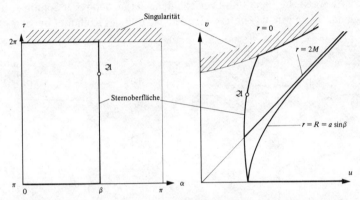

Fig. 56: Innenraum und Außenraum beim Gravitationskollaps
(Friedmann-Universum und Kruskal-Metrik)

Die Identifikation von Punkten (in der Abbildung als Beispiel A) erfolgt dabei dadurch, daß auf der Geodätischen, die die Sternoberfläche darstellt, in beiden Diagrammen die gleiche Eigenzeit vergangen sein muß. Setzen wir in (8.89) $R = \mathfrak{A} \sin \beta$, $2M = 8\pi G\rho_0 R^3/3 = R^3/\mathfrak{A}^2$, so folgt

(8.110) $r = \dfrac{\mathfrak{A}}{2}(1 - \cos \tau) \sin \beta = a(\tau) \sin \beta$, $s = \dfrac{\mathfrak{A}}{2}(\tau - \sin \tau - \pi)$.

Da im Friedmann-Universum t die Eigenzeit ist, zeigt ein Vergleich von (8.110) mit (8.108), daß Punkte mit gleichen Werten von τ auf den beiden Diagrammen zu identifizieren sind[1]. Aus beiden Formeln ergibt sich übereinstimmend, daß vom Einsetzen des Kollapses bis zur Erreichung der Singularität ($r = 0$) die Eigenzeit

---

[1] Allerdings ist der Wert von τ dem Kruskal-Diagramm nicht direkt geometrisch zu entnehmen, sondern nur auf dem Umweg über (8.110).

(8.111) $S = \dfrac{\mathfrak{A}\pi}{2} = \dfrac{\pi}{2}\,(3/8\pi G\rho_0)^{1/2} = 2{,}1 \cdot 10^3\,\mathrm{s}\,\left(\dfrac{\rho_0}{\mathrm{g/cm}^3}\right)^{-1/2}$

für einen auf der Sternoberfläche mitfallenden Beobachter vergeht. Die so definierte Dauer des Kollapses hängt damit nur von der anfänglichen Dichte und nicht von der Größe des Sternes oder sonstigen Parametern ab. Für einen Stern von etwa der Dichte der Sonne ($\rho_0 \sim 1\ \mathrm{g\ cm}^{-3}$) ergibt sich eine Kollapszeit von rund einer Stunde.

Die Raum-Zeit-Geometrie in der Umgebung des kollabierenden Sternes kann durch verschiedene raumartige Schnitte zerlegt und anschaulich gemacht werden. In Fig. 57 sind verschiedene Serien derartiger Schnitte angegeben. Sie zeigen, wie unterschiedlich das Bild des Kollapses bei den

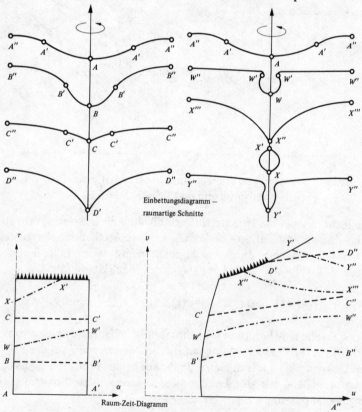

Fig. 57: Veranschaulichung der Raum-Zeit-Geometrie durch verschiedene raumartige Schnitte.

(durchaus gleichberechtigten) Schnittserien wird. Die Zerlegung der vollen Raum-Zeit-Geometrie durch raumartige Schnitte ist daher beim Gravitationskollaps nicht geeignet, ein klares Bild der Vorgänge zu geben. Die zeitabhängigen Vorgänge beim Kollaps können nur durch Raum-Zeit-Diagramme (Fig. 56) einigermaßen anschaulich dargestellt werden.

Abschließend wäre noch zu zeigen, daß die Stückelung von Friedmann-Universum und Kruskal-Metrik wirklich alle Anschlußbedingungen an der Sternoberfläche korrekt erfüllt. Da die Durchführung dieser ziemlich mühsamen Aufgabe keine neuen physikalischen Erkenntnisse bringt, wollen wir sie hier unterlassen und den interessierten Leser auf die Originalliteratur[1] verweisen.

8.6 Der Kollaps rotierender Sterne: Die Kerr-Metrik

Während wir beim Kollaps eines nichtrotierenden, kugelförmigen Sternes ein exakt lösbares Modell angeben und durchrechnen konnten, werden wir uns beim nichtsymmetrischen Kollaps auf eine Diskussion der wichtigsten Resultate beschränken müssen.

a) Die Kerr-Metrik

Im Jahre 1963 gab Kerr[2] eine exakte Lösung der Einsteinschen Feldgleichungen an, die die Metrik in der Umgebung einer rotierenden Masse beschreibt:

$$ds^2 = dt^2 - (r^2 + a^2)\sin^2\theta\,d\phi^2 - \frac{2Mr}{\rho^2}(dt + a\sin^2\theta\,d\phi)^2 -$$

$$(8.112) \qquad -\rho^2\left(d\theta^2 + \frac{dr^2}{r^2 - 2Mr + a^2}\right)$$

$$(\rho^2 := r^2 + a^2\cos^2\theta).$$

Durch Vergleich mit (4.65), p. 122, zeigt man leicht, daß die Kerr-Metrik für kleine a dem Feld einer langsam rotierenden Masse mit Drehimpuls

---

[1] Oppenheimer, Snyder, Phys.Rev. **56**, 455 (1939), oder Hoyle, Fowler, Burbidge and Burbidge, Ch. 3 in Robinson, Schild & Schücking (1965).

[2] R.P. Kerr, Phys.Rev.Lett. **11**, 237 (1963). Siehe auch B. Carter, Phys.Rev. **174**, 1559 (1968) wegen der hier verwendeten Koordinaten und einer Bestimmung der Teilchenbahnen und Kruskal-artiger Erweiterungen.

(8.113) $J_z = - \mathfrak{M}a$

entspricht. Wie bei der Schwarzschild-Metrik kann auch hier durch die
Substitution $M \to M - \dfrac{e^2}{2r}$ die Geometrie in der Umgebung einer gela-
denen rotierenden Masse erhalten werden (Kerr-Newman-Lösung)[1].
Mit Hilfe der Formen

(8.114a) $\omega^0 = \left| 1 - \dfrac{2Mr}{\rho^2} \right|^{1/2} \left(dt - \dfrac{2Ma \sin^2\theta}{\rho^2 - 2Mr} r d\phi \right)$

(8.114b) $\omega^1 = \rho \left| r^2 - 2Mr + a^2 \right|^{-1/2} dr,$

(8.114c) $\omega^2 = \rho \, d\theta,$

(8.114d) $\omega^3 = \left| \dfrac{r^2 - 2Mr + a^2}{\rho^2 - 2Mr} \right|^{1/2} \rho \sin\theta \, d\phi$

kann (8.112) als

(8.115) $ds^2 = \sum_i \pm \, \omega^i \otimes \omega^i$

geschrieben werden. Für $a > M$ sind alle in (8.114) zwischen Absolutstri-
chen stehenden Ausdrücke im ganzen Bereich $r > 0$ positiv, und es gilt
$ds^2 = \eta_{ik} \omega^i \otimes \omega^k$; die durch (8.112) gegebene Metrik ist also bis zu der
in $\theta = \pi/2, r = 0$ befindlichen echten Singularität hin regulär, wobei r
eine raumartige Koordinate ist („nackte Singularität"). Für $a < M$ ist diese Singularität dagegen von einem Ereignishorizont umgeben, so daß sie
vom Außenraum her nicht untersucht werden kann. In diesem Fall entspricht (8.112) einem *schwarzen Loch*, analog zur Situation im Schwarz-
schildfall. Es sind dann folgende Bereiche der Raum-Zeit zu unterscheiden[2].

---

[1] E.T. Newman, E. Couch, R. Chinnapared, A. Exton, A. Prakash, R. Torrence,
J.Math.Phys. **6**, 918 (1965).

[2] Obwohl für die Koordinaten r, t, θ, ϕ und die Formen ω^i in diesen Bereichen aus
Bequemlichkeitsgründen dieselben Buchstaben verwendet wurden, handelt es sich
jeweils wenigstens zum Teil um unterschiedliche Koordinaten und Formen, die am
Rand des Bereichs singulär werden. Nur das Linienelement sieht äußerlich gleich
aus, (8.112), und zeigt dafür die entsprechenden Koordinatensingularitäten.

(8.116)

Bereich I: $r > r_+ = M + \sqrt{M^2 - a^2 \cos^2\theta}$,

$$ds^2 = (\omega^0)^2 - (\omega^1)^2 - (\omega^2)^2 - (\omega^3)^2.$$

In dieser Region ist t wie üblich zeitartig, r, θ, ϕ raumartig. Dieser Bereich läßt sich (analog zum Bereich $r > 2M$ der *SSM*) durch Aufbau eines statischen Gerüstes erforschen.

$r = r_+$ ist eine *Fläche unendlicher Rotverschiebung*, d.h., Lichtstrahlen, die von Quellen mit $r = r_+$, $\theta = $ const, $\phi = $ const ausgehen, werden im Unendlichen völlig rotverschoben ($\lambda = \infty$) empfangen.

(8.117)

Bereich II („Ergosphäre"): $r_+ > r > r_1 = M + \sqrt{M^2 - a^2}$,

$$ds^2 = (\omega^3)^2 - (\omega^0)^2 - (\omega^1)^2 - (\omega^2)^2.$$

In diesem Bereich ist ω^0 raumartig, ω^3 zeitartig, so daß ϕ die Rolle der Zeitkoordinate übernimmt. Für Teilchen, die sich in der Ergosphäre bewegen, muß wegen $ds^2 > 0$ stets $d\phi \neq 0$ sein. Teilchen in der Ergosphäre können also nicht in einer Meridianebene verweilen, sondern müssen um die Drehachse des schwarzen Lochs Rotationsbewegungen ausführen. Da ω^1 raumartig ist, können sich Teilchen sowohl in Richtung zunehmender wie abnehmender r-Werte bewegen, insbesondere die Ergosphäre wieder verlassen und in den Bereich I zurückkehren. – Im

(8.118)

Bereich III: $r_1 > r > r_2 = M - \sqrt{M^2 - a^2}$,

$$ds^2 = (\omega^1)^2 - (\omega^2)^2 - (\omega^3)^2 - (\omega^0)^2$$

sind ω^0, ω^2, ω^3 raumartig und ω^1 zeitartig, so daß hier – genau wie im Bereich $r < 2M$ der *SSM* – Teilchen nicht bei konstanten Werten von r verweilen können, sondern notwendig nach innen fallen müssen. Die Fläche $r = r_1$ ist daher ein Ereignishorizont, durch den Information nur nach innen, aber nicht nach außen fließen kann. Wir wollen daher die weiteren Bereiche $r \leqslant r_2$ nicht mehr betrachten. Die Bereiche I, II und III sind in Fig. 58 gezeigt.

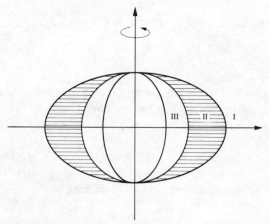

Fig. 58: Die Ergosphäre der Kerr-Metrik

b) Schwarze Löcher

Ein „schwarzes Loch" ist dadurch charakterisiert, daß sich ein Ereignishorizont besonderer Art entwickelt hat, nämlich eine geschlossene raumartige zweidimensionale Fläche (mit der Topologie einer Kugel), aus der
Licht und Teilchen aus Kausalitätsgründen nicht entweichen können. Ist
dieses Kollapsstadium erreicht, so bestimmt das folgende Theorem — das
allerdings noch nicht in voller Strenge bewiesen ist — den weiteren Verlauf des Kollapses, soweit er von außen gesehen werden kann:

> Die Metrik in der Umgebung eines schwarzen Loches, das
> einen stationären Zustand erreicht hat, ist durch die
> Newman-Kerr-Lösung gegeben.

Das allgemeinste schwarze Loch enthält daher nur drei Parameter, Masse,
Drehimpuls und elektrische Ladung. Alle anderen Eigenschaften der ursprünglichen Massenverteilung, wie gravische, elektrische oder magnetische
Multipolmomente werden während des Gravitationskollapses abgestrahlt.
Eine detaillierte Diskussion dieser Resultate ist in einem Überblicksartikel
von Penrose bzw. in dem ausführlichen Bericht von Ruffini und Wheeler[1]
enthalten.

---

[1] R. Penrose, Nat. **236**, 277 (1972); R. Ruffini und J.A. Wheeler, Relativistic Cosmology and Spaceplatforms in „The Significance of Space Research for Fundamen-
tal Physics", ESRO SP. 52 (1970).

c) Die Bewegung von Teilchen in der Kerr-Metrik

R. Penrose[1] hat 1969 eine interessante Eigenschaft der Ergosphäre der Kerr-Metrik entdeckt: Wenn ein Teilchen mit Energie E in die Ergosphäre eintritt und dort einen Zerfall erleidet, wobei ein Zerfallsprodukt in die Region III eintritt, während das andere nach außen in Region I entweicht, so kann dieses entweichende Teilchen eine Energie $E_I > E$ haben. Die Ergosphäre kann daher als Mechanismus zur Beschleunigung von Teilchen dienen. Die dazu notwendige Energie wird der Rotationsenergie des schwarzen Loches entnommen.

Andererseits kann aber ein schwarzes Loch auch Teilchen einfangen und dabei seine Rotationsenergie erhöhen. Man kann zeigen, daß diese Steigerung der Rotationsenergie zur „extremen Kerr-Metrik" mit $a = M$ führen kann. Eine weitere Steigerung des Drehimpulses, die aus dem schwarzen Loch eine nackte Singularität machen würde, ist auf diesem Weg nicht möglich[2].

Eine interessante Eigenschaft der Kerr-Metrik ist ferner, daß in ihr stabile Kreisbahnen mit sehr großer Bindungsenergie möglich sind. Während im Fall der Schwarzschild-Metrik die Bindungsenergie auf einer stabilen Kreisbahn ca. 5,5% erreicht, ist in der *extremen Kerr-Metrik* $(a = M)$ eine Bindungsenergie von 42% der Ruhmasse für ein Teilchen möglich, das auf einer äquatorialen Bahn entgegen dem Drehsinn der Kerr-Metrik rotiert (siehe Aufgabe 1). Diese große Bindungsenergie, die gegebenenfalls in Form von Gravitationswellen ausgesendet werden könnte, kann zur Deutung der Weberschen Experimente herangezogen werden.

Auch die Möglichkeit der Existenz nackter Singularitäten $(a > M)$ ist theoretisch nicht auszuschließen. Die Bedingungen ihres Entstehens bzw. ihre Eigenschaften sind jedoch noch kaum erforscht.

d) Die Suche nach schwarzen Löchern

In den letzten Jahren wurden zahlreiche Versuche unternommen, astrophysikalische Evidenz für schwarze Löche zu finden. Dabei wurden drei Methoden zur Entdeckung schwarzer Löcher vorgeschlagen:

---

[1] R. Penrose, Rivista Nuovo Cim., Serie I, 1, Num. Spec. 252 (1969). R. Penrose, M. Floyd Nature **229**, 177 (1971).

[2] Ruffini und Wheeler, loc.cit.

a) Einzelne schwarze Löcher im interstellaren Medium senden elektromagnetische Strahlung aus, wenn das umgebende Gas in das Loch hineinfällt und sich dabei aufheizt.

b) Wenn ein schwarzes Loch Teil eines Doppelsternsystems ist, dann zeigt der Hauptstern eine scheinbar unbegründete periodische Dopplerverschiebung, die auf einen unsichtbaren Begleiter schließen läßt. Falls aus der Dynamik des Doppelsternsystems auf eine Masse $M > 3M_\odot$ des Begleiters geschlossen werden muß, so kann es sich bei diesem Begleiter nicht um einen Weißen Zwerg oder Neutronenstern handeln.

c) Ist das schwarze Loch Teil eines engen Doppelsternsystems (bei dem der Abstand der beiden Sterne mit dem Radius des Hauptsterns vergleichbar ist), so strömt Materie vom Stern auf das schwarze Loch über. Diese Materie heizt sich dabei so stark auf, daß Röntgenstrahlen emittiert werden.

Während die ersten beiden der erwähnten Methoden bisher noch nicht zum Erfolg geführt haben, wurden Röntgenquellen mit den gesuchten Eigenschaften 1972 entdeckt, und im Laufe des Jahres 1973 wurde es immer wahrscheinlicher, daß mit *Cygnus XI* tatsächlich das erste schwarze Loch mit einer Masse von $\mathfrak{M} \approx 14\mathfrak{M}_\odot$ entdeckt war.

Bevor wir auf Details dieser Entdeckung eingehen, soll kurz die Begründung für das Versagen der ersten der erwähnten beiden Methoden gegeben werden. Die detaillierte Analyse der von einem einzelnen schwarzen Loch zu erwartenden Strahlung zeigt nämlich, daß Intensität und Spektralcharakteristik derjenigen eines weißen Zwergsterns (genauer eines DC-Zwerges) so stark ähneln, daß eine Unterscheidung wahrscheinlich nicht möglich ist. Es könnte aber sein, daß es sich bei einigen bisher als weiße Zwerge klassifizierten Objekten tatsächlich um schwarze Löcher handelt.

Auch die Versuche, unsichtbare, aber schwere Partner von Doppelsternsystemen zu finden, haben trotz umfangreicher Listen[1] möglicher Kandidaten noch nicht zum Erfolg geführt. Als Beispiel für die Gründe der hier auftretenden Uneindeutigkeiten mag das beststudierte System dieser Art, ϵ Aurigae, dienen. ϵ Aurigae ist ein Doppelsternsystem, das periodische Verfinsterungen zeigt, wobei aber der zweite Stern des Systems optisch

---

[1]Eine Liste wurde von V. Trimble, K.S. Thorne, Astrophys.J. **156**, 1013 (1969) zusammengestellt. Siehe auch G.W. Gibbons, S.W. Hawking, Nature **232**, 465 (1971), R. Gott, Nature **234**, 342 (1971), A.G.W. Cameron, Nature **234**, (1971); A.M. Wolfe, G.R. Burbidge, Astrophys.J. **161**, 419 (1970), D. Lynden-Bell, Nature **223**, 690 (1969), A.A. Wyller, Astrophys.J. **160**, 443 (1970).

nicht entdeckt werden kann. Aus der Dynamik des Systems (also aus Periodendauer und der Dopplergeschwindigkeit des sichtbaren Partners) schließt man auf eine Masse von $\mathfrak{M} \approx 25\mathfrak{M}_\odot$ des Primärsterns, während für den Sekundärstern, also das mögliche schwarze Loch, $\mathfrak{M} \approx 18\mathfrak{M}_\odot$ resultiert. Ein derartiger Massenunterschied könnte aber zu so großen Helligkeitsunterschieden führen, daß der Primärstern seinen Partner völlig überstrahlt. Bei dem unsichtbaren Stern muß es sich daher nicht unbedingt um ein schwarzes Loch handeln. Ähnliche Probleme sind auch bei den anderen Doppelsternsystemen dieser Art aufgetreten.

Während die klassischen Methoden keine eindeutigen Aussagen über die Existenz schwarzer Löcher lieferten, hat sich die Röntgenastronomie als überraschend erfolgreich erwiesen. Vor allem der Röntgensatellit Uhuru, der 1972 von Kenia gestartet wurde, hat eine Fülle von Röntgenquellen entdeckt, deren periodisches Verhalten sie zum Teil als Partner von Doppelsternsystemen identifizieren ließ. Mit der steigenden Präzision der Positionsmessungen wurde es auch erstmals möglich, die optischen Partner dieser Sternsysteme zu identifizieren und so die notwendigen dynamischen Daten zu gewinnen, die eine Massenbestimmung ermöglichen.

Fig: 59 zeigt die Röntgensignale, die von den zwei beststudierten Quellen, Cygnus X1 und Hercules X1, ausgehen. Während die Quelle in Cygnus keinerlei Periodizität erkennen läßt und ein unregelmäßig fluktuierendes Röntgensignal aussendet, ist die Hercules-Quelle periodisch mit einer Periode $\tau = 1{,}23$ s. Diese Periode ist aber gerade für Pulsare charakteristisch. Tatsächlich führt die Massenbestimmung auf $\mathfrak{M} = (0{,}9 \pm 0{,}4)\mathfrak{M}_\odot$ für den nur im Röntgenbereich sichtbaren Partner dieses Systems. Periodizität der Strahlung und Masse weisen somit eindeutig auf einen Neutronenstern hin. Hercules X1 ist damit der erste Neutronenstern, für den eine Massenbestimmung möglich ist.

Im Falle von Cygnus X1 läßt sich die rasche Fluktuation und auch die Spektralverteilung der Strahlung sehr gut durch Materie erklären, die in ein schwarzes Loch hineinfällt und dabei bis auf Millionen Grade aufgeheizt wird. Auch hier läßt sich aus der Dynamik des Systems die Masse der Röntgenquelle ermitteln, wobei als Untergrenze $\mathfrak{M} = 6\mathfrak{M}_\odot$ und als wahrscheinlichster Wert $\mathfrak{M} = 14\mathfrak{M}_\odot$ für Cygnus X1 folgt. Sowohl die Masse, als auch die Spektralcharakteristik weisen daher bei *Cygnus X1 auf ein schwarzes Loch hin.*

Somit ist es sehr wahrscheinlich, daß auch diese Vorhersage der allgemeinen Relativitätstheorie ihre experimentelle Bestätigung gefunden hat.

Für weitere Details bezüglich Theorie und Entdeckung schwarzer Löcher sei
der Leser vor allem auf de Witt & de Witt (1973) verwiesen.

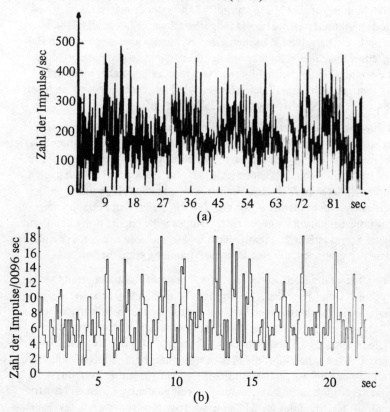

Fig. 59: Röntgensignale von (a) Cygnus X-1 und (b) Hercules X-1.

Aufgaben

1. Zeige, daß die Fläche $t = $ const, $r = r_+$ eine Fläche unendlicher Rotverschiebung ist. Auf ihr wird der im Bereich I zeitartige Killing-Vektor
∂_t lichtartig: $\partial_t^2 = g_{tt} \to 0$ für $r \to r_+ + 0$. Zeige, daß aber diese Fläche
nicht lichtartig ist, d.h. den Lichtkegel jedes ihrer Punkte schneidet
und somit keinen Ereignishorizont darstellt.

2. Zeige, daß die Fläche $t = \text{const}, r = r_1$ ein Ereignishorizont für alle außerhalb befindlichen Beobachter ist, also eine Nullfläche (d.h., sie berührt den Lichtkegel jedes ihrer Punkte).

3. Berechne das effektive Potential für Bahnen in der Äquatorebene ($\theta = \pi/2$) der Kerr-Metrik (vgl. (4.34), p. 108).
Resultat:

$$(8.119) \qquad r^2 + V(r) = F^2 - K,$$

wobei

$$(8.120) \qquad V(r) = -\frac{2MK}{r} + \frac{l^2 + a^2(K - F^2)}{r^2} - \frac{2M}{r^3}(l + Fa)^2.$$

Das Potential unterscheidet sich daher nur in den Konstanten von demjenigen in der Schwarzschild-Metrik.

4. Berechne den Radius und die Bindungsenergie der innersten stabilen Kreisbahn in der Kerr-Metrik als Funktion von a.
Anleitung: Das Potential (8.120) hat für $K = 1$ in

$$(8.121) \qquad r = \frac{1}{2M}\left\{ l^2 + a^2(1 - F^2) \pm \right.$$

$$\left. \pm \sqrt{[l^2 + a^2(1 - F^2)]^2 - 12M^2(l + aF)^2} \right\}$$

ein Minimum bzw. Maximum (siehe Fig. 14, p.109). Die innerste stabile Kreisbahn ergibt sich, wenn Minimum und Maximum zu einem Wendepunkt zusammenfallen, so daß die Wurzel in (8.121) verschwindet. Elimination von l, F mittels (8.119) (wo $\dot{r} = 0$) und (8.121) führt dann auf

$$(8.122) \qquad r^4 - 12Mr^3 + 6r^2(6M^2 - a^2) - 28a^2Mr + 9a^4 = 0,$$

was zwar nicht nach r, aber nach a aufgelöst werden kann:

$$(8.123) \qquad \left(\frac{a}{M}\right)^2 = \frac{1}{9}\frac{r}{M}\left[14 + 3\frac{r}{M} - 8\sqrt{3\frac{r}{M} - 2}\right].$$

Die Gesamtenergie eines Teilchens (Masse m), das sich auf der Kreisbahn bewegt, folgt aus der Rechnung zu

$$(8.124) \qquad E = mF = m\sqrt{1 - \frac{2M}{3r}}.$$

Zeige, daß die Bahnen mit $M \leqslant r \leqslant 6M$ für Teilchen, die entgegen dem Drehsinn der Kerr-Metrik rotieren, möglich sind, diejenigen mit $6M \leqslant r \leqslant 9M$ für mitrotierende Teilchen.

9. FELDER IM RIEMANNSCHEN RAUM

In den bisherigen Ausführungen haben wir Materie nur klassisch-makroskopisch behandelt (als Punktteilchen, ideale Flüssigkeit oder staubartige Materie). Die Quantenfeldtheorie beschreibt aber Materie mikroskopisch durch quantisierte, wechselwirkende Felder (Skalar-, Vektor-, Spinorfeld etc.). In diesem Kapitel soll untersucht werden, wie sich diese feldtheoretische Beschreibung der Materie im Riemannschen Raum durchführen läßt und welche Probleme sich dabei ergeben:

Am schwierigsten ist die Frage zu lösen, wie eine quantisierte Quelle T_{ik} mit den Einsteinschen Feldgleichungen $G_{ik} = -\kappa\, T_{ik}$ in Einklang zu bringen ist. Wenn man die Feldgleichungen nicht auf willkürliche Art abändern will − etwa indem man rechts den Erwartungswert einsetzt −, muß man auch R_{ik} und damit die Raum-Zeit quantisieren. Da darüber bereits zahllose Spekulationen angestellt wurden[1], ohne daß ermutigende Resultate erzielt wurden, wollen wir im folgenden alle Felder und die Raum-Zeit zunächst als klassisch betrachten.

Weitere Probleme bieten Teilchen mit halbzahligem Spin. Tensorfelder haben wir in Kapitel 2 durch ihr Verhalten gegenüber Koordinatentransformationen charakterisiert; die Gruppe der Koordinatentransformationen hat aber keine Spinordarstellungen[2]. Es ist daher ein eigenes Spinorkonzept für den Riemannschen Raum zu entwickeln.

In den folgenden Abschnitten gehen wir zunächst auf das für alle Felder grundlegende Problem der Ausbreitungsvorgänge und der Kausalität im gekrümmten Raum ein und diskutieren dann spezielle Felder, wobei einzelne, vom Verhalten im gravitationsfreien Fall abweichende Besonderheiten herausgegriffen werden. Die Geometrie der Raum-Zeit werden wir dabei als äußere, vorgegebene Metrik behandeln.

---

[1] D. Brill, R. Gowdy, Reports on Progress in Physics *33*, 413 (1970).
[2] Siehe z. B. E. Cartan (1966), p. 151.

9.1 Kausalität und Ausbreitungsvorgänge

Die Ausbreitung von Feldern wird durch Feldgleichungen beschrieben, die durch Variation aus einem Wirkungsintegral herzuleiten sind. Als Beispiel betrachten wir zunächst das Wirkungsintegral des skalaren Feldes

$$(3.88) \qquad W = \frac{1}{2} \int d^4 x \sqrt{-g} \, (A_{,i} A_{,k} g^{ik} - m^2 A^2),$$

woraus sich durch Variation von A nach (3.90) die Feldgleichung

$$(9.1) \quad \partial_i (\sqrt{-g} \, g^{ik} A_{,k}) + \sqrt{-g} \, m^2 A = \sqrt{-g} \, (\Box_g + m^2)A = 0$$

ergibt, wobei

$$(9.2) \qquad \Box_g := \frac{1}{\sqrt{-g}} \, \partial_i \sqrt{-g} \, g^{ik} \partial_k$$

der kovariante d'Alembert-Operator bezüglich der Metrik g_{ik} ist.

Das Kausalverhalten des Feldes A wird durch die Fortpflanzungseigenschaften von Signalen, d.h. Wellenfronten, bestimmt. Sei $a(x)$ ein stetiges Feld, dem eine sprunghafte Unstetigkeit mit der Amplitude $u(x) \neq 0$ aufgeprägt wird, die sich entlang einer zunächst noch unbekannten Hyperfläche $\omega(x) = 0$ ausbreitet:

$$(9.3) \qquad A(x) = u(x) \, \theta(\omega(x)) + a(x)$$

(θ ist die Stufenfunktion). Aus den Feldgleichungen erhält man

$$(9.4) \quad (\Box_g + m^2)A(x) = \delta'(\omega)\omega_{,k}\omega_{,i} \, g^{ik} u(x) + \delta(\omega) \, [2\omega^{;k} u_{,k} +$$

$$+ u\Box_g\omega)] + \ldots = 0,$$

wobei die Punkte weniger singuläre Terme andeuten. Die Koeffizienten der beiden singulären Terme müssen einzeln verschwinden, so daß

$$(9.5) \qquad g^{ik} \omega_{,i} \omega_{,k} = 0,$$

$$(9.6) \qquad 2u_{,k}\omega^{;k} + u \, \Box_g \, \omega = 0.$$

Unstetigkeiten können sich also nur entlang *charakteristischer Hyperflächen* (Charakteristiken) ausbreiten, die durch (9.5) gegeben sind. Der

Vektor $\omega_{,i}$, der auf die Charakteristiken normal steht, ist nach (9.5) ein Nullvektor, die Charakteristiken hier also Nullhyperflächen.

Wenn eine Schar von Charakteristiken $\omega = \text{const}$ (wobei die Konstante von Hyperfläche zu Hyperfläche variiert) gegeben ist, ist $\omega_{,i}$ ein Feld von Nullvektoren. Die durch

$$(9.7) \qquad \frac{\mathrm{d}x^i}{\mathrm{d}\lambda} = \omega^i := g^{ik}\omega_{,k}$$

definierten Kurven haben ω^i in jedem Punkt als Tangentenvektor und stehen daher auf die Charakteristiken orthogonal. Die durch (9.7) definierten Kurven bilden ferner wegen

$$(9.8) \qquad \omega_{,i;k}\omega^k = \omega_{;ik}\omega^k = \omega_{;ki}\omega^k = \frac{1}{2}\,(\omega_{,k}\omega^k)_{,i} = 0$$

eine Kongruenz von Null-Geodätischen, die sogenannten *Bicharakteristiken* oder charakteristischen Strahlen. Wegen (9.5) sind die Bicharakteristiken zugleich auch tangential zu den Charakteristiken, so daß die Bicharakteristiken in den charakteristischen Hyperflächen liegen und diese erzeugen. Derart können die Charakteristiken aufgefunden werden.

Wichtig ist das charakteristische Konoid eines Punktes, das von den von einem Punkt ausgehenden charakteristischen Strahlen (d.h. Null-Geodätischen) erzeugt wird. Es verallgemeinert den Lichtkegel der speziellen Relativitätstheorie auf beliebige Riemann-Räume und bestimmt die Kausalstruktur in gleicher Weise, wie dies der Lichtkegel im flachen Raum tut.

Wir wenden uns nun (9.6) zu. Da $u_{,k}\omega^k$ die Richtungsableitung von u längs einer Bicharakteristik ist, genügt die Sprungamplitude u entlang jedes charakteristischen Strahles einer gewöhnlichen linearen homogenen Differentialgleichung erster Ordnung. Daraus folgt z.B., daß Unstetigkeiten entweder überall oder nirgends auf dem Strahl verschwinden und daher nicht entstehen oder vergehen können[1].

Abschließend wollen wir noch kurz auf die Struktur von *Greenfunktionen* eingehen. Aus der speziellen Relativitätstheorie ist bekannt, daß diese Funktionen auf dem Lichtkegel eine δ-artige Singularität aufweisen und außerhalb des Lichtkegels verschwinden. So lautet die zur Lösung des homogenen Anfangswertproblems von (9.1) benötigte Greenfunktion im flachen Raum

---

[1] Dies gilt allerdings nur für lineare Feldgleichungen.

19 Sexl, Kosmologie

(9.9) $G(x - x') = \dfrac{\delta(\Gamma)}{2\pi} + v(x, x')\,\theta(\Gamma),$

wobei $\Gamma = (x - x')^2$ ist und v für Felder ohne Ruhmasse verschwindet[1]. Ein analoger Ansatz kann auch im gekrümmten Raum gemacht werden. Dabei ist Γ durch das Quadrat des geodätischen Abstandes der Punkte x, x' zu ersetzen, d.h. durch das Quadrat des Integrals $\int ds$, gebildet entlang der Geodätischen zwischen x und x'. Die Gleichung des charakteristischen Konoids ist dabei durch $\Gamma = 0$ gegeben. Der Ansatz für die Greenfunktion ist von der Form

(9.10) $G_g(x, x') = u(x, x')\,\delta(\Gamma) + v(x, x')\,\theta(\Gamma),$

wobei v im gekrümmten Raum auch für $\mathfrak{m} = 0$ nicht verschwindet, wie in der Folge noch ausgeführt wird; u ist durch die Geometrie der Null-Geodätischen allein bestimmt.

Genaueres zur Theorie der hier auftretenden Feldgleichungen findet man in Courant-Hilbert (1962), Hadamard (1952).

Aufgabe

Zeige, daß der Horizont $r = 2M$ der Schwarzschildmetrik eine Nullhyperfläche ist und das außerhalb durch $K = \partial_t$ gegebene Killingfeld in den Punkten des Horizontes geodätisch ist, wobei die zugehörigen Geodätischen zur Gänze auf dem Horizont verbleiben, ihn also erzeugen. (Beachte: K erweist sich nicht als auf einen affinen Parameter bezogen; ferner sind die Hyperflächen $r = $ const. $\neq 2M$ keine Nullhyperflächen.)

9.2 Das skalare Feld

Bisher haben wir die Lagrangefunktion

(9.11) $L_M = \dfrac{1}{2}\,(A_{,i}A_{,k}\,g^{ik} - \mathfrak{m}^2 A^2)$

und die Feldgleichung

(9.12) $(\Box_g + \mathfrak{m}^2)A = 0$

---

[1] Für $\mathfrak{m} \neq 0$ ist v durch Hankelfunktionen ausdrückbar, siehe etwa W. Thirring (1958), Appendix.

für ein skalares Feld im äußeren Gravitationsfeld angegeben, während der Energie-Impulstensor des Feldes

$$(9.13) \quad T_{ik} = \frac{2}{\sqrt{-g}} \; \frac{\partial \sqrt{-g} L_M}{g^{ik}} = A_{,i} A_{,k} - \frac{1}{2} \; g_{ik}(A_{,m} A_{,n} g^{mn} - \mathrm{m}^2 A^2)$$

in Aufgabe 3, p. 95 berechnet wurde. In einem lokalgeodätischen Bezugssystem geht $\Box_g$ in den d'Alembert-Operator

$$\Box = \eta^{ik} \; \frac{\partial}{\partial x^i} \; \frac{\partial}{\partial x^k}$$

über, so daß aus (9.12) die Klein-Gordon-Gleichung folgt. Im frei fallenden Bezugssystem verhält sich also das durch (9.12) beschriebene Teilchen wie ein freies Teilchen (im gravitationsfeldfreien Raum), falls die Wellenfunktion $A(x)$ genügend lokalisiert ist, so daß die Inhomogenitäten des Gravitationsfeldes zu vernachlässigen sind.

Um etwas Erfahrung über die in (9.12) enthaltenen physikalischen Aussagen zu sammeln, betrachten wir die Ausbreitung des skalaren Feldes A in einem schwachen Gravitationsfeld und berechnen dazu die Greenfunktion. Wir gehen von der inhomogenen Klein-Gordon-Gleichung

$$(9.14) \quad (\Box_g + \mathrm{m}^2)A = \rho(x)$$

aus, die durch Hinzufügen eines Quelltermes $L' = \rho A$ zur Lagrange-Funktion erhalten wird.

Unter Benutzung harmonischer Koordinaten

$$(9.15) \quad g_{ik} = \eta_{ik} + 2\psi_{ik}, \quad \psi_{ik}{}^{,k} = \frac{1}{2} \; \psi_k{}^k{}_{,i}$$

mit $|\psi_{ik}| \ll 1$ erhalten wir

$$(9.16) \quad (\Box_g + \mathrm{m}^2)A = (\Box + \mathrm{m}^2)A - 2\psi^{ik} A_{,ik} = \rho$$

oder

$$(9.17) \quad (\Box + \mathrm{m}^2)A = \rho + 2\psi^{ik} A_{,ik} = \bar{\rho}.$$

Diese Gleichung kann mittels einer Greenfunktion

$$(9.18) \quad G(x - x') = \int \frac{\mathrm{d}^4 k}{(2\pi)^4} \; \frac{e^{ik(x-x')}}{-k^2 + \mathrm{m}^2}$$

19*

für den Klein-Gordon-Operator $\Box + m^2$ iterativ gelöst werden, wobei wie üblich die Integration um die Pole des Nenners von (9.18) geeignet zu wählen ist, um eine eindeutige Lösung — etwa die retardierte — zu spezifizieren[1]. Die Integralgleichung

$$(9.19) \qquad A(x) = \int d^4x' \, G(x - x') \, \bar{\rho}(x')$$

liefert bei einmaliger Iteration die gesuchte Lösung für A in gewünschter Genauigkeit:

$$(9.20) \qquad \begin{aligned} A(x) &= \int d^4x' \, G(x - x') \, \rho(x') + 2\int d^4x' d^4x'' \, G(x - x') \, \psi^{ik}(x') \cdot \\ &\quad \cdot G(x' - x'')_{,ik}\rho(x'') = \; : \int d^4x' \, G_g(x, x') \, \rho(x'). \end{aligned}$$

Als Greenfunktion im gekrümmten Raum ergibt sich daher in der hier verwendeten Näherung

$$(9.21) \qquad G_g(x', x'') = G(x' - x'') + 2\int d^4x \, G(x' - x) \, \psi^{ik}(x) \, G(x - x'')_{,ik}.$$

Diese Gleichung ist in Fig. 60 graphisch interpretiert[2].

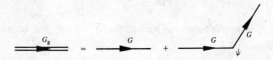

Fig. 60: Störungstheoretische Entwicklung der Greenfunktion im Gravitationsfeld

Die Figur deutet an, daß G die freie Fortpflanzung beschreibt, während der zweite Term die Streuung am Gravitationsfeld angibt. (9.21) sind natürlich nur die ersten Terme einer Entwicklung, die fortgesetzt werden könnte. Im Gegensatz zur Situation beim Punktteilchen gehen in (9.21) Beiträge von ψ^{ik} ein, die nicht nur von der Umgebung eines Punktes oder einer Kurve stammen. Insofern kann die Fortpflanzung von A nicht als „frei im gekrümmten Raum" bezeichnet werden, es findet vielmehr eine ständige Streuung des durch A beschriebenen Teilchens an der Raumkrümmung statt.

---

[1] Vgl. W. Thirring (1958), Appendix.

[2] Vgl. Bjørken-Drell (1966).

Besonders interessant ist der Fall masseloser Teilchen, $m = 0$. Während hier die (retardierte) Greenfunktion

$$G(x' - x'') = \frac{1}{4\pi \, |x' - x''|} \, \delta \, (t' - t'' - |x' - x''|)$$

auf dem (vorderen) Lichtkegel konzentriert ist, enthält G_g nach (9.21) auch Beiträge, die von Streuungen der Welle in Punkt x herrühren (Fig. 61).

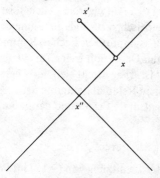

Fig. 61: Streuung am Gravitationsfeld und Schwanz der Greenfunktion

Da über alle x zu integrieren ist, wird G_g schon in erster Ordnung im gesamten vorderen Lichtkegel nicht verschwinden. Vergleich mit der allgemeinen Form (9.10) der Greenfunktion ergibt für den „Schwanz der Greenfunktion" in niedrigster Ordnung[1]

$$v(x', x'') = 2 \int d^4 x \, \frac{\delta(t' - t - |x' - x|)}{4\pi \, |x - x'|} \, \psi^{ik}(x) \left(\frac{\delta(t - t'' - |x - x''|)}{4\pi \, |x - x''|} \right)_{,ik}$$

(9.22)

Wenn die Welle sehr große Distanzen im Gravitationsfeld durchquert, würde man erwarten, daß ein beträchtlicher Teil der Gesamtintensität den Beobachter nicht unmittelbar auf dem Lichtkegel, sondern erst nach einigen Streuungen erreicht. Dieser Effekt ist aber selbst bei kosmischen Distanzen sehr klein, da das Gravitationsfeld ψ^{ik} nur sehr kleine Frequenzen aufweist. Wesentlich beeinflußt werden nur Wellen, deren Länge mit dem Radius des Weltalls vergleichbar ist (Aufgabe 1).

---

[1] Das Integral ist dabei für zeitartige Trennung von x', x'' auszuwerten und in den übrigen Bereich regulär fortzusetzen. Die singulären Bestandteile des Integrals $((x' - x'')^2 = 0)$ geben die Änderung von u und Γ gegenüber den flachen Werten an.

Wir haben gesehen, daß die einfach aussehende Gleichung (9.12) eine Fülle physikalischer Effekte in sich vereint und nicht als Gleichung eines freien Feldes im gekrümmten Raum aufgefaßt werden kann. Sie enthält vielmehr Wechselwirkungen des Teilchens mit dem Gravitationsfeld, von denen wir in der Kosmologie (Abschnitt 5.9, p. 170) bereits die Erzeugungsprozesse von Materie und Antimaterie in der Frühphase des Universums erwähnt haben.

Eine Interpretation von (9.1) durch freie Teilchen ist nur dann möglich, wenn es gelingt, asymptotische Zustände im Sinne der Feldtheorie[1] zu definieren. Dies ist z.B. in asymptotisch flachen Raumregionen möglich, während das Problem der Definition freier Teilchen in voller Allgemeinheit noch nicht geklärt ist. Hier macht sich der Wegfall der Poincaré-Invarianz in der allgemeinen Relativitätstheorie deutlich bemerkbar, die ja im flachen Raum dazu dient, freie Felder und damit die verschiedenen Teilchen zu klassifizieren.

Aufgaben

1. Schreibe (9.21) unter Benutzung von (9.18) im Fourier-Raum an. Zeige, daß ein hochfrequentes Feld praktisch nur dann gestreut wird, wenn auch das Gravitationsfeld ψ^{ik} vergleichbare Frequenzen aufweist.

2. Führe für (9.12) einen WKB-Limes aus[2]. Welche Gleichung ergibt sich anstelle von (9.5) für die Phase? Was sind die charakteristischen Kurven[3] dieser partiellen Differentialgleichung erster Ordnung?

3. Zeige, daß die Wellengleichung für ein skalares masseloses Feld Φ in der Schwarzschild-Metrik separierbar ist und für ein statisches Feld $\Phi(r, \theta, \phi) = R(r) Y_{lm}(\theta, \phi)$ (2^l-Pol, Y_{lm} sind die gewöhnlichen Kugelfunktionen) die Differentialgleichung

$$\left(1 - \frac{2M}{r}\right) \frac{d^2 R}{dr^2} + \frac{2}{r}\left(1 - \frac{M}{r}\right)\frac{dR}{dr} - l(l+1)\frac{R}{r^2} = 0$$

gilt. Zeige, daß sich diese Differentialgleichung durch Einführung der Radialkoordinate (8.77) auf die Form

$$(9.23) \qquad \left(1 - \frac{2M}{r}\right)^{-1} \frac{d^2 R}{dr^{*2}} + \frac{2}{r}\frac{dR}{dr^*} - \frac{l(l+1)}{r^2}\, R = 0$$

bringen läßt, wobei r als $r(r^*)$ aufzufassen ist.

---

[1] Siehe z.B. Bjorken-Drell (1967).

[2] Vgl. Flügge (1964), Landau-Lifschitz (1971), Bd. 3.

[3] Courant-Hilbert (1962).

4. Zeige, daß sich die Lösungen von (9.23) asymptotisch wie

$$R_l \propto r^{*l}, \quad \underline{r^{*-l-1}} \text{ für } r^* \to \infty \, (r \to \infty),$$

$$R_l \propto r^*, \quad \underline{\text{const}} \text{ für } r^* \to -\infty \, (r \to 2M)$$

verhalten, wobei für $l \neq 0$ nur die unterstrichenen Lösungen an den jeweiligen Grenzen endlich sind (bzw. verschwinden). Diese Lösungen können aber nicht zu einer Lösung im Bereich $2M < r < \infty$ zusammengefügt werden, da es bei Anfügung einer konstanten Lösung an eine asymptotisch abfallende notwendig einen Punkt gibt, in dem $d^2R/dr^{*2} = 0$ gilt und R und dR/dr^* entgegengesetztes Vorzeichen haben. Dies ist jedoch nach (9.23) ausgeschlossen. Die Lösung $R_0 = $ const bleibt daher als einzige übrig, so daß ein nichtrotierender kollabierter Stern im Außenraum nur von einem konstanten skalaren Monopolfeld umgeben sein kann, alle höheren Multipole müssen während des Kollapses abgestrahlt werden[1].

5. Zeige, daß die Wellengleichung für ein zeitabhängiges skalares Feld in der Schwarzschild-Metrik durch den Ansatz

$$\Phi = r^{-1} \psi(r, t) \, Y_{lm}(\theta, \phi)$$

auf die Form

$$\frac{\partial^2 \psi}{dt^2} - \frac{\partial^2 \psi}{dr^{*2}} + V_l(r) \, \psi = 0$$

mit

$$V_l(r) = \left(1 - \frac{2M}{r} \right) \left[\frac{2M}{r^3} + \frac{l(l+1)}{r^2} \right]$$

gebracht wird. Studiere die Form des Potentials $V_l(r)$, dessen Bedeutung von R. Price, l.c., erkannt wurde.

---

[1] Die weitere Möglichkeit, daß nämlich die höheren Multipole während des Kollapses divergieren und damit die hier angenommene Schwarzschild-Hintergrundmetrik zerstören, wurde von R. Price (Phys.Rev. **D5**, 2419, 2439 (1972)) mittels numerischer Rechnungen ausgeschlossen.

9.3 Das elektromagnetische Feld

Die Lagrange-Funktion für ein freies elektromagnetisches Feld, das sich im Gravitationsfeld ausbreitet, lautet

$$(9.24) \qquad L_M = \frac{1}{4} F_{ik} F_{mn} g^{in} g^{km},$$

wobei die Feldstärken durch

$$(9.25) \qquad F_{ik} = A_{k;i} - A_{i;k} = A_{k,i} - A_{i,k}$$

gegeben sind. (9.25) impliziert die zweiten Maxwell-Gleichungen[1]

$$(9.26) \qquad F_{[ik,m]} = F_{[ik;m]} = 0,$$

während sich die ersten Maxwell-Gleichungen durch Variation nach dem Viererpotential A^i ergeben:

$$(9.27) \qquad \left(\frac{\partial \sqrt{-g} L_M}{\partial A_{r,s}} \right)_{,s} = (\sqrt{-g} F^{rs})_{,s} = \sqrt{-g} F^{rs}_{;s} = 0.$$

Addiert man noch einen Quellterm $- j_i A^i$ zur Lagrange-Funktion, so ergibt sich stattdessen als Feldgleichung

$$(9.28) \qquad F^{rs}_{;s} = - j^r.$$

Wegen der Antisymmetrie von F^{rs} erhalten wir durch Divergenzbildung die lokale Stromerhaltung

$$(9.29) \qquad 0 = (\sqrt{-g} \, j^r)_{,r} = \sqrt{-g} \, j^r_{,r},$$

aus der in üblicher Weise die Erhaltung der Gesamtladung folgt (vgl. Abschnitt 7.9). Die Feldgleichungen für die Potentiale entstehen durch Einsetzen von (9.25) in (9.28):

$$(9.30) \qquad A^{r;s}_{\ \ s} - A^{s;r}_{\ \ s} = j^r.$$

Die Invarianz von (9.24) unter Eichtransformationen $A_i \to A_i + \Lambda_{,i}$ ermöglicht es zwar, die Lorentz-Bedingung in der Form

$$(9.31) \qquad A^s_{;s} = 0$$

---

[1]Wegen der Bedeutung von [...] siehe p.14.

zu erreichen, doch kann sie in (9.30) erst nach Vertauschung der kovarianten Ableitungen ausgenutzt werden. Dies führt zu einem Term, der den Ricci-Tensor enthält:

$$(9.32) \qquad A^{r;s}{}_s + R^r{}_s A^s = j^r,$$

so daß durch die Lorentz-Bedingung die gewünschte Entkopplung der Gleichungen (9.30) nicht erreicht wird.

Immerhin läßt sich aber aus (9.32) durch eine (9.3), (9.4) entsprechende Rechnung sofort entnehmen, daß die Charakteristikenbedingung mit (9.5) übereinstimmt. Elektromagnetische Signale breiten sich also längs Nullflächen aus. (9.5) ergibt sich auch beim Übergang zur geometrischen Optik als Eikonalgleichung[1], so daß die schon vorweggenommene Deutung der Null-Geodätischen als Lichtstrahlen bewiesen ist.

Der in (9.32) auftretende Ricci-Tensor kann mit Hilfe der Feldgleichungen der Gravitation durch den Energie-Impulstensor ausgedrückt werden. Sieht man das Gravitationsfeld nicht als fest vorgegeben an, so ist in diesem lokalen Term vor allem der Energie-Impulstensor des elektromagnetischen Feldes selbst einzusetzen, der nach (3.94) gleich

$$(9.33) \qquad T_{ik} = F_{ij} F^j{}_k - \frac{1}{4} g_{ik} F_{mn} F^{nm}$$

wird, analog zum Ausdruck im flachen Raum. Daraus resultiert eine komplizierte Selbstkopplung des elektromagnetischen Feldes, die für den Einfluß der Gravitation auf die Ausbreitung von Feldern typisch ist.

Zum Abschluß dieses Abschnittes wollen wir noch eine interessante Fragestellung untersuchen, die mit dem Verhalten des elektromagnetischen Feldes im Gravitationsfeld zu tun hat: Sendet eine im Gravitationsfeld frei fallende Ladung, wie etwa ein Elektron oder ein geladener Satellit, elektromagnetische Strahlung aus? Heuristisch scheinen darauf zwei konträre Antworten möglich: Nach dem Äquivalenzprinzip sollte eine frei fallende Ladung, die ja von einem „Gravitationsfeld" nichts verspürt, keinerlei Strahlung emittieren. Andererseits geht aber in die klassische Strahlungsformel (wir beschränken uns auf nichtrelativistische Bewegung)

$$(9.34) \qquad \frac{dE}{dt} = \frac{2}{3} e^2 \ddot{x}^2$$

---

[1] Landau-Lifschitz (1971), Bd. 2.

die Art der Beschleunigung überhaupt nicht ein, und sie sollte daher auch für Gravitationsbeschleunigung gelten, wenn man vom Standpunkt der Newtonschen Theorie her argumentiert.

Welches dieser beiden heuristischen Argumente ist korrekt? Um dies zu entscheiden, denken wir zunächst an eine konkrete physikalische Situation, wie etwa einen geladenen Satelliten, der um die Sonne kreist, also an eine Ladung, die sich auf einer Kreisbahn mit $r \gg M$ in einer Schwarzschild-Metrik bewegt, so daß wir die lineare Näherung und harmonische Koordinaten (9.15) benutzen können. Wegen $v^2/c^2 \sim M/r$ erfolgt die Bewegung außerdem nichtrelativistisch. Einsetzen von (9.15) in (9.32) liefert

$$(9.35) \qquad \Box A^r = j^r + 2\psi^{rk} A_{r,k} - \Gamma^r_{ks} A^{k,s} = : \overline{j^r}.$$

Wenn man den Unterschied zwischen j^r und $\overline{j^r}$ zunächst vernachlässigt, erhält man tatsächlich aus (9.35) die Strahlungsformel (9.34), die demnach auch auf Ladungen anwendbar sein sollte, die sich im Gravitationsfeld bewegen. Die in (9.35) auftretenden Korrekturterme, die proportional zu ψ bzw. Γ sind, können nur kleine Änderungen dieser Strahlungsformel bewirken.

Nach dieser einfachen Überlegung strahlt eine im Gravitationsfeld frei fallende Ladung tatsächlich, und wir haben nur noch die Frage zu klären, wie dies mit dem Äquivalenzprinzip vereinbar ist und wie die Energie-emission durch eine Strahlungsrückwirkung kompensiert wird.

Zur Beantwortung des ersten Teils der Frage bemerken wir zunächst, daß bei einer nichtrelativistischen Kreisbewegung der Hauptteil der elektro-magnetischen Strahlung mit der Frequenz v der Bahnbewegung ausgesendet wird. Die Wellenlänge der Strahlung ist durch

$$(9.36) \qquad \lambda = \frac{c}{v} = \frac{c}{v} 2\pi r \gg r$$

gegeben, d.h., die Wellenlänge ist viel größer als der Bahnradius. Wenn wir das elektromagnetische Feld in der Umgebung der Ladung wie üblich in eine Nah- und Fernzone einteilen, so hat die Nahzone eine Ausdehnung von einigen Wellenlängen, also viel größer als der Bahnradius der Bewegung. Man kann daher keinesfalls das lokale Äquivalenzprinzip auf die Strahlungsentstehung anwenden, da die Strahlung aus einer Region stammt, die viel größer ist als jener Bereich, in dem das Gravitationsfeld als homogen angenähert werden kann.

Wir können diesen Sachverhalt auch noch anders ausdrücken. Elektromagnetische Strahlung kommt dadurch zustande, daß eine Ladung aus ihrem eigenen Coulombfeld plötzlich herausbeschleunigt wird, da etwa elektromagnetische Kräfte, die zur Beschleunigung einer Ladung benutzt werden, nicht auf das Coulombfeld wirken, so daß dieses zurückbleibt und in Form von Strahlung freigesetzt wird. Im Falle der Gravitationskraft erleidet aber das Coulombfeld in der Umgebung einer Ladung die gleiche Gravitationsbeschleunigung wie die Ladung selbst, so daß es zunächst zu keinen Strahlungserscheinungen kommen sollte. Dies ist die Aussage des Äquivalenzprinzips. Auf den oben betrachteten Fall ist es allerdings nicht anwendbar, da die elektromagnetischen Wellen (Photonen), die emittiert werden, eine derart große Wellenlänge besitzen, daß das Gravitationsfeld nicht mehr als homogen angenähert werden kann und daher eine Relativbeschleunigung der Ladung zu dem sie umgebenden Coulombfeld auftritt, die zu Strahlungserscheinungen führt.

Anschließend gehen wir noch auf die Frage der Strahlungsrückwirkung ein, die in einer ausführlichen Arbeit von DeWitt und DeWitt behandelt wurde[2]. Wie Fig. 62 zeigt, kommt die Strahlungsrückwirkung so zustande,

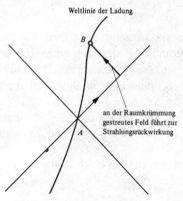

Fig. 62: Strahlungsrückwirkung für frei fallende elektrische Ladung

daß das an der Raumkrümmung gestreute elektromagnetische Feld, das in Punkt A von der Ladung ausgeht, im Punkt B auf die Ladung rückwirkt. DeWitt und DeWitt konnten zeigen, daß dieser Effekt genau zur gesuchten Strahlungsrückwirkung führt. Es ist dies ein Beispiel für die physikalische Bedeutung des „Schwanzes der Green-Funktion".

[2] C.M. DeWitt, B.S. DeWitt, Physics **1**, 3 (1964); für eine Korrektur siehe M. Carmeli, Phys.Rev. **138**, B1003 (1965).

Aufgaben

1. Wiederhole die in 7.5, Aufgaben 3, 4 angedeutete Differentialformen-
version der Maxwell-Gleichungen,

$$d \wedge \varphi = 0, \qquad *d*\varphi = -\gamma,$$

wobei $\varphi = \frac{1}{2} F_{ik} dx^i \wedge dx^k$, $\gamma = j_k dx^k$. Dem Vektorpotential entspricht die 1-Form $\alpha = A_i dx^i$, und es ist $\varphi = d \wedge \alpha$. Man überlege sich,
daß diese Formeln unverändert auch die kovarianten Formeln (9.30,
32) beinhalten, wobei nur die *-Operation bezüglich der Riemann-
Metrik vorzunehmen ist. Die Stromerhaltung erscheint als

$$0 = d \wedge d*\varphi = - d*\gamma;$$

die in einem 3-Volumen V enthaltene Ladung Q_V ist

$$Q_V = - \int_V *\gamma = \int_{\partial V} * \varphi.$$

2. Ergänze die statische, sphärisch-symmetrische Metrik (8.75a) durch ge-
eignete Wahl von Φ und eines sphärisch-symmetrischen elektrostati-
schen Feldes zu einer Lösung der kombinierten Einstein- und Maxwell-
Gleichungen im Außenraum einer im Symmetriezentrum befindlichen
Punktladung (Reissner-Lösung, vgl. (8.99)).
Anleitung: Wir verwenden, analog zu (7.8b), die orthonormale Basis
$$\omega^0 = \Phi^{1/2} dt, \ \omega^1 = \Phi^{-1/2} dr, \ \omega^2 = r d\theta, \ \omega^3 = r \sin\theta \ d\phi.$$

Für ein sphärisch-symmetrisches elektrostatisches Feld ist (vgl. Aufgabe 1)
$\alpha = A(r) dt$ anzusetzen, daraus

$$\varphi = A' dr \wedge dt = -A' \omega^0 \wedge \omega^1,$$

$$*\varphi = -A' \omega^2 \wedge \omega^3 \qquad \text{(vgl. 7.4, Aufgabe 7)}$$

$$= -A' r^2 \sin\theta \ d\theta \wedge d\phi.$$

Im Außenraum ist $\gamma = 0$, also

$$0 = d*\varphi = -(A' r^2)' \sin\theta \ dr \wedge d\theta \wedge d\phi \rightarrow r^2 A' = \text{const.} = -e$$

(Erhaltung des elektrischen Flusses),

$$A' = \frac{-e}{r^2}.$$

In der orthonormalen Basis ist die Auswertung von (9.38) besonders bequem:

$$(T_a{}^b) = \frac{1}{2} \text{ diag } (A'^2, A'^2, -A'^2, -A'^2).$$

Nun kann $\Phi(r)$ etwa aus $G_0^0 = -\kappa T_{\,0}^{\,0}$ leicht berechnet werden, wobei sich (8.99) ergibt. Wie hängt e mit der im Unendlichen in üblichen Einheiten gemessenen Ladung zusammen? (vgl. Aufg. 1).

3. Zeige, daß für die Amplitude f_{ik} des singulärsten (δ-artigen) Anteils des Feldstärke-Tensors für ein unstetiges Vektorpotential $A^i = a^i \theta(\omega) +_0 a^i$ die folgenden algebraischen Relationen gelten müssen:

$$f^{ik}\omega_{,k} = 0, \quad f^{ik}f_{ik} = 0, \quad f^{ik}f_{ik}^* = 0.$$

4. Leite das zu (9.6) analoge Transportgesetz für die (Sprung-) Amplitude a^i und aus (9.31) $a^i\omega_{,i} = 0$ her. a^i ist also raumartig und kann in der Form $a^i = \mathfrak{A}n^i$ mit $n^i n_i = -1$ zerlegt werden. Beweise und deute die sich ergebenden Formeln

$$n^i{}_{;k}\omega^{;k} = 0, \qquad (\mathfrak{A}^2\omega^{;k})_{;k} = 0.$$

5. Was ergibt sich als Charakteristikenbedingung, wenn man von (9.30) ohne zusätzliche Eichbedingung ausgeht? (Unstetigkeiten in Eichfreiheitsgraden dürfen zu keiner Einschränkung für ω führen.)

9.4 Spinorfelder und die Dirac-Gleichung

Wegen der fundamentalen Bedeutung der Dirac-Gleichung für die Elementarteilchenphysik ist die Frage nach ihrer Formulierbarkeit im gekrümmten Raum von prinzipieller Bedeutung, wenngleich wir keine meßbaren Effekte erwarten können, die von der Wechselwirkung des Spins mit dem Krümmungstensor stammen[1].

Im flachen Raum sind Spinoren Objekte, deren Komponenten nach zweiwertigen Darstellungen der Lorentzgruppe transformieren. Im gekrümmten Raum haben wir (Tangential-) Vektoren und Tensoren abstrakt eingeführt, deren Komponenten bei Basiswechsel im Tantentialraum,

$$(9.37) \qquad e_a = e'_b \, p_a{}^{b'},$$

nach

$$(9.38) \qquad v^{b'} = p_a{}^{b'} \, v^a, \quad T^{a'b'} = p_c{}^{a'} p_d{}^{b'} \, T^{cd}$$

etc. transformieren, d.h. nach Tensordarstellungen der Transformationen (9.37). Wenn wir diese Transformationen nur durch det $p_a{}^{b'} \neq 0$ einschränken, bilden sie die Gruppe der allgemeinen linearen Transformationen GL(4), von der man weiß, daß sie keine mehrwertigen Darstellungen hat. Erst bei Einschränkung auf die (pseudo-) orthogonale Untergruppe (hier Lorentzgruppe) ergeben sich mehrwertige Darstellungen (siehe Cartan (1966)). Wir beschränken uns daher im weiteren auf orthonormale Basen, die durch griechische Indizes gekennzeichnet werden sollen:

$$(9.39) \qquad (e_\alpha, e_\beta) = \eta_{\alpha\beta}.$$

Die Relation (7.52) der Basisvektoren in benachbarten Punkten

$$(9.40) \qquad D \, e_\beta = \omega^\alpha{}_\beta \, e_\alpha$$

muß daher eine infinitesimale Lorentz-Transformation

$$(9.41) \qquad L_\alpha{}^\beta = \delta_\alpha{}^\beta + \omega_\alpha{}^\beta$$

sein ($\omega_{\alpha\beta} = -\,\omega_{\beta\alpha}$ folgt aus (7.66) wegen $g_{\alpha\beta} = \eta_{\alpha\beta}$).

---

[1] Spinoren im gekrümmten Raum haben daher seit einer fundamentalen Arbeit von R. Penrose (Ann. Phys. (N.Y.) 10, 171 (1960)) in der allgemeinen Relativitätstheorie hauptsächlich als *mathematisches Hilfsmittel* Beachtung gefunden (vgl. Pirani, in Deser & Ford (1964)), u. zw. in ihrer zweikomponentigen Version. Wegen eines Versuches, ihnen eine weit fundamentalere Rolle zuzuschreiben, siehe den Artikel von Penrose in Klauder (1972).

Um nun das kovariante Differential eines Spinors zu finden, betrachten wir nochmals die Komponenten des kovarianten Differentials eines Vektors, die in (7.54) eingeführt wurden:

$$(9.42) \qquad (Dv)^\alpha = \mathrm{d}v^\alpha + \omega^\alpha{}_\beta \, v^\beta = : \mathrm{d}v^\alpha + \delta v^\alpha.$$

Dabei berücksichtigt δv^α die relative Rotation benachbarter Basisvektoren. (9.42) läßt sich nun sofort auf beliebige Tensor- oder Spinorfelder ψ verallgemeinern (wir unterdrücken die Indizes von ψ zunächst), indem wir setzen

$$(9.43) \qquad D\psi = \mathrm{d}\psi + \delta\psi;$$

dabei berücksichtigt der Korrekturterm $\delta\psi$ die Änderung der Komponenten bei der $\omega^\alpha{}_\beta$ entsprechenden Rotation der Basisvektoren im Tensor- bzw. Spinorraum. Die Änderung $\delta\psi$ erfolgt gemäß der zu $\omega^\alpha{}_\beta$ gehörenden Darstellungsmatrix der Lorentzgruppe:

$$(9.44) \qquad \delta\psi = \frac{1}{2} \, G_{\alpha\beta} \, \psi \, \omega^{\alpha\beta}.$$

$G_{\alpha\beta} = - G_{\alpha\beta}$ sind die bekannten sechs Erzeugenden (in der jeweiligen Darstellung) von Lorentzdrehungen in den α, β-Ebenen. Die $G_{\alpha\beta}$ genügen den Vertauschungsrelationen[1]

$$(9.45) \qquad [G_{\alpha\beta}, G_{\gamma\delta}] = 2G_{\alpha|\delta}\eta_{\gamma]\delta} - 2G_{\beta[\delta}\eta_{\gamma]\alpha}.$$

Die Matrizen $G_{\alpha\beta}$ haben etwa in der 4-Vektordarstellung die Form

$$(9.46) \qquad (G_{\alpha\beta})^\gamma{}_\delta = 2 \, \eta_{\delta[\beta}\delta^\gamma{}_{\alpha]} \, ,$$

wodurch (9.43, 44) für $\psi = (v^\alpha)$ in (9.42) übergeht.

Für die hier interessierenden Dirac-Spinoren ist dagegen[1]

$$(9.47) \qquad G_{\alpha\beta} = \frac{1}{2} \, \gamma_{[\alpha}\gamma_{\beta]},$$

so daß das kovariante Differential eines Dirac-Spinors durch

$$(9.48) \qquad D\psi = \mathrm{d}\psi + \frac{1}{8} \, [\gamma_\alpha, \gamma_\beta] \, \psi \, \omega^{\alpha\beta}$$

---

[1] Für diese und die folgenden Relationen siehe z.B. Bjørken und Drell (1966, 1967).

gegeben ist. (Die eckige Klammer in (9.48) bedeutet dabei den Kommutator.) Durch Zerlegung von (9.48) nach der orthonormalen Kobasis $\{\omega^\alpha\}$,

$$(9.49) \qquad D\psi = D_{e_\alpha}\psi \otimes \omega^\alpha,$$

lassen sich die kovarianten Richtungsableitungen $D_{e_\alpha}\psi$ ablesen, und die Dirac-Gleichung lautet somit

$$(9.50) \qquad \boxed{(i\gamma^\alpha D_{e_\alpha} + \mathfrak{m})\psi = 0.}$$

Wir wollen die Aufgabe, diese Gleichung von der hier benutzten orthonormalen auf die üblicherweise verwendete holonome Basis zu transformieren, etwas zurückstellen und zunächst die bisherigen Überlegungen an einem konkreten Beispiel erläutern. Dazu betrachten wir den flachen Raum und führen Zylinder-Koordinaten ein:

$$(9.51) \qquad ds^2 = dt^2 - d\rho^2 - \rho^2 d\phi^2 - dz^2.$$

Um die Dirac-Gleichung direkt in Zylinder-Koordinaten anschreiben zu können, wählen wir als orthonormale Basis und Kobasis

$$(9.52) \qquad \omega^0 = dt, \quad \omega^1 = d\rho, \quad \omega^2 = \rho d\phi, \quad \omega^3 = dz,$$
$$e_0 = \frac{\partial}{\partial t}, \quad e_1 = \frac{\partial}{\partial \rho}, \quad e_2 = \frac{1}{\rho}\frac{\partial}{\partial \phi}, \quad e_3 = \frac{\partial}{\partial z}.$$

Daraus folgt $d\omega^0 = d\omega^1 = d\omega^3 = 0$, $d\omega^2 = d\rho \wedge d\phi = \rho^{-1}\omega^1 \wedge \omega^2$ und durch Vergleich mit $d\omega^\alpha = -\omega^\alpha{}_\beta \wedge \omega^\beta$:

$$(9.53) \qquad \omega_{12} = -\omega_{21} = \rho^{-1}\omega^2 = d\phi$$

und $\omega_{\alpha\beta} = 0$ sonst. Für das kovariante Differential eines Dirac-Spinors ψ ergibt sich somit

$$(9.54) \qquad D\psi = d\psi + \frac{1}{4}[\gamma^1, \gamma^2]\psi \, d\phi.$$

Die kovarianten Ableitungen von ψ nach den e_α sind also

$$D_{e_0}\psi = \frac{\partial \psi}{\partial t}, \quad D_{e_1}\psi = \frac{\partial \psi}{\partial \rho}, \quad D_{e_2}\psi = \frac{1}{\rho}\left(\frac{\partial \psi}{\partial \phi} + \frac{1}{4}[\gamma^1, \gamma^2]\psi\right),$$

$$(9.55) \qquad D_{e_3}\psi = \frac{\partial \psi}{\partial z}.$$

Die Dirac-Gleichung lautet daher in Zylinder-Koordinaten

(9.56)
$$i \left(\gamma^0 \frac{\partial \psi}{\partial t} + \gamma^1 \frac{\partial \psi}{\partial \rho} + \gamma^2 \frac{1}{\rho} \frac{\partial \psi}{\partial \phi} + \gamma^3 \frac{\partial \psi}{\partial z} \right) +$$

$$+ \left(\frac{i}{4\rho} \gamma^2 [\gamma^1, \gamma^2] + \mathfrak{m} \right) \psi = 0.$$

Zum Vergleich wollen wir diese Gleichung noch aus der üblichen Form der Dirac-Gleichung mit elementaren Methoden herleiten. Wenn wir in

(9.57)
$$i \left(\gamma^0 \frac{\partial \psi}{\partial t} + \gamma^1 \frac{\partial \psi}{\partial x} + \gamma^2 \frac{\partial \psi}{\partial y} + \gamma^3 \frac{\partial \psi}{\partial z} \right) + \mathfrak{m} \psi = 0$$

durch $x = \rho \cos\phi$, $y = \rho \sin\phi$ Polarkoordinaten einführen, so wird (9.57)

(9.58)
$$i \left(\tilde{\gamma}^0 \frac{\partial \psi}{\partial t} + \tilde{\gamma}^1 \frac{\partial \psi}{\partial \rho} + \tilde{\gamma}^2 \frac{1}{\rho} \frac{\partial \psi}{\partial \phi} + \tilde{\gamma}^3 \frac{\partial \psi}{\partial z} \right) + \mathfrak{m} \psi = 0$$

mit

(9.59)
$$\tilde{\gamma}^0 = \gamma^0, \quad \tilde{\gamma}^3 = \gamma^3, \quad \tilde{\gamma}^1 = \gamma^1 \cos\phi + \gamma^2 \sin\phi,$$

$$\tilde{\gamma}^2 = - \gamma^1 \sin\phi + \gamma^2 \cos\phi.$$

Um von diesen ortsabhängigen γ-Matrizen wieder auf ortsunabhängige Matrizen zu kommen, argumentieren wir wie üblich: Auch die $\tilde{\gamma}^\alpha$ erfüllen die Relation $\{ \tilde{\gamma}^\alpha, \tilde{\gamma}^\beta \} = \eta^{\alpha\beta}$, es muß daher eine Matrix $S(\phi)$ geben, so daß $\tilde{\gamma}^\alpha = S^{-1} \gamma^\alpha S$. Setzen wir ferner $\tilde{\psi} = S\psi$, so folgt aus (9.58)

$$i \left(\gamma^0 \frac{\partial \tilde{\psi}}{\partial t} + \gamma^1 \frac{\partial \tilde{\psi}}{\partial \rho} + \gamma^2 \frac{1}{\rho} \frac{\partial \tilde{\psi}}{\partial \phi} + \gamma^3 \frac{\partial \tilde{\psi}}{\partial z} \right) - i\gamma^2 \frac{1}{\rho} \frac{\partial S}{\partial \phi} S^{-1} \tilde{\psi} + \mathfrak{m} \tilde{\psi} = 0.$$
(9.60)

Bis auf die Bezeichnungsweise ($\tilde{\psi}$ statt ψ) ist dies bereits identisch mit (9.56), wenn noch gezeigt wird, daß

(9.61)
$$\frac{1}{4} [\gamma^1, \gamma^2] = - \frac{\partial S}{\partial \phi} S^{-1}.$$

Diese Relation ist für infinitesimale ϕ unmittelbar einsichtig, sie folgt aber auch für endliche ϕ, weil ϕ für die Drehung (9.59) ein additiver Parameter ist.

Zuletzt sei noch kurz auf die übliche Terminologie und den Übergang auf holonome Basen eingegangen. Die Koeffizienten $h^{\alpha}{}_i$, die in der Zerlegung

$$(9.62) \qquad \omega^{\alpha} = h^{\alpha}{}_i \, dx^i, \qquad e_{\alpha} = h_{\alpha}{}^i \partial_i$$

der orthonormalen nach einer holonomen Basis auftreten, heißen Vierbeinfelder oder Tetradenfelder. Sie dienen auch zur Umrechnung von holonomen auf orthonormale Tensorkomponenten (letztere heißen auch „physikalische" Komponenten). Die γ-Matrizen werden durch

$$(9.63) \qquad \gamma^i = h_{\alpha}{}^i \gamma^{\alpha}$$

auf die holonome Basis bezogen, sie erfüllen

$$(9.64) \qquad \{\gamma^i, \gamma^k\} = 2\,g^{ik}.$$

Schließlich bezeichnet man die bei der holonomen Basiszerlegung des kovarianten Differentials

$$(9.65) \qquad D\psi = \psi_{;i} \, dx^i = \left(\frac{\partial \psi}{\partial x^i} + \Gamma_i \, \psi \right) dx^i$$

auftretenden Matrix-Koeffizienten Γ_i als Fock-Iwanenko-Koeffizienten. Sie sind durch

$$(9.66) \qquad \Gamma_i = \frac{1}{8} \, [\gamma^j, \gamma^k] h^{\beta}{}_{j;i} h_{\beta k}$$

gegeben.

Für die hier angegebene Dirac-Gleichung läßt sich auch eine Lagrange-Funktion angeben. Auf die Schwierigkeiten, die sich bei der Herleitung des Energie-Impulstensors daraus gemäß (3.94) ergeben, gehen wir hier nicht mehr ein[1].

---

[1] Zur Herleitung von T_{ik} muß nach g_{ik} variiert werden, es sind aber die in (9.62) definierten $h^{\alpha}{}_i$ neben den g_{ik} zur Formulierung der Theorie notwendig. Siehe dazu etwa Brill & Wheeler, Rev.Mod.Phys. **29**, 465 (1957).

A u f g a b e n

1. Zeige, daß die charakteristischen Hyperflächen $\omega = 0$ für die Dirac-Gleichung (9.5) erfüllen[1].

   Anleitung: Ein Ansatz mit Unstetigkeit, $\psi = \psi_0 \theta(\omega) + \psi_1$, führt wie in (9.4) auf die Bedingung det $(\gamma^\alpha e_\alpha(\omega)) = 0$; daraus folgt
   $$0 = \det (\gamma^\alpha e_\alpha(\omega))^2 = (\eta^{\alpha\beta} e_\alpha(\omega) e_\beta(\omega))^4.$$

2. Leite Formel (9.66) her. (Die Rechnung mit Differentialformen ist für Anwendungen offensichtlich bequemer!)

9.5 Gravitationswellen als Störungen einer Hintergrundmetrik

In diesem Abschnitt wollen wir die Überlegungen über Charakteristiken und Ausbreitungsverhalten auf die Einsteinschen Vakuumgleichungen anwenden. Dazu denken wir uns einer Hintergrundmetrik $_0 g_{ik}$ eine kleine, unstetige Störung überlagert. Wegen der Nichtlinearität der Feldgleichungen wählen wir die Störung so, daß erst die zweiten Ableitungen unstetig werden, während $_0 g_{ik}$ stetige zweite Ableitungen haben soll:

$$(9.67) \qquad g_{ik} = {_0 g_{ik}} + h_{ik} \, \frac{\omega^2}{2} \, \theta(\omega).$$

Dabei ist $\omega(x) = 0$ wieder eine zunächst beliebige Hyperfläche. Bevor wir diesen Ansatz in die Feldgleichungen $R_{ik} = 0$ einsetzen, müssen wir wie beim elektromagnetischen Feld Eichbedingungen wählen (Unstetigkeiten in Eichfreiheitsgraden können nicht zu Einschränkungen von ω führen). Am zweckmäßigsten erweist sich hier die harmonische Koordinatenbedingung, deren linearisierte Version bereits in Abschnitt 3.2 eingeführt wurde. Man verwendet als neue Koordinaten vier unabhängige Lösungen der Gleichung $\Box_g A = 0$. Für diese harmonischen Koordinaten x^i gilt[2]

$$(9.68) \qquad \begin{aligned} 0 &= \Box_g x^i = g^{mn}(x^i)_{;mn} = -g^{mn} \Gamma^k{}_{mn} \delta^i_k, \\ g^{mn} \Gamma^i{}_{mn} &= 0, \qquad g^{mn} \Gamma_{imn} = 0. \end{aligned}$$

---

[1] (9.5) ergibt sich somit auch als Eikonalgleichung im Grenzfall der geometrischen Optik. Ein geeigneter *WKB*-Limes hingegen ergibt die in 4.1b) beschriebene Kopplung zwischen Spin- und Krümmungstensor; vgl. J. Lawrence, Acta Phys.Austr. **30**, 313 (1969), Ann.Phys. (N.Y.) **58**, 47 (1970), Acta Phys.Polonica **B1**, 247 (1970).

[2] Diese Bedingungen werden auch oft nach de Donder oder Lanczos benannt und in Fock (1960) vielfach verwendet.

Aus der letzteren Gleichung folgt $g^{mn}(2g_{mi,n} - g_{mn,i}) = 0$, was in (2.73) eingesetzt, nach kurzer Rechnung,

$$(9.69) \qquad R_{ik} = g^{mn}R_{mikn} = \frac{1}{2}g^{mn}g_{ik,mn} + \text{Terme ohne 2.Ableitungen}$$

ergibt. Setzen wir (9.67) in die Vakuumfeldgleichungen $R_{ik} = 0$[1] ein, so erhalten wir als Bedingung für das Verschwinden des unstetigen Terms $\propto \theta(\omega)$

$$(9.70) \qquad g^{mn}\omega_{,m}\omega_{,n} = 0.$$

Es ergibt sich also auch hier (9.5) als Charakteristikenbedingung, so daß sich Gravitationswellen-Signale mit Lichtgeschwindigkeit ausbreiten. Die (9.6) entsprechende Gleichung ist dagegen viel komplizierter und nicht linear.

Das Resultat (9.70) ist offensichtlich von der Wahl spezieller Koordinaten unabhängig. Setzt man (9.67) auch in die Eichbedingung (9.68) ein, so erhält man ein weiteres invariantes Resultat, indem man den Koeffizienten von $\omega\theta(\omega)$ nullsetzt:

$$(9.71) \qquad \left(h_i{}^n - \frac{1}{2}h_m{}^m\delta_i{}^n\right)\omega_{;n} = 0.$$

Das ist eine algebraische Bedingung an die Sprungamplitude, die analog zu $a^i\omega_{,i} = 0$ beim Vektorfeld ist. Aus ihr lassen sich (analog zu Aufgabe 3 von 9.3) algebraische Eigenschaften der Sprungamplitude r_{mikn} des Riemann-Tensors herleiten[2]:

$$(9.72) \qquad r_{mikn}\omega^{;n} = 0,$$

$$r_{mi[kn}\omega_{j]} = 0.$$

Derartige formal-algebraische Charakterisierungen des Riemann-Tensors sind in der Theorie der Gravitationsstrahlung von Bedeutung (vgl. Pirani (1964)).

Die Näherung, in der stetige Störungen kleiner (im Vergleich zu den Hintergrundkrümmungsradien) Wellenlänge behandelt werden, der Grenz-

---

[1] Dabei ist angenommen, daß $_0g_{ik}$ selbst Lösung von $R_{ik} = 0$ ist.

[2] welche die Transversalität der damit im Sinn von (8.92) verbundenen Gezeitenkräfte ausdrücken.

übergang zur Eikonalapproximation (geometrische „Optik") u. a. sind ausführlich von R. Isaacson[1] behandelt worden.

Es sei hier erwähnt, daß es die Untersuchung der Fokussierungswirkungen der Hintergrundmetrik $_0g$ auf Licht- und Gravitationsstrahlen (Nullgeodätische) waren, welche – zusammen mit topologischen Überlegungen – zu einigen der berühmten Singularitätentheoreme der allgemeinen Relativitätstheorie führten[2].

---

[1]Phys. Rev. *166*, 1263 und 1272 (1968).
[2]Siehe R. Penrose, in: deWitt & Wheeler (1968), oder Hawking & Ellis (1973).

10. GRAVITATION UND FELDTHEORIE

In diesem Kapitel sollen weitere Überlegungen über den Zusammenhang zwischen Gravitation und Feldtheorie angestellt werden. Ausgangspunkt ist dabei die Frage, warum die allgemeine Relativitätstheorie in ihrer Struktur so verschieden von den übrigen Feldtheorien ist. Weshalb benötigt man gerade für die Theorie des Gravitationsfeldes den aufwendigen Formalismus der Riemannschen Geometrie? Kann man nicht auch eine lorentzkovariante Gravitationstheorie analog zur Elektrodynamik konstruieren?

10.1 Das Gravitationsfeld als Spin-2-Feld im Minkowski-Raum

In Abschnitt 6.2 (p. 181) haben wir die Lagrange-Funktion des Gravitationsfeldes in linearer Näherung angegeben. Mit einer trivialen Bezeichnungsänderung ($\kappa = f^2$, $\psi_{ik} \to f\psi_{ik}$) lautet (6.20)[1]

$$
\begin{aligned}
L = \frac{1}{2}(\psi_{ik,j}\,\psi^{ik,j} - 2\psi_{ik,j}\,\psi^{jk,i} - \psi^{,i}\psi_{,i} + 2\psi^{ik}{}_{,k}\,\psi_{,i}) \\
- f\,\psi^{ik}T_{ik} + L_M,
\end{aligned}
$$

(10.1a)

wobei wir noch die Lagrange-Funktion der Materie L_M hinzugefügt haben. Die Materie denken wir uns dabei wieder durch ein skalares Feld A repräsentiert. Diese Lagrange-Funktion (10.1a) ist analog zur bekannten Lagrange-Funktion der speziell-relativistischen Elektrodynamik:

(10.1b) $\qquad L = \frac{1}{2}(A_{i,k}A^{k,i} - A_{i,k}A^{i,k}) - j_iA^i + L_M(A, \eta_{ik}).$

Es drängt sich die Frage auf, warum man nicht (10.1a) als Lagrange-Funktion einer speziell-relativistischen Gravitationstheorie auffassen kann, wobei das Tensorfeld ψ_{ik} als Feld im Minkowski-Raum zu behandeln wäre. Damit würden sowohl die Schwierigkeiten wegfallen, die durch die Nichtlinearität der Einsteinschen Feldgleichungen bedingt sind, als auch diejenigen, die sich aus der ungewohnten Riemannschen Raumstruktur ergeben.

---

[1] Alle Indizes werden in diesem Kapitel mittels η_{ik} hinauf- bzw. hinuntergezogen.

In der Tat bestehen zwischen (10.1a) und (10.1b) sehr weitgehende Analogien. Durch Variation von ψ_{ik} bzw. A^i entstehen die Feldgleichungen

(10.2a)
$$\Box\psi_{ik} - \psi_{ij,}{}^j{}_k - \psi_{kj,}{}^j{}_i + \psi_{,ik} + \eta_{ik}(\psi_{jl}{}^{jl} - \Box\psi) =$$
$$= -f\,T_{ik},$$

(10.2b) $\quad \Box A_i - A_{k,}{}^k{}_i = j_i$.

Wie man sich leicht überzeugt, sind diese Feldgleichungen unter den Eichtransformationen

(10.3a) $\quad \psi_{ik} \rightarrow \psi_{ik} + \Lambda_{i,k} + \Lambda_{k,i}$,

(10.3b) $\quad A_i \rightarrow A_i + \Lambda_{,i}$

invariant, wobei $\Lambda(x)$ bzw. $\Lambda_i(x)$ beliebige Funktionen der Koordinaten sind.

Die Eichinvarianz der Theorien kann man verwenden, um die Feldgleichungen zu entkoppeln. Man benutzt dazu die Bedingungen

(10.4a) $\qquad \psi_{ik,}{}^k = \dfrac{1}{2}\,\psi_k{}^k{}_{,i}$,

(10.4b) $\qquad A_{i,}{}^i = 0$,

die durch geeignete Wahl der $\Lambda(x)$ bzw. $\Lambda_i(x)$ zu erreichen sind (Lorentz-Eichung bzw. harmonische Koordinaten). Damit vereinfachen sich die Feldgleichungen zu

(10.5a) $\qquad \Box\psi_{ik} = -f\left(T_{ik} - \dfrac{1}{2}\,\eta_{ik}\,T\right)$,

(10.5b) $\qquad \Box A_i = j_i$.

Die derart entkoppelten Feldgleichungen können mit Hilfe der Greenfunktionenmethode gelöst werden. Zumindest im Prinzip sind damit alle Effekte der Elektrodynamik und die Effekte der linearen Gravitationstheorie berechenbar.

Bei diesem speziell-relativistischen Zugang zur Gravitationstheorie ist zunächst die Frage zu beantworten, warum man das Gravitationsfeld gerade durch ein symmetrisches Tensorfeld ψ_{ik} beschreiben will und nicht etwa durch ein Vektorfeld A^i, wie in der Elektrodynamik, und warum ferner die Lagrange-Funktion des Gravitationsfeldes gerade die in (10.1a) angegebene Form haben soll. Um dies einzusehen, untersuchen wir zunächst die Elektrodynamik etwas näher. Ausgangspunkt der Elektrodynamik ist, daß die Ladung

$$(10.6) \qquad Q = \int d^3 x\, \rho(x)$$

erhalten ist, wobei $\rho(x)$ die Ladungsdichte darstellt. Es ist daher naheliegend, $\rho(x)$ als Nullkomponente eines erhaltenen Vektors $j_i(x)$ aufzufassen:

$$(10.7) \qquad \rho = j_0, \qquad j_{i,}{}^i = 0.$$

Wenn wir uns auf Kopplungen beschränken, die in Quelle und Feld jeweils linear sind, kommt nur eine Kopplung von $j_i(x)$ an ein Vektorfeld A^i in Frage, also $L_w = j_i A^i$, bzw. eine Kopplung an ein Skalarfeld ϕ in der Form $L_w' = j_i \phi^{,i} = -j_{i,}{}^i \phi + (j_i \phi)^{,i} = (j_i \phi)^{,i}$. Da sich L_w' aber wie angedeutet auf eine Divergenz reduziert, ist sie als Lagrange-Funktion nicht brauchbar, so daß das elektromagnetische Feld durch ein Vektorfeld A^i zu beschreiben ist. Zur Konstruktion der Lagrange-Funktion eines Vektorfeldes stehen zwei Invarianten zur Verfügung, die bilinear in den ersten Ableitungen sind, nämlich $A_{i,k} A^{k,i}$ bzw. $A_{i,k} A^{i,k}$ (eine dritte Invariante $A_{i,}{}^i A^k{}_{,k}$ kann durch partielle Integration in $A_{i,k} A^{k,i}$ umgewandelt werden), so daß sich zunächst

$$(10.8) \qquad L = \frac{1}{2}\, (a\, A_{i,k} A^{k,i} + b A_{i,k} A^{i,k})$$

mit beliebigen Konstanten a, b als Lagrange-Funktion des elektromagnetischen Feldes ergibt[1].

Fordert man, daß die Lagrange-Funktion unter Eichtransformationen $A_i \rightarrow A_i + \Lambda_{,i}$ invariant sein soll, so folgt $a = -b$. Diese Forderung hat folgende physikalische Bedeutung: Ein Vektorfeld A^i hat vier Komponenten, die einem Spin-1-Feld (drei Komponenten) und einem Spin-0-Feld (eine Komponente) entsprechen. Die eichinvariante Lagrange-Funktion projiziert gerade die Spin-1-Komponenten des Feldes heraus, so daß das Photon nur Spin 1 aufweist. Wählt man eine nicht eichinvariante Lagrange-Funktion, so tritt außer dem Spin-1-Photon noch ein Spin-0-Photon auf.

---

[1] Von einem möglichen Massenterm $- m^2 A^2$ wollen wir hier absehen.

Wegen der Stromerhaltung (10.7) enthält die Quelle j_i eines elektromagnetischen Feldes allerdings nur drei unabhängige Komponenten, so daß das Spin-0-Photon keine Quelle hat.

Für die Gravitation ist die Konstruktion einer Vektortheorie nicht möglich, da das Integral der Massendichte nicht erhalten ist (Umwandlungsprozesse der Elementarteilchen!) und daher nicht Teil eines erhaltenen Vektorstromes sein kann. Ferner ergibt eine Vektortheorie der Gravitation stets Abstoßung von Massen, ebenso wie die vektorielle Elektrodynamik die Abstoßung gleichnamiger Ladungen vorhersagt. Dies kann man nur abändern, indem man dem Vektorfeld negative Energie gibt (also das Vorzeichen des ersten Teiles von (10.1b) umdreht), was aber bekanntlich zu großen Schwierigkeiten führt[1].

Als Quellen eines Gravitationsfeldes stehen aber die zehn Komponenten von $T_{ik} = T_{ki}$ zur Verfügung, die durch die Erhaltungssätze

$$(10.9) \qquad T_{ik,}{}^{k} = 0$$

auf sechs unabhängige Komponenten reduziert werden, entsprechend einem Spin-0-Feld (die Spur $T = T_i{}^i$ von T_{ik}) und einem Spin-2-Feld.

Man kann daher entweder eine skalare (Spin 0) oder eine tensorielle Theorie (Spin 2) der Gravitation konstruieren, oder eine Mischung von beiden (Skalar-Tensor-Theorie). Für eine *skalare Theorie* der Gravitation lautet die Lagrange-Funktion einfach (g ist eine Kopplungskonstante)

$$(10.10) \qquad L_s = \frac{1}{2}\, \phi_{,i}\, \phi^{,i} - g\, \phi\, T + L_M.$$

Eine derartige Theorie wurde von Nordstrøm noch vor der allgemeinen Relativitätstheorie aufgestellt.

Für eine Spin-2-Theorie der Gravitation ist die Lagrange-Funktion gerade durch (10.1a) gegeben, da die Eichinvarianz (10.3a) der Theorie aus dem Tensorfeld ψ^{ik} (dessen zehn unabhängige Komponenten den Spins 2,1,0,0 entsprechen) genau Spin 2 herausprojiziert[2].

---

[1] H. A. Lorentz hat versucht, eine Vektortheorie der Gravitation zu konstruieren, in der gerade diese Schwierigkeiten auftraten: Proc. Amst. Ac., p. 559 (1900). (Wir danken Herrn R. A. Breuer für diesen Hinweis.)

[2] Eine genaue formale Analyse mittels der Darstellungstheorie der Poincaré-Gruppe ist ist ausgeführt in Nachtmann, Schmidle, Sexl, Acta Phys. Austr. *29*, 289 (1969).

Vom Standpunkt der Feldtheorie bedeutet die Wahl der unter Eichtransformationen (10.3a) invarianten Lagrange-Funktion (10.1a), daß das Graviton ein Spin-2-Teilchen ist und keine Spin-0-Beimischungen auftreten, die auch möglich wären, da die Quelle des Feldes, wie erwähnt, den Spin-0-Anteil T enthält.

Verallgemeinerte Gravitationstheorien erhält man durch Kombination von (10.1a) mit (10.10), wobei $f^2 + 2g^2 = \kappa$ die Übereinstimmung mit der Newtonschen Theorie sichert (siehe Abschnitt 10.3). In einer derartigen Theorie wird die Gravitationswechselwirkung teilweise durch Spin-0- und teilweise durch Spin-2-Gravitonen vermittelt (Skalar-Tensor-Theorien).

10.2 Die Renormierung der Metrik und die Nichtlinearität der Feldgleichungen

Die bisherigen Überlegungen scheinen zu zeigen, daß Elektrodynamik und Gravitationstheorie völlig analog aufgebaut werden können, so daß das Problem der Konstruktion einer linearen Gravitationstheorie im Minkowski-Raum gelöst erscheint. Die Komplikationen der Einsteinschen Theorie sind aber dennoch unausweichlich, da die bisherigen Überlegungen Widersprüche aufweisen, wie sich im folgenden zeigen wird.

Wir leiten zunächst die Feldgleichungen für ein skalares Feld[1], Lagrange-Funktion $L_M = \frac{1}{2}(A_{,i}A_{,k}\,\eta^{ik} - \mathfrak{m}^2 A^2)$, her, das an das Gravitationsfeld nach (10.1a) gekoppelt ist. Variation nach A ergibt mit (siehe (9.13))

$$(10.11) \qquad T_{ik} = A_{,i}A_{,k} - \frac{1}{2}\,\eta_{ik}(A_{,l}A_{,n}\eta^{ln} - \mathfrak{m}^2 A^2)$$

die Feldgleichungen

$$(10.12) \qquad (1-f\psi)(\square + \mathfrak{m}^2)A + 2f\,\psi^{ik}A_{,ik} +$$
$$+ f A_{,i}(2\psi^{ik}{}_{,k} - \psi^{,i}) = 0.$$

Durch explizite Rechnung zeigt man leicht, daß (10.12) unter der Eichtransformation (10.3a) nicht invariant ist. Damit haben wir einen Widerspruch hergeleitet: Während die Feldgleichungen für ψ^{ik} eichinvariant

---

[1] Nicht zu verwechseln mit dem in diesem Kapitel ebenfalls betrachteten skalaren Gravitationsfeld ϕ, (10.10)!

sind und damit das Feld ψ^{ik} nur bis auf eine Eichung festlegen, geht diese unbekannte Eichung in die Bewegungsgleichungen des Feldes A ein!

Ein zweiter Widerspruch zu den Postulaten der lorentzinvarianten Feldtheorie ergibt sich ebenfalls: Da zweite Ableitungen von A nicht nur im Term $\Box A$ auftreten, sondern auch in den Kopplungstermen, erhält man als Charakteristikenbedingung des Feldes A

$$(10.13) \qquad (1 - f\,\psi)\,\eta^{ik}\omega_{,i}\,\omega_{,k} + 2f\,\psi^{ik}\,\omega_{,i}\,\omega_{,k} = 0.$$

Das charakteristische Konoid des Feldes A ist daher nicht durch den normalen Minkowski-Lichtkegel ($\eta^{ik}\omega_{,i}\,\omega_{,k} = 0$) gegeben, so daß sich das Feld eventuell mit Überlichtgeschwindigkeit ausbreiten kann und Akausalitäten verursacht. Damit erscheint der Ansatz für eine lorentzinvariante Theorie der Gravitation völlig verfehlt. Wir können aber durch folgende Bemerkung[1] unsere Überlegungen weiterführen: In erster Ordnung in f ist die Feldgleichung (10.12) invariant unter (Aufgabe 1)

$$(10.14) \qquad \psi_{ik} \to \overline{\psi}_{ik} + \Lambda_{i,k} + \Lambda_{k,i},$$

$$(10.15) \qquad x^i \to \overline{x^i} + 2f\,\Lambda^i,$$

$$(10.16) \qquad A(x) = \overline{A}(\overline{x}),$$

also unter der Kombination einer Eichtransformation mit einer Koordinatentransformation. In der Elektrodynamik ist dagegen die Feldgleichung allein unter Eichtransformationen invariant.

Die Invarianz unter kombinierten Eich- und Koordinatentransformationen kann man dazu benutzen, um etwa ein konstantes Gravitationspotential, $\psi_{ik} = a_{ik} = a_{ki}$, durch

$$(10.17) \qquad \overline{x^i} = x^i - f\,a_{ik}\,x^k$$

wegzutransformieren:

$$(10.18) \qquad \psi_{ik} = a_{ik} \to \overline{\psi}_{ik} = 0.$$

Da konstante Potentiale auch in der Elektrodynamik durch Eichtransformationen eliminiert werden können, ist diese Tatsache nicht weiter über-

[1] W. Thirring, Ann. Phys. (N. Y.) *16*, 96 (1961); Fortschr. Phys. *7*, 79 (1959).

raschend. Charakteristisch für die Gravitationstheorie ist dagegen, daß auch konstante Feldstärken (homogenes Gravitationsfeld), also linear von x abhängige Potentiale

(10.19) $\psi_{ik} = a_{ikl}\, x^{\,l} \quad (a_{ikl} = a_{kil} = a_{ilk})$

durch Eichtransformationen eliminierbar sind. Wählen wir Λ^i zu

(10.20) $\Lambda^i = \dfrac{1}{4}\, a^i{}_{kl}\, x^k\, x^l,$

also

(10.21) $\overline{x^i} = x^i - \dfrac{1}{2}\, f\, a^i{}_{kl}\, x^k\, x^l,$

so folgt $\overline{\psi}_{ik} = 0$. So kann z.B. ein homogenes Gravitationsfeld in der x^1-Richtung,

(10.22) $a_{100} = g/f, \qquad \psi_{00} = (g/f)x^1,$

durch die Transformation

(10.23) $\overline{x^1} = x^1 - \dfrac{g}{2}\, t^2$

weggeschafft werden. Diese Aussage entspricht gerade dem Äquivalenzprinzip, das sich hier als Resultat ergibt, während es im Einsteinschen Aufbau der Theorie als Grundpostulat eingeht.

Von hier aus gelangt man auch mit wenigen Schritten wieder zum Konzept des gekrümmten Riemannschen Raumes:

Wenn wir einen beliebigen Raumpunkt herausgreifen und annehmen, daß sich das Gravitationsfeld dort in eine Taylorreihe entwickeln läßt, so können die konstanten bzw. linearen Terme durch Transformationen (10.17) bzw. (10.21) stets eliminiert werden, so daß das Gravitationsfeld im Koordinatensystem $\overline{x^i}$ lokal wegtransformiert ist. Wenn wir nun Maßstäbe bzw. Uhren zur Vermessung der Raumzeit heranziehen, so werden diese im System $\overline{x^i}$ die gleichen Längen bzw. Perioden anzeigen wie im schwerefreien Raum. Das System $\overline{x^i}$ wurde ja gerade so gewählt, daß darin lokal alle Gravitationsfelder weggeschafft wurden. Die nach dieser Vorschrift ausgemessene Raum-Zeit wird daher die Metrik (*renormierte Metrik*)

(10.24) $ds^2 = \eta_{ik}\, d\overline{x^i}\, d\overline{x^k}$

aufweisen und nicht durch das Linienelement des Minkowski-Raumes

(10.25) $\quad \overline{ds}^2 = \eta_{ik}\, dx^i\, dx^k$

gegeben sein, mit dem wir begonnen haben (unrenormierte Metrik). Wegen

$$ds^2 = \eta_{ik}\, \overline{dx^i}\, \overline{dx^k} = \eta_{ik}\, \frac{\partial \overline{x^i}}{\partial x^l}\, \frac{\partial \overline{x^k}}{\partial x^m}\, dx^l\, dx^m =$$

(10.26)
$$= (\eta_{ik} + 2f\,(\Lambda_{i,k} + \Lambda_{k,i}))\, dx^i\, dx^k =$$

$$= (\eta_{ik} + 2f\, \psi_{ik})\, dx^i\, dx^k =$$

$$= :\, g_{ik}\, dx^i\, dx^k$$

weist diese renormierte Metrik, die mit tatsächlichen Maßstäben bzw. Uhren ausgemessen werden kann, global eine Riemannsche Struktur auf. Damit sind wir wieder zur allgemeinen Relativitätstheorie zurückgekehrt, wenn auch bisher nur in linearer Näherung.

Um die Rolle des Linienelementes (10.25) noch etwas näher zu analysieren, betrachten wir als Beispiel die Geometrie
$g_{ik} = \text{diag}\,(1 - \gamma, -1 - \gamma, -1 - \gamma, -1 - \gamma) = \eta_{ik} + 2f\, \psi_{ik}, \gamma = 2M/r$,
d.h. (vom Standpunkt der Feldtheorie) das Gravitationsfeld ψ_{ik} in der Umgebung eines Massenpunktes. Nach (10.17, 18) läßt sich dieses Gravitationsfeld lokal durch die Transformation

(10.27) $\quad \overline{t} = t\, \left(1 - \dfrac{\gamma}{2}\right)$

$$\overline{x} = x\, \left(1 + \dfrac{\gamma}{2}\right)$$

wegtransformieren. Ein im Gravitationsfeld befindlicher Maßstab, der die Länge $\Delta x = 1$ hat, weist daher von der unrenormierten Metrik (also von dem Minkowski-Raum, mit dem wir begonnen haben) aus betrachtet nur mehr die Länge $\Delta x = 1 - \dfrac{\gamma}{2} < 1$ auf. Ein in ein Gravitationsfeld gebrachter Maßstab schrumpft daher, wenn wir ihn vom Standpunkt der Minkowski-Geometrie (unrenormierten Metrik) betrachten. Ebenso bedeutet (10.27), daß eine ins Gravitationspotential eingebrachte Uhr langsamer geht als eine im gravitationsfreien Raum.

Wir sehen zusammenfassend, daß zwei verschiedene Standpunkte möglich sind. Wir können entweder festlegen, daß ein Maßstab (bzw. eine Uhr) an jedem beliebigen Raum-Zeit-Punkt *per definitionem* die gleiche, invariante Länge (Periode) hat. Mit dieser Definition folgt, daß das mit diesen Maßstäben ausgemessene Linienelement durch den Riemannschen Ausdruck (10.26) gegeben ist. Diese *Konvention* wurde von Einstein gewählt.

Wir können uns aber auch auf einen anderen Standpunkt stellen: Wir setzen fest, daß das Linienelement einer Raum-Zeit per definitionem durch das Minkowski-Linienelement (10.25) gegeben ist. Dann folgt daraus, daß in dieser flachen Metrik Uhren langsam gehen, wenn sie in ein Gravitationsfeld eingebracht werden, und Maßstäbe schrumpfen. In dieser *Konvention* wurde das Verhalten des Raumes axiomatisch festgelegt, während das Verhalten von Maßstäben dann dem Experiment entnommen werden muß. Beide Standpunkte sind äquivalent (wenn man von topologischen Fragen absieht), wie in Fig. 63 angedeutet ist.

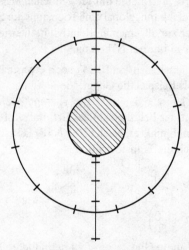

Fig. 63: Schrumpfen von Maßstäben in der Umgebung schwerer Massen

Die Figur zeigt, daß in einer Ebene, in der Maßstäbe von Punkt zu Punkt verschieden schrumpfen, das Verhältnis von Umfang zu Durchmesser eines Kreises (nach der Anzahl der Maßstäbe gemessen) durchaus verschieden von 2π sein kann. An diesem Beispiel sieht man konkret die große Bedeutung, die konventionelle Festsetzungen in der Physik haben. Diese Bedeutung wurde vor allem von Poincaré hervorgehoben, während Duhem betonte, daß einzelne physikalische Aussagen für sich allein genommen nicht testbar seien, nur ihre Gesamtheit. Auch das können wir hier an dem konkreten Beispiel sehen, da etwa die Aussage: „Der Raum ist flach" oder „der Raum ist gekrümmt" für sich allein genommen noch nicht sinnvoll ist, solange keine Definition über das Verhalten von Maßstäben gesetzt wurde. Eine ausgezeichnete Einführung in die hier angeschnittene Problematik, die uns weit in die Erkenntnistheorie der Physik hineinführt, bringen die Bücher von Reichenbach (1958), Grünbaum (1963), Poincaré (1946) und Duhem (1954).

Die beiden verschiedenen, oben erwähnten Konventionen über das Verhalten von Maßstäben bzw. die Struktur der Raum-Zeit sind für Anwendungen gleichermaßen brauchbar (wenn man von Fragen der Topologie absieht), wobei bald das eine, bald das andere Bild eine einfachere Erklärung der physikalischen Vorgänge liefert.

So läßt sich etwa das in Kapitel 4 erwähnte *Shapiro-Experiment* leichter vom Standpunkt des flachen Raumes diskutieren, in dem Maßstäbe schrumpfen und Uhren langsamer gehen. Es folgt daraus nämlich, daß in der Umgebung einer schweren Masse (der Sonne) die Lichtgeschwindigkeit einen kleineren Wert hat als im gravitationsfreien Raum (mißt man allerdings die Lichtgeschwindigkeit lokal, so erhält man infolge des Verhaltens von Maßstäben und Uhren stets den gleichen Wert wie im freien Raum). Diese Vorhersage der allgemeinen Relativitätstheorie führt dazu, daß ein Lichtstrahl, der knapp an der Sonne vorbeiläuft, dazu länger braucht, als es die Newtonsche Theorie angibt. Numerisch wird dieser Effekt in Aufgabe 2 berechnet.

Damit haben wir aber auch bereits das Problem der scheinbaren Akausalität der Theorie gelöst: Im System x^i, in dem $\overline{\psi}_{ik} = 0$, also das Gravitationspotential wegtransformiert ist, wird (10.3)

$$(10.29) \qquad \eta^{ik}\, \omega_{,\overline{i}}\, \omega_{,\overline{k}} = 0.$$

In diesem renormierten Koordinatensystem ergeben sich die gleichen Charakteristiken wie im flachen Raum. Die in (10.13) scheinbar vorhergesagte Überlichtgeschwindigkeit ist durch die Benutzung von Koordinatenmaßstäben zu erklären, deren Länge nicht mit der physikalischer Maßstäbe übereinstimmt. Wenn wir das Bild einer flachen Raum-Zeit benutzen wollen, in der Maßstäbe schrumpfen und Uhren langsam gehen, so ergibt sich eine Raum-Zeit-abhängige Grenzgeschwindigkeit, deren Effekte ja gerade im Shapiro-Experiment gesucht werden.

Abschließend bleibt noch eine Fragestellung offen: Wir haben uns in den bisherigen Überlegungen immer auf die erste Ordnung in der Kopplungskonstante f beschränkt und so eine lineare Theorie der Gravitation erhalten. Woher stammen die Nichtlinearitäten der Einsteinschen Theorie? Durch Divergenzbildung sieht man, daß (10.2a) den Erhaltungssatz

$$(10.30) \qquad T_{ik,}{}^{k} = 0$$

impliziert. Dieser Erhaltungssatz kann aber nicht für den Energie-Impulstensor der Materie allein gültig sein (da dann Teilchen im Gravitationsfeld keine Energie gewinnen bzw. abgeben könnten). Der Energie-Impulstensor T_{ik} der Materie, der in (10.1) als Quelle des Feldes angesetzt wurde, ist demnach durch den Energie-Impulstensor des Gravitationsfeldes selbst zu ergänzen. Das Gravitationsfeld erweist sich daher als selbstgekoppelt, was die Nichtlinearitäten der Theorie erklärt, da die Quelle des Feldes der Energie-Impulstensor ist, das Feld aber selbst Energie und Impuls besitzt. Ergänzt man (10.1) auf eichinvariante Weise durch den Energie-Impulstensor des Feldes ψ_{ik}, so ergibt sich daraus eine Reihenentwicklung der vollen Lagrange-Funktion der allgemeinen Relativitätstheorie, so daß man auf diese Art die Einsteinsche Theorie in ihrer vollen Nichtlinearität zurückgewinnt[1].

Damit haben wir gesehen, daß der Versuch, eine lorentzkovariante Gravitationstheorie aufzustellen, uns wieder auf die Einsteinsche Theorie zurückgeführt hat, wenn wir von einer eichinvarianten (Spin-2-) Theorie ausgehen. Die feldtheoretischen Überlegungen haben uns aber einen neuen Gesichtspunkt der Analyse des Raum-Zeit-Problems gebracht, der den bisher in diesem Buch verwendeten Einsteinschen Gesichtspunkt auf wertvolle Weise ergänzt.

Aufgaben

1. Verifiziere die Invarianz von (10.12) unter (10.14, 15, 16) für $f^2 \approx 0$!

2. Berechne den Shapiro-Effekt.
   Anleitung: In dem Bild, wo der Raum als flach und die Lichtgeschwindigkeit ortsabhängig angesehen wird, entnimmt man aus der linearen Näherung

---

[1] Durch geeignete Variablenwahl kann diese Reihe aufsummiert werden, vgl. S. Deser, GRG **1**, 9 (1970).

(10.31)
$$ds^2 = (1 + 2U)\, dt^2 - (1 - 2U)\, dx^2 :$$

$$c(x) = \sqrt{\frac{g_{00}}{|g_{11}|}} = 1 + 2U < 1.$$

Das Gravitationspotential hat auf elektromagnetische Vorgänge also etwa die Wirkung einer raumabhängigen Dielektrizitätskonstante und Permeabilität[1]

$$\epsilon = \mu = 1 - 2U > 1.$$

Zum Shapiro-Effekt tragen bei: a) Die relativistischen Korrekturen zu den Planetenbahnen, b) die durch die Ortsabhängigkeit von c bewirkte Krümmung des Lichtstrahls, c) die verringerte Geschwindigkeit. Hier soll der Haupteffekt c) betrachtet werden. Wir nähern den Lichtstrahl durch eine Gerade und nehmen der Einfachheit halber Erde und Venus im gleichen Abstand von der Sonne an.

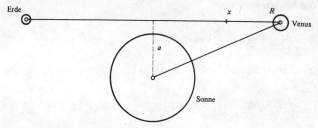

Fig. 64: Zum Shapiro-Effekt

Die Lichtlaufzeit ist

$$t = \int \frac{dx}{c(x)} = x + \int \frac{2MG}{r}\, dx = x + \Delta R.$$

ΔR ist die scheinbare Abstandsvergrößerung,

(10.32)
$$\Delta R = 4MG \ln (x + \sqrt{x^2 + a^2})\Big|_0^R \approx 4MG \ln \frac{2R}{a}.$$

Da $4MG = 6$ km, $\ln \dfrac{2R}{a} \approx 10$, beträgt die scheinbare Abstandsvergrößerung, die sich als scheinbare Ausbuchtung in der Venusbahn auswirkt, $\Delta R \approx 60$ km.

---

[1] W. Thirring, Ann.Phys. (N.Y.) 16, 89 (1961)

10.3 Verallgemeinerte Gravitationstheorien[1]

In Abschnitt 10.1 haben wir die Skalar-Tensor-Theorie der Gravitation als mögliche Verallgemeinerungen der Einsteinschen Relativitätstheorie erwähnt. Wir wollen hier diese Theorie kurz untersuchen, wobei wir uns auf die lineare Näherung beschränken wollen, da diese für die Diskussion der interessantesten Effekte genügt.

Die Lagrange-Funktion der Skalar-Tensor-Theorie lautet in linearer Näherung

(10.33)
$$L = \frac{1}{2}(\psi_{ik,j}\,\psi^{ik,j} - 2\psi_{ik,j}\,\psi^{jk,i} - \psi^{,i}\psi_{,i} + 2\psi^{ik}{}_{,k}\,\psi_{,i}) +$$
$$+ \frac{1}{2}\,\phi_{,i}\,\phi^{,i} - f\,\psi_{ik}T^{ik} - g\,\phi\,T + L_M.$$

Wählen wir für ψ_{ik} die harmonische Eichung (10.4a), so erhalten wir aus (10.33) die Feldgleichungen

(10.34) $\Box\phi = -gT, \quad \Box\psi_{ik} = -f\left(T_{ik} - \frac{1}{2}\,\eta_{ik}T\right).$

Für eine Punktmasse mit $T_{ik}(x) = \mathfrak{M}\,\mathrm{diag}\,(1,0,0,0)\delta\,(x)$ ist

(10.35) $\phi = -g\,\mathfrak{M}/4\pi r, \quad \psi_{ik} = -\dfrac{f\mathfrak{M}}{8\pi r}\,\mathrm{diag}\,(1,1,1,1).$

Überlegungen, die völlig analog zu denen des Abschnitts 10.2 sind, zeigen, daß im Fall der Skalar-Tensor-Theorie die Metrik des Riemannschen Raumes durch

(10.36) $\mathrm{d}s^2 = (\eta_{ik} + 2f\,\psi_{ik} + 2g\,\phi\,\eta_{ik})\mathrm{d}x^i\mathrm{d}x^k =: g_{ik}\mathrm{d}x^i\mathrm{d}x^k$

gegeben ist. Wegen $g_{00} = 1 + 2f\,\psi_{00} + 2g\phi = 1 - 2\,(f^2 + 2g^2)\,\mathfrak{M}/8\pi r$ ist

(10.37) $f^2 + 2g^2 = \kappa$

für die Übereinstimmung mit der Newtonschen Theorie notwendig. Diese Relation zeigt, daß skalares Feld $(2g^2)$ und Tensorfeld (f^2) beide zur

---

[1] Vgl. dazu den Überblicksartikel R. Sexl, Fortschr. Physik *15*, 269 (1967)

Gravitationsanziehung beitragen (eine Vektortheorie hätte dagegen eine abstoßende Komponente zur Gravitationswechselwirkung hinzugefügt). Für das Linienelement ergibt sich aus (10.35) bis (10.37) in linearer Näherung

$$(10.38) \qquad \mathrm{d}s^2 = \left(1 - \alpha_1 \, \frac{M}{r}\right) \mathrm{d}t^2 - \left(1 + \beta_1 \, \frac{M}{r}\right) \mathrm{d}x^2,$$

wobei

$$(10.39) \qquad \alpha_1 = 2, \qquad \beta_1 = 2 \, \frac{f^2 - 2g^2}{f^2 + 2g^2}.$$

Während sich daraus die in Kapitel 4 diskutierte Rotverschiebung von Spektrallinien genau wie in der Einsteinschen Theorie ergibt, erhalten wir mit Hilfe von (4.52) für die Lichtablenkung

$$(10.40) \qquad \delta = \frac{f^2}{f^2 + 2g^2} \, \frac{4M}{R}.$$

Die Lichtablenkung ist daher kleiner als die von der Einsteinschen Theorie vorhergesagte. Das ist darauf zurückzuführen, daß der skalare Anteil des Gravitationsfeldes keinen Beitrag zur Lichtablenkung liefert, da in einer rein skalaren Theorie die Metrik der Raum-Zeit konformflach ist und damit die Null-Geodätischen genau wie im flachen Raum verlaufen, wie am einfachsten aus der Charakteristikenbedingung folgt. Während wir eine Perihelverschiebung in der hier diskutierten linearen Näherung nicht herleiten können, sind wir in der Lage, zwei Effekte zu skizzieren, die für Skalar-Tensor-Theorien charakteristisch sind:

a) Die Veränderlichkeit der Gravitationskonstante

Es zeigt sich, daß bei einer Ergänzung der hier verwendeten linearen Lagrange-Funktion (10.33) zu einer vollen nichtlinearen und kovarianten Theorie das skalare Feld ϕ die Rolle einer variablen Gravitationskonstante spielt. Dies war sogar der Ausgangspunkt für alle Überlegungen über Skalar-Tensor-Theorien. Man versuchte nämlich, ebenso wie die Sommerfeldsche Feinstrukturkonstante auch die dimensionslose Gravitationskonstante (8.29) auf rein theoretischem Wege (ohne Messung) herzuleiten. Nun erschien es zwar möglich, die Feinstrukturkonstante $\alpha = 1/137$ auf eine Kombination von Faktoren wie π, e zurückzuführen (wenn dies auch bis heute nicht geglückt ist), doch schien eine ähnliche Überlegung für die Gravitationskonstante $\alpha_G = 5,9 \cdot 10^{-39}$ wegen der Kleinheit dieser Konstante aussichtslos. Dirac versuchte daher den Ansatz

(10.41) $\alpha_G \sim \tau/t_0$,

wobei $\tau = \hbar/mc^2 \approx 10^{-23}$s die Zeit ist, die Licht braucht, um die Comptonwellenlänge eines typischen Elementarteilchens zu durchlaufen (natürliche Zeiteinheit) und $t_0 \approx 10^{17}$s das Alter des Universums angibt. Aus (10.41) folgt eine Veränderlichkeit der Gravitationskonstante, die mit zunehmendem Alter des Universums abnehmen sollte. Wenn sich auch diese Idee Diracs nicht in ihrer ursprünglichen Form verwirklichen ließ, so hat sie doch für Erweiterungen der Einsteinschen Gravitationstheorie Anlaß gegeben, eben die Skalar-Tensor-Theorien, die dann ähnliche Veränderlichkeiten der Gravitationskonstante vorhersagten. Diese Ideen wurden vor allem von Jordan und Thiry diskutiert und später von Dicke und Brans aufgegriffen.

Der Vollständigkeit halber sei noch eine zweite, ähnliche Idee Diracs erwähnt, die Anlaß zu einer anderen Verallgemeinerung der allgemeinen Relativitätstheorie war. Nach Tabelle 5.1, p. 169, ergibt sich aus Dichte ρ und sichtbarem Radius $\mathfrak{R}$ des heutigen Universums eine Gesamtmasse des sichtbaren Teiles von etwa $\mathfrak{M}_{\text{Univ}} \approx 10^{55}$g $\approx 10^{79}$ $\mathfrak{m}$ ($\mathfrak{m}$ ist die Protonenmasse). Dies veranlaßte Dirac zu dem Ansatz

(10.42) $\dfrac{\mathfrak{M}_{\text{Univ}}}{\mathfrak{m}} = (t_0/\tau)^2 = 10^{80}$,

der eine ständige Vergrößerung der sichtbaren Masse des Universums mit dem Weltalter vorhersagt. Dies könnte man unter anderem auf ständige Neuschaffung von Materie (Continuous Creation) zurückführen, was eine der Ideen der sogenannten Steady-State-Theorie ist.

Die hier erwähnten Hypothesen sind nicht nur aus physikalischen, sondern auch aus erkenntnistheoretischen und geistesgeschichtlichen Gründen interessant. Ihre Grundgedanken stammen aus einer Geisteshaltung, die die Natur durch reines Nachdenken, ohne Zuhilfenahme des Experiments erklären wollte. So sollten auch alle Naturkonstanten nicht dem Experiment entnommen, sondern auf rein theoretischem Wege gewonnen werden. Hauptvertreter dieser Richtung, deren Anstoß vor allem von Einsteins Aufstellung der allgemeinen Relativitätstheorie kam, war Eddington, dessen Ausführungen dazu auch heute noch sehr interessant sind. Nach 1945 ist die Physik sehr stark von dieser Grundhaltung abgegangen und sucht die Natur auf einem weit pragmatischeren Weg (der wahrscheinlich auf amerikanische Einflüsse zurückzuführen ist) zu beschreiben.

b) Die Veränderlichkeit der Ruhmassen

Wir sind nun auch in der Lage, die auf p. 117 diskutierte mögliche Verletzung der Gleichheit von träger und schwerer Masse zu diskutieren. Diese kommt in Theorien mit veränderlicher Gravitationskonstante auf folgende Weise zustande: In Kapitel 8 (siehe z.B. (8.67)) haben wir gesehen, daß die Masse eines Körpers aus den Ruhmassen der beteiligten Teilchen, dem Massenäquivalent der Kompressionsarbeit und dem (negativen) Massenäquivalent der Gravitationsbindungsenergie zusammengesetzt ist. Hängt nun die Gravitationskonstante von Raum und Zeit ab, so auch die Bindungsenergie, so daß die Masse eines Körpers eine Funktion von Raum und Zeit wird. Da verschiedene Körper verschiedene Anteile von Gravitationsselbstenergie enthalten, ergibt sich daraus, daß auch das Verhältnis der Ruhmassen verschiedener Körper eine Funktion von Raum und Zeit wird. Man kann diese sehr komplexen Effekte am besten dadurch beschreiben, daß Abweichungen der Gleichheit von träger und schwerer Masse auftreten, wie ausführlich von Nordvedt[1] gezeigt wurde.

---

[1] K. Nordvedt, Phys.Rev. **169**, 1019 (1968); **180**, 1293 (1969).

LITERATURVERZEICHNIS

Adler, R., Bazin, M., Schiffer, M. (1965)
   Introduction to General Relativity. New York: McGraw-Hill 1965.
Bjørken, J., Drell, S. (1966)
   Relativistische Quantenmechanik. Mannheim: BI-Hochschulta-
   schenbücher 98, 1966.
Bjørken, J., Drell, S. (1967)
   Relativistische Quantenfeldtheorie. Mannheim: BI-Hochschulta-
   schenbücher 101, 1967.
Carmeli, M., Fickler, S., Witten, L. (1970)
   Relativity (Proceedings of the Midwest Conference on Relativity)
   London: Plenum Press 1970.
Cartan, E. (1966)
   The Theory of Spinors. Cambridge: M.I.T. Press 1966.
Courant, R., Hilbert, D. (1962)
   Methods of Mathematical Physics. New York: Interscience 1962.
   (Die ältere deutsche Ausgabe, bei Springer in den Heidelberger
   Taschenbüchern neu aufgelegt, verwendet noch keine Distribu-
   tionen).
Deser, S., Ford, W. (1964)
   Brandeis Summer Institute 1964, Vol. 1. Englewood Cliffs, N.J.:
   Prentice Hall 1965.
Duhem, D. (1954)
   The Aim and Structure of Physical Theory. Princeton: University
   Press 1954.
Eisenhart, L. (1960)
   Riemannian Geometry. Princeton: University Press, 4. Aufl. 1960,
   6. Aufl. 1966.
Feynman, R. (1969)
   Quantenelektrodynamik. Mannheim: BI-Hochschultaschenbücher
   401, 1969.
Flügge, S. (1964)
   Quantenmechanik I. Berlin-Göttingen-Heidelberg: Springer 1964.
Fock, W. (1960)
   Theorie von Raum, Zeit und Gravitation. Berlin: Akademie Verlag,
   1960.

Grünbaum, A. (1963)
Philosophical Problems of Space and Time. New York: Knopf
1963.

Hadamard, J. (1952)
Lectures on Cauchy's Problem in Linear Partial Differential Equations. New York: Dover, 1952.

Hawking, S., Ellis, G. (1973)
The Large Scale Structure of Space-Time. Cambridge: University
Press 1973.

Henley, E., Thirring, W. (1975)
Elementare Quantenfeldtheorie. Zürich: Bibliographisches Institut
1975

Huang, K. (1964)
Statistische Mechanik II. Mannheim: BI-Hochschultaschenbücher
69, 1964.

Jaki, S. (1969)
The Paradox of Olbers' Paradox. New York: Herder & Herder 1969.

Klauder, J. (1972)
Magic without Magic: John Archibald Wheeler. San Francisco:
Freeman 1972.

Landau, L., Lifschitz, E. (1971), Bd. 2
Klassische Feldtheorie. Berlin: Akademie-Verlag, 5. berichtigte
und ergänzte Auflage 1971.

Landau, L., Lifschitz, E. (1971), Bd. 3
Quantentheorie. Berlin: Akademie-Verlag (4. Aufl.) 1971.

Lichnérowicz, A. (1966)
Einführung in die Tensoranalysis. Mannheim: BI-Hochschultaschenbücher 77, 1966

Marder, L. (1971)
Time and the Space Traveler. London: George Allen & Unwin
1971.

Meschkowski, H. (1971)
Mathematisches Begriffswörterbuch. Mannheim: BI-Hochschul-
taschenbuch 99, 3., erweiterte Auflage 1971.

Misner, C., Thorne, K., Wheeler, J. (1973)
Gravitation. San Francisco: Freeman 1973.

Møller, Ch. (1962)
Evidence for Gravitational Theories. (Proceedings of the 1961
E. Fermi Summer School, Varenna, XX. Course). New York:
Academic Press 1962.

Müller, R. (1964)
Astronomische Begriffe. Mannheim: BI-Hochschultaschenbücher 57, 57a, 1964.

Poincaré, H. (1946)
The Foundations of Science. Lancaster: The Science Press 1946.

Raschewski, L. (1959)
Riemannsche Geometrie und Tensoranalysis. Berlin: VEB Deutscher Verlag der Wissenschaften, 1959.

Reichenbach, H. (1958)
The Philosophy of Space and Time. New York: Dover 1958.

Robinson, I., Schild, A., Schücking, E. (1965)
Quasistellar Sources and Gravitational Collapse. Chicago: University Press 1965.

Sachs, R. (1971)
General Relativity and Cosmology. (Proceedings of the 1959 E. Fermi Summer School, Varenna, XLVII. Course). London, New York: Academic Press 1971.

Schrödinger, E. (1956)
Expanding Universes. Cambridge: University Press 1956.

Spivak, M. (1965)
Calculus on Manifolds. New York: Benjamin 1965.

Thirring, W. (1958)
Principles of Quantum Electrodynamics. New York: Academic Press 1958.

Tolman, R. (1934)
Relativity, Thermodynamics and Cosmology. Oxford: Clarendon Press 1934.

van der Waerden, B. (1966)
Algebra. Berlin, Heidelberg: Springer 1966 (Heidelberger Taschenbücher).

Weber, J. (1961)
General Relativity and Gravitational Waves. New York: Interscience 1961. Siehe auch den Artikel in Møller (1962).

Weinberg, S. (1972)
Gravitation & Cosmology. New York: Wiley 1972.

de Witt, C., Wheeler, J. (1968)
Battelle Rencontres 1967. New York: Benjamin 1968.

de Witt, C., de Witt, B. (1964)
Relativity, Groups, and Topology. (Les Houches Summer School 1963). New York, London: Gordon and Breach 1964.

de Witt, C., de Witt, B. (1973)
   Black Holes (Les Houches Summer School 1972). New York:
   Gordon and Breach 1973.
Witten, L. (1962)
   Gravitation: An Introduction to Current Research. New York:
   Wiley 1962.

Zur Differentialgeometrie seien außer Eisenhart (1960), Raschewski (1959)
noch (insbesondere zur Präzisierung von Kap. 7) genannt:

Flanders, H. (1963)
   Differential Forms. New York: Academic Press 1963.
Hicks, N. (1965)
   Notes on Differential Geometry. Princeton: van Nostrand 1965.
Kobayashi, S., Nomizu, K. (1963)
   Foundations of Differential Geometry. New York: Interscience
   1963.
Reichardt, H. (1957)
   Vorlesungen über Vektor- und Tensorrechnung. Berlin: VEB
   Deutscher Verlag der Wissenschaften 1957.
Sternberg, S. (1964)
   Lectures on Differential Geometry. Englewood Cliffs, N.J.:
   Prentice Hall 1964.
Willmore, T. (1964)
   Differential Geometry. Oxford: Clarendon Press 1964.

REGISTER

Kertz, W.
Einführung in die Geophysik
Band I: *232 Seiten mit Abb. 1969.*
B.I.-Hochschultaschenbuch 275
Band II: *210 Seiten mit Abb. 1971.*
B.I.-Hochschultaschenbuch 535
Für Studenten der Geophysik,
Physik und verwandter Fächer.
I: Erdkörper. II: Obere Atmo-
sphäre und Magnetosphäre.
Prof. Dr. Walter Kertz, Techn.
Universität Braunschweig.

Kippenhahn, R./C. Möllenhoff
Elementare Plasmaphysik
297 Seiten mit Abb. 1975. (Wv.)
Elementare Einführung in die
Formalismen und die einfach-
sten Anwendungen der Plasma-
physik; mit Beispielen aus der
Astrophysik.
Prof. Dr. Rudolf Kippenhahn,
Universität München, Dr. Claus
Möllenhoff, Landessternwarte
Heidelberg.

Mittelstaedt, P.
**Philosophische Probleme der
modernen Physik**
*215 Seiten mit 12 Abb. 4., über-
arbeitete Aufl. 1972.*
B.I.-Hochschultaschenbuch 50
Die im Zusammenhang mit der
Relativitätstheorie und der Quan-
tentheorie aufgetretenen philo-
sophischen Fragen.
Prof. Dr. Peter Mittelstaedt,
Universität Köln.

Scheffler, H./H. Elsässer
Physik der Sterne und der Sonne
535 Seiten mit Abb. 1974. (Wv.)
Lehrbuch unter Berücksichtigung der neuesten Entwicklung;
Phänomenologische Beschreibung und Einführung in die Physik stellarer Materie.
Prof. Dr. Helmut Scheffler, Universität Heidelberg und Landessternwarte Heidelberg-Königs-
stuhl, Prof. Dr. Hans Elsässer,
Universität und Max-Planck-
Institut Heidelberg.

Wagner, C.
**Methoden der naturwissenschaft-
lichen und technischen Forschung**
219 Seiten mit Abb. 1974. (Wv.)
Denkmethoden und Arbeitswei-
sen bei Forschungsarbeiten; Hin-
weise für angehende Diploman-
den und Doktoranden.
Prof. em. Dr. Carl Wagner, Max-
Planck-Institut für biophysika-
lische Chemie, Göttingen.

Voigt, H.-H.
Abriß der Astronomie
*556 Seiten mit Abb. 2., verbesserte
Auflage 1975. (Wv.)*
Stichwortartige Zusammenfas-
sung zum Gebrauch neben Vorle-
sungen, zum Nachschlagen und
als Repetitorium.
Prof. Dr. Hans-Heinrich Voigt,
Universität Göttingen.